一鍵購買

私營經濟體亞馬遜如何在雲端重塑美國

艾立克・麥吉里斯——著
Alec MacGillis
張家綺——譯

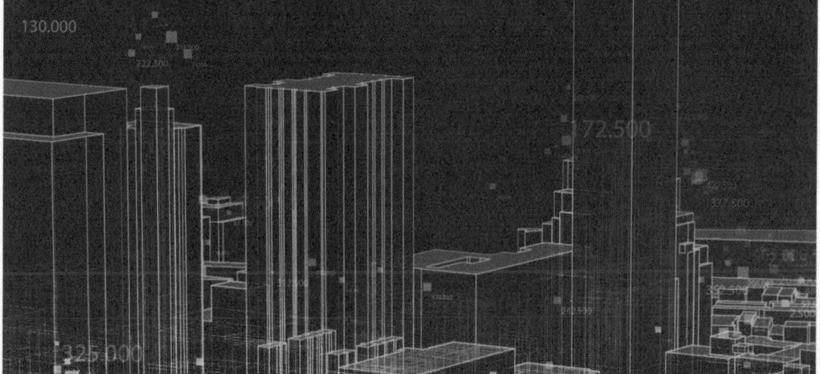

Fulfillment

Winning and Losing in One-Click America

謹以本書紀念我第一位編輯，唐諾·麥吉里斯（Donald MacGills）

我杵在入口不遠處，邊聆聽點頭，邊處理被推進的商品，
並且慢慢溶解，化入這片空洞。

——摘自美國作家魯迪．瓦立策爾（Rudolph Wurlitzer）的小說《Nog》

目錄

序幕

地下室

赫克特．多雷茲聽太太的話，住在地下室*。他沒做錯什麼，也沒有婚外情，錯就錯在他到不對的地方工作。

諷刺的是，他接下這份工作也是拜太太施壓所賜。自從經濟大衰退、損失年薪十七萬美元的科技業工作之後，赫克特已足足失業了十一年。一個五十多歲的中年人被多金年輕人主宰的產業棄置一旁，這讓赫克特深陷低潮、消極憂鬱，目前全家都是靠太太蘿拉銷售醫療診斷設備的薪水過活，但最後他們依舊不敵現實，在二〇〇六年找了一棟位於丹佛郊區的小房子，飛也似地搬離他們每月房貸五千五百美元的舊金山灣區房屋。

終於蘿拉下了最後通牒：要是赫克特不找工作，就別想留在家。於是最後他搬回去跟他數十年前舉家移居加州的中美洲移民家人同住。他和姊姊一家住在舊金山的遙遠郊區，若想出門，就得在晚上八點半前回到家，才不會吵到每天早上四點半得起床的姊夫，畢竟姊夫得長途通勤開車到矽谷，成為十二萬名天天通勤三個多鐘頭的灣區員工之一。

這種生活維持五個月後，赫克特接受了蘿拉准他回家的條件，那就是他得找到工作。半年後的二〇一九年六月，赫克特總算找到一份工作。有天他開車經過一棟倉庫，發現一張徵人廣告，於是停下車上前詢問，對方說他隔天就能報到。

赫克特的工作需要一週值四天晚班，通常從晚間七點十五分到早晨七點十五分，在倉庫內四處奔波：在出貨拖車內堆貨運箱、把貨運包裹擱置棧板、印出信封和外包裝，意思是整晚輪班都得站在輸送帶前（倉庫地上沒有擺任何椅子），每小時從傳送帶輸送數百件商品，同時將商品擺正以方便掃描條碼。

赫克特需要抬很多箱子，其中一些重達二十三公斤，可是真正的挑戰不在於重量，而是抬起箱子前，無法從箱子的大小猜出重量，因此身心皆無從拿捏力道。他長期穿戴護腰，但實在太熱，常常讓他覺得自己快要被悶熟了。他的手肘肌腱劇痛，根據他的健康智慧手錶顯示，他每次輪班都走了十九公里，他本來以為是手錶壞了，於是又買了新計步器，但數據顯示一樣。赫克特上班前會塗抹局部麻膏，工作時服用布洛芬止痛藥，回到家後再冰敷手肘，並以雙腳壓在冰袋上、浸泡在瀉鹽裡。此外，為了均勻分散鞋底的施力點，他得時常更換鞋子。他的時薪十五．六美元，是之前科技業工作的五分之一，卻比他失業時好上許多。

距離丹佛二十五公里的桑頓倉庫在一年前開張，也就是二〇一八年的事。總經理柯林．奧特利（Clint Autry）[1]是該公司擁有七年資歷的老鳥，並且在美國境內協助開設了多間倉庫，甚至協助測試員工的無線電波背心，當員工靠近裝載大桶商品的「驅動裝置」機器人時，背心便會發出警告，通知他們的機器人同事。奧特利在盛大開幕日的倉庫導覽時介紹：「倉庫命名的概念就是把產品以最迅速且節省運費的方式送到顧客手裡。」

一如全國各地的倉庫，該倉庫自二〇二〇年三月中開始增加出貨產能，新型冠狀病毒擴散後美國開始封城，而幾百萬名美國人認為目前唯一安全的購物方式就是線上訂購，於是訂單驟升至節慶時令的數字。赫克特加入該公司剛滿九個月，卻是二十名同期接受特訓的員工中碩果僅存的一人，其他人

＊赫克特．多雷茲是假名，太太的名字蘿拉也是。由於本書出版時該員工仍在亞馬遜工作，遂使用假名，保護他不被亞馬遜秋後算賬。這兩個名字是本書中唯一的假名。

若非跟不上出貨速度就是受傷，或是受傷回到倉庫後用光請假藉口。員工流動率創下新高，很多人都覺得自己應付不來驟增的訂單數量，也不想承擔在倉庫裡與人近距離工作的風險。隨著員工數量遞減，留下來的員工壓力上升，公司要求赫克特加班，每週五天十二個小時的夜班，不但輪班時間拉長，休息日也減少一天，他的肌腱炎也跟著惡化。

後來他不是從公司而是其他員工口中得知，每天跟他近距離工作的同事出事了。這名正值不惑之年的員工突然沒再來上班，赫克特以為他只是和其他人一樣，單純不想再來上班，但後來傳言他其實感染新冠病毒，而且病得非常嚴重。赫克特將此事轉告蘿拉，她十分擔心家人，尤其是跟他們同住、患有慢性阻塞性肺病的年邁母親，於是蘿拉要求赫克特搬去地下室。地下室未經裝潢，但他們擺了一張床，弄來小冰箱、微波爐、咖啡機，需要用廁所時，赫克特則偷偷溜到樓上。

真正讓蘿拉心神不寧的是，他們是從其他員工口中得知這件事。公司並沒有正式通知赫克特這名員工染疫的消息，也沒有應對感染風險的方針，更沒有防疫專線可以撥打。當她上網查看該公司在類似狀況下提供的應對方法時，只在公司網頁看見他們自吹自擂，吹噓該企業是如何在疫情危機中貢獻一己之力。「他們或許是有貢獻，」她說，不過該公司「也在疫情之中隱瞞員工、中飽私囊，員工非但沒受到保護，連同他們的家人也暴露於風險之中」。

她不由得感到後悔，當初連哄帶騙要求赫克特到該公司工作。「自詡是科技公司，但充其量只是一間血汗工廠，大規模掌控全國經濟和我們的國家。」蘿拉說。

一如所有大城市，二〇二〇年全球疫情延燒，在這種水深火熱的時刻更是暴露出每個國家的弱點。以美國為例，其弱點就是各地與各族群之間強烈的不平等落差。新冠肺炎襲擊美國時，最富有的區域首當其衝，好比西雅圖、波士頓、舊金山、曼哈頓，也就是與海外上流階級關係密切的上流階級區域，程度遠遠超過他們自家後院的破敗地帶。但不到幾週，肺炎逐漸散播至不那麼富裕的據點，彷彿病毒內建萬無一失的返家導航系統，直攻最不堪一擊、損失慘重的人群：布朗克斯區的確診案例致死率是紐約市其他地區的兩倍[2]；在皇后區中部，肺炎病毒無情肆虐孟加拉大家庭、哥倫比亞計程車司機及餐館員工居住的小房子；某間醫院還要求一名小男孩出面繳清他母親的火葬費用[3]，但當時他的父親還躺在加護病房與死神搏鬥，而且可能撐不過去。底特律的死亡人數遠遠超越西雅圖、舊金山、奧斯丁相加起來的總數。而在喬治亞州的小城奧爾巴尼（Albany）[4]，一場喪禮埋下感染擴散的種子，短短幾週不到，僅有九萬居民的小郡便有超過六十人死亡。該郡驗屍官說：「簡直形同炸彈，每天喪禮過後，總有人病逝。」

應該沒人對這種影響造成的差異感到詫異，因為事實擺在眼前：無論你人在何方，此等差距只會逐年擴大。也許你從西維吉尼亞州或維吉尼亞州西部山區、馬里蘭州西部出發，開車進入華盛頓哥倫比亞特區，上一分鐘還在人口稀疏、類鴉片毒品禍害氾濫的小鎮，除了隨處可見的連鎖一元商店，鎮上幾乎看不到零售商店，可是一個鐘頭後卻駛進首都的遠郊區，在擁有十條車道的州際公路上緩緩移動，行經有著許多高深莫測的大公司縮寫名稱的鋼筋水泥建築、美國最富有的地區之一。

又或者你搭車離開華盛頓，不到一個鐘頭後就抵達巴爾的摩時，卻感受到足以讓人頭暈目眩的氣氛變化。從一座美國錢淹腳目、充滿有為青年的城市，來到一座舉目荒蕪淒涼的城市，你踏出美麗的布雜藝術風格車站，走進一座靜謐無聲的廣場，市中心大街靜到連一根針墜地都聽得一清二楚。兩條街外的加油站，有兩個人正坐在地上，一個白人女性，一個黑人男性，明目張膽地在自動提款機門外捲起拳頭放上毒品吸食。

貧富差距隨處可見：在繁榮發展的波士頓以及勞倫斯（Lawrence）、秋河市（Fall River）、春田市（Springfield）等日漸式微的工業城市之間；在紐約市以及它掙扎度日的北部姊妹城鎮雪城（Syracuse）、羅徹斯特（Rochester）、水牛城（Buffalo）之間；在哥倫布市（Columbus）和它漸行漸遠的俄亥俄州小城市之間，例如阿克倫（Akron）、代頓（Dayton）、托雷多（Toledo），下至奇里科斯（Chillicothe）、曼斯菲爾德（Mansfield）、曾斯維爾（Zanesville）；在上南方田納西州的美麗大城納什維爾（Nashville），與它一窮二白的兄弟孟菲斯（Memphis）之間。

美國一直都有富人區和窮人區，可是兩者之間的差距卻與日俱增。十九世紀最後幾十年以及二十世紀的前八十年，美國經濟逐步起飛，甚至晉升地表最強大富國，美國的窮人區也逐漸追上富人區的腳步。然而自一九八〇年開始，兩者原本的交集卻開始變成兩條平行線[5]。一九八〇年，美國幾乎所有區域的平均收入都落在全國平均的20％之內，唯獨紐約市和華盛頓哥倫比亞特區的都會區超出這個範疇，並且僅有部分南方和西南方鄉下地區低於此標準。然而到了二〇一三年，從波士頓延伸至華盛頓的東北走廊、乃至北加州海岸，所有城市的收入幾乎超越平均值的20％。更令人錯愕的是，美國廣大內陸地區的薪資低於平均標準的20％，而且不光是南方和西南方鄉下，大部分中西部和北美大平原也是。至於一九八〇年就致富的地方，現在薪資水準則高得嚇人[6]。一九八〇年，華盛頓特區的薪資已經超過美國其他地區四分之一，到了二〇一五年中，差距已經擴大至兩倍之多。

然而即使區域差距擴大，還是鮮少引起關注。關於貧富不均的討論主要是針對個人薪資切入，也就是所謂最富的1％和其餘的99％等，而不是國內貧富不均的整體狀況。區域問題是受到重視，卻往往被形容為城鄉差距，這點確實沒錯：貧富不均的危機的確存在於美國鄉間，但這種差距也顯現在城市之間，多發生在少數幾座贏家通吃的大都會以及眾多遭人遺忘的城鎮。二〇〇七年經濟大衰退結束後那六年，大都會區的就業機會幾乎是小型都會區的雙倍[7]，薪資成長速度也是小都會區的50％。好幾代以前，美國國內的都會區各地可見繁華榮景：六〇年代，二十五座薪資中位數最高的城市[8]包括克里夫蘭（Cleveland）、密爾瓦基（Milwaukee）、德梅因（Des Moines），以及伊利諾州的羅克福德（Rockford）。如今幾乎所有最富有城市都集中於東西海岸。自一九七〇年起，美國最大城的工資[9]比國內其他城市多出二十個百分點，到了二〇一九年，超過七成的創投資金主要都流向三大州[10]：加州、紐約州、麻薩諸塞州。「聚集在這幾個都會區的財富可謂人類史上前所未見[11]，然而更多都會區的就業機會卻人間蒸發，經濟基礎縮水。」社會學家羅伯特．曼杜卡（Robert Manduca）如是說。

區域不均等的情勢日益擴大，後果亦愈見嚴重。更重要的是政治代價。在飽受遺忘的地區可以看見選民不滿、民怨四起，種族歧視；而本土主義候選人更是趁虛而入，選民則是聽信這些候選人及憤世嫉俗的電視臺的主張。經濟衰退沒有被當作種族歧視和仇外的藉口，反而常被當作武器利用。諸如此類的怨懟在美國政治制度中尤其舉足輕重，畢竟美國政治制度是以土地分配權力，不是人口，參議院就是最明顯的例子。隨著地區衰退蕭條、人口流失，遭到遺忘的地區仍擁有強大影響力，持續表達他們的不滿。

然而傷害並未到此為止。區域的貧富不均導致美國境內某些地區之間彼此不諒解，當一個世界飽受止痛藥侵蝕摧毀，另一個世界卻深受菁英學院入學計畫之害。某些地方的房屋面臨棄置空屋危機，其他地方的居民則要煩惱是否負擔得起房價和貴族化。這種狀況下要達到共識實在不易，難以在背景脈絡南轅北轍的地區落實全國性計畫。

與此同時，地區之間的貧富不均導致區域內部貧富不均的情況更為惡化。財富富庶越是集中於某幾座城市，繁榮榮景就越是集中於其中幾個地區，不是導致長期以來的不平衡更加惡化，就是完全將窮人踢出去。舊金山等城市出現反烏托邦元素，例如在一個午餐沙拉要價二十四美元、單房公寓租金平均三千六百美元的地方[12]，看見流浪漢在人行道上就地排泄。當高薪科技業員工搭乘接駁車前往位於郊區的企業園區，低薪員工卻只能委屈住在五．六坪的「迷你公寓」，抑或與其他住戶共用衛浴的宿舍大樓，再不然就得趁天光破曉前，從史塔克頓（Stockton）等遙遠城市通勤。諸如此類的反烏托邦元素，就是當地和國內貧富不均的寫照之一。

貧富不均逐漸擴大，使得這兩地居民的生活難上加難，全國重心失衡。

對這種全新局面憂心忡忡的經濟學家和社會學家開始想方設法找出問題原委。以某程度來說，區域性的貧富不均只是收入不均的直接結果。收入不均可以追溯至剛展開民調的五十年前，到了二〇一八年，此等差距大到信評機構穆迪（Moody's）祭出警告[13]，既可能損及美國的信用結構，亦可能「對經濟成長和永續性造成負面影響」。有錢人恆有錢，他們居住地段的房價也跟著水漲船高。

但當然還有其他因素，科技經濟鼓勵人才匯集的本質也是其中之一，此外還有就業市場不斷變遷的特質：員工越是不期待一輩子只待在某家公司，就越可能想在個人工作領域中跳槽，尋找不同雇主。雙薪夫妻的數量增加，員工可能希望前往某個地方，找到令兩人都充滿成就感的工作。

這之中當然還牽涉到社會動力學。美國最成功人士彼此照應，在輕鬆愉快的人生路上尋求同溫層的慰藉，而且程度前所未有。就算是在都市，有錢人也越來越傾向住在同一區，從一九八〇到二〇一〇年間，與居民薪資多元的地區相較，高收入家庭在富人街區生活的數字雙倍成長[14]。與此同時，飽經遺忘、繁榮不再的地區某種程度上促成了一種趨勢，那就是社會階級較低的族群中，面臨社會連結薄弱、傳統家庭觀念崩塌，讓人更難以搬到工作機會較多的地區。如果你是單親媽媽，即使負擔得起繁榮城市的租金，也不可能搬離可幫忙帶小孩的親戚身邊。

要是整體經濟活動全部集中在某幾家公司（有估計數字顯示為四分之三的美國產業）[15]，那財富集中於某些地區也不令人意外。由於這幾十年聯邦政府對企業合併鬆綁，這種趨勢便慢慢成形，造成各種層面的區域不均等。航空公司的合併導致小城市運量縮水，小城市因此更難吸引企業進駐。農業合併則代表實際生產糧食的鄉下地帶和小鎮收入會減少。金融保險業的合併[16]意味著許多中小型城市失去企業總部，遑論隨之而來的經濟和城市益處。

簡單來說，曾經分散於幾百家大大小小公司的商業活動，無論是媒體、零售業、金融業，如今都逐漸由幾家龍頭企業主宰，結果曾經平均散布於美國各地的利潤和成長機會，現在全都流向處於主宰地位的公司所在地，於是贏家通吃的經濟造就了贏家通吃的地區。

情況嚴重到提及區域性的貧富不均和經濟集中時，通常都被視為獨立議題，彼此之間毫無關聯。但事實上這些問題密不可分。而當我開始思考其中關聯，故事敘述自然得從亞馬遜這家在零和遊戲般的大洗牌中扮演主角的公司講起。我不會仔細探究該公司，畢竟這不屬於本書的探討範疇，而是深入觀察活在亞馬遜黑暗悠長的陰影下的美國。

想知道美國本身及美國未來，亞馬遜就是最理想的框架，畢竟它象徵許多現代勢力，也能夠為我們解釋現象。該公司創辦人誇張的個人財富和龐大雇員受領的微薄工資，亦是財富嚴重不均的濃縮寫照。多半員工的作業都具備以下特質：生活簡單、人際關係單純、居住在城鎮邊緣、工時和班表不固定。亞馬遜對美國民選政府產生巨大的影響，無論在各州，或是華盛頓特區——該公司已經將自己的影響力迂迴地滲入美國首都的權力中心。該公司亦促使城市架構瓦解，削弱實體的商業活動，以及無數社區、城鎮的稅基，反轉了人們的消費方式，改寫了消費者滿足自我的方式，重新塑造了日常生活最基本的層面。

亞馬遜絕非唯一促成區域性貧富不均的勢力，該公司的科技重量級對手谷歌和臉書亦宛如吸塵器，將美國的數位廣告營收一口氣吸進灣區，與此同時，他們還剷除了當地新聞業。各個產業之中，紐約和波士頓等地的私人股權公司吸收美國中小城市的公司價值，再縮小這些公司的工資發放總額，抑或徹底關閉公司，並藉此獲利豐沃。

但比起其他公司，亞馬遜更適合拿來當作美國貧富不均的終極觀測鏡，因為該公司以五花八門的形式遍地開花，無所不在。亞馬遜在早期承諾會擔下平衡國內經濟的重責，將他們的商品「書籍」送到美國各個角落，儼然是現代版的西爾斯百貨郵購目錄。經年累月下來，隨著驚人的擴大發展，亞馬遜將美國國土切割成不同的區域，並指定其等級、收入、用途。不僅改變了國家的景象，也改變了美國發展的前景，奪走了擺在人們眼前、激勵他們發憤圖強的人生選擇。

這家公司也比其他龍頭同業準備充裕，全球大流行病爆發之時，他們的主宰勢力甚至更強大。對幾千萬名美國人來說，亞馬遜創始二十五年的消費方式如今已經變革，不再只是為了一開始的便利，而是變成一種必需品，拜政府法令所賜，現在該公司甚至成為生活不可或缺的一環。當許多亞馬遜的小對手正在強制休假和裁員，或是準備宣告破產、永久停業時，亞馬遜卻得多聘雇幾十萬名員工，實現該公司在美國人生活中扮演的新角色。員工的健康暴露於高風險的同時，造成他們工作過勞的一鍵購買也帶來更多潛在隱憂。隨著該公司的足跡遍布蔓延，它長久以來促成的鴻溝也日益擴大。

第一章　社群：超級繁榮的少數城市

華盛頓州．西雅圖

加州不准許退役軍人申請州立大學獎學金，但是華盛頓州可以，事情就是這麼簡單。於是米洛．杜克（Milo Duke）跟著海軍安全組守在苜蓿田下方、竊聽數年之後，終於在一九七一年從灣區的美國海軍退伍，接著便前往西雅圖大學攻讀海洋學學位。他的求學生涯僅維持了一個學季，因為被微分方程困住。之前他就讀內布拉斯加大學歷史系時已經遇過相同問題。米洛以為第二次碰上微分方程他可以迎刃而解，沒想到他大錯特錯。

他開始踏進各行各業，由於之前面對軍隊官僚體制的不愉快經驗，他開始擔任義工，協助生活困苦的退役軍人，幫他們獲得「退伍升級待遇」，並很快就為一個致力協助退役軍人的律師代辦機構服務。米洛以一百五十美元和當初在內布拉斯卡大學相識的妻子租下瓦靈福德區（Wallingford）的兩房公寓，之後則在附近以一百二十美元租下一間更大的房子。他認為若要有更高的工作成就，自己必須取得法律學位，於是在一九七五年報名華盛頓大學法學院。可惜的是，兩年後卡特總統赦免逃避兵役者，而這為米洛．杜克效力的組織資金調度帶來副作用，該組織最後資金乾涸並且瓦解，然而米洛還是在一九七八年完成法學院學業，短暫在公設辯護人事務所工作後，他在市中心的大型刑事辯護法律事務所找到一份工作。

這時米洛和妻子已育有兩子，他則是開始藝術創作。就讀法學院時，夫妻倆搬入非裔美國歷史區的中區東邊，入住華盛頓湖畔一個名為馬德羅納（Madrona）的嬉皮社區。他們住在其中一棟由嬉皮社區成員以五千美元購買的房屋，米洛和妻子在一九七八年以五萬美元買下當地房屋。然而米洛很快就對法律事務所的工作感到幻滅，較傾向於藝術創作。聽聞米洛說到這個意願時，法律事務所合夥人的妻子笑稱，如果他是認真的，應該去派克農貿市場（Pike Place Market）販賣藝術作品，就像那些事務所律師人手一幅、家中必定擺設的花卉版畫畫家，從那裡展開他的藝術生涯。

一九八〇年，卡彭（Carbone）家族詐騙案共有二十六名被告，而米洛工作的法律事務所就負責了其中幾名被告。這可是不得了的大案子，米洛聽說這是反勒索及受賄組織（Racketeer Influenced and Corrupt Organizations）法規首次於第九巡迴上訴法院使用。有天米洛．杜克走進大型會議室，室內還有其他幾十名負責該案的律師，他發現短短不到幾個月，他竟然從為窮人發聲的公設辯護人，變成代表黑手黨的辯護律師，這時他不由得心想：我究竟在這裡做什麼？翌日他提出辭呈，加入派克農貿市場的藝術家行列。他的婚姻則在之後的六個月結束，他自己只帶走兩百美元，就這樣在農貿市場的新社群安身立命，其餘財產和房屋則留給妻子。

身為新人的他被分發到最不受歡迎的地段：市場北端的「水泥板」，說穿了就是一塊飽受惡劣氣候摧殘的人行道，平日收費三美元，週末五美元。在西雅圖，惡劣天氣的意思就是飽受風吹雨淋。不過加入市場的第一天，米洛就和他周遭的藝術家一拍即合，他們都認為自己背負一項共同任務，後來他說：「我們都相信應該將藝術帶入人群。」沒多久，他們密謀在六塊水泥板上搭建一處共享庇護所，不但可以讓生活空間保持乾燥，還可以將他們的居所變成類似藝廊的空間，好讓行經的路人更有可能停下腳步、欣賞他們的藝術品。他們甚至為自己的社群取了一個深具凱魯亞克風格*的名稱：達摩工程師（Dharmic Engineers），取自梵語的「萬法」（dharma），意思是「支持或撐起的法門」，這就是他們合作最實際的意圖：支撐起彼此。

米洛．杜克事後回想他至今經歷過的三個西雅圖，而這是第一個。第一個西雅圖還是一座小城，人口降至不足五十萬人，規模不比聖路易和堪薩斯城來得大，而整座城市的經濟主力仍然是波音飛機、造船廠、海港。西雅圖自一八五一年起由原本的自然資源前哨站發展至今日規模，當地最早的居民搭乘雙桅縱帆船抵達岸邊搭建小木屋，本來有意開發農地，後來卻發現幫舊金山的船塢砍伐木材更有賺頭。不多久，一位俄亥俄州的企業家亨利．耶斯勒（Henry Yesler）來到西雅圖，在普吉特海灣（Puget Sound）蓋了一座鋸木廠。

鐵路帶動了蓬勃發展。一八八三年北太平洋鐵路（The Northern Pacific）降臨塔科馬（Tacoma），十年後大北方鐵路（Great Northern Railway）又進駐西雅圖。西雅圖的人口在一八八〇年代以十倍速率成長，超越四萬人。一八九〇年代末期出現育空淘金潮（Yukon Gold Rush），勘探者需要補給站，更是助長了這座年輕城市的繁榮。一九一六年，威廉．波音（William Boeing）在聯合湖（Lake Union）與他人共同製造第一架水上飛機。緊接而來的那幾十載，這座城市或多或少全依照耶斯勒和波音兩人的規劃茁壯成長，如果一九七〇年代的西雅圖稱不上是工廠重鎮，繁榮程度亦比不上其他工廠重鎮：一九七八年，西雅圖都會區的平均每人所得並未高於克里夫蘭、匹茲堡、密爾瓦基。「這座城市仍然帶有全新拓荒領地特有的蠻荒居地印記[17]。」這是英國作家強納森・雷班（Jonathan Raban）對該年代西雅圖的第一印象。

事實上，波音在一九七〇年代早期解雇了幾十萬名員工，因而最後刊登了一塊經典看板，看板寫著：最後離開西雅圖的人，可以幫忙關燈嗎？《經濟學人》（*The Economist*）報導，這座城市「已然成為一間大型當鋪[18]，許多家庭都為了買菜付房租，急著脫手用不著的物品」。七〇年代在西雅圖長大的作家查爾斯・丹布爾斯洛（Charles D'Ambrosio）憶起這年代的西雅圖死氣沉沉，卻依然不減其充滿鄉愁的美感。他後來描述：「艾特略灣獨立書店（Elliott Bay Book Company）既是一間書局，地下室還是磚牆砌成的。你不用偷偷摸摸，可以光明正大在那裡逗留，還可以自帶空杯到收銀臺要求續杯，也能在那裡閱讀。當時的西雅圖[19]具有一種獨特的恍惚迷濛氛圍，睡意朦朧的夜晚彷彿什麼都有一點：狗吠聲、汽車加速聲、甩門聲等等，其餘則是不必要而過度膨脹的萬籟俱寂，當真是萬籟俱寂。」

艾略特灣獨立書店是達摩工程師每週聚會交流、討論藝術的場所。結束之後米洛便會搭乘渡船，穿越普吉特海灣回到瓦雄島（Vashon Island），當時他住在一輛廢棄校車裡。離家之後，他在阿拉斯加路高架橋下度過第一晚，但沒多久他就前往瓦雄島，因為有位朋友在那裡擁有農舍，歡迎其他人前

＊凱魯亞克（Jack Kerouac）就是「垮掉的一代」（the beat generation）的創始人之一，他與約翰・霍爾姆斯（John Holmes）提出此文化指標名詞，許多當代青年仿效凱魯亞克，避世遁離，嚮往從簡樸生活獲得精神的洗滌。

往她的農地，於是米洛建議另一位朋友將一輛時常停在路邊而被開罰單的老舊校車停泊在這座小島。米洛短暫在那輛校車內待上一陣子，一年後自己買下一輛老舊洲際鐵路（Continental Trailways）長途公車，升格成了有殼族。「生活開銷還算合理，我可是小屋改造的先驅人物。」他後來打趣地說。

對派翠內兒．史達登（Patrinell Staten）而言，洲際鐵路長途公車是她西雅圖之途的起點，而不是終站。

她從德州迦太基（Carthage）遠道而來，整整三天半的旅途中，她一次廁所都沒去。派翠內兒這一整路都得坐在公車後方緊鄰骯髒廁所的座位，卻不能使用這間廁所，穿越彷彿無止境的德州時，她也不准使用中途公車停靠的休息站廁所。要是真想如廁，派翠內兒就得走一段幽暗小路使用戶外廁所。當年剛滿二十歲的她說什麼都不肯獨自走這樣的小路，於是她一路憋著，並且控制水分攝取，好讓自己更憋得住，即使公車早已駛離德州，遠離歧視黑人的《吉姆克勞法》（Jim Crow laws），跨進種族隔離較模糊的西部地帶，她還是一路憋著尿意*。等到她總算抵達西雅圖，她的身體也出狀況。「妳的臉色很難看。」她姊姊說，接著馬上帶她去看醫生。醫生發現派翠內兒嚴重脫水時大驚失色，他說：「我真不曉得妳怎麼憋得了四天。」

當時是一九六四年，派翠內兒的父親在德州迦太基是一名牧師，母親則是學校老師，他們在城外擁有三十五畝土地，但即使是階級較高的非裔美國居民，東德州依然難以擺脫種族歧視的氛圍。派翠內兒的姊姊安娜．蘿拉（Anna Laura）的丈夫在西雅圖駐軍，另一個姊姊奧拉．李（Ora Lee）後來亦加入她的行列，搬到西雅圖。至於派翠內兒則是在休士頓附近的黑人學院普雷里雷農工大學（Prairie View A&M）就讀兩年後，也決定追隨姊姊——奧拉和丈夫離婚後，派翠內兒便前往西雅圖幫她照顧孩子。

這趟旅程可說是典型的大遷徙，足足花了幾十年，黑人才總算抵達遠在天邊的西北大城。截至一九三〇年代末，西雅圖的非裔美國人口不超過四千人，而這等小規模的人口為黑人開了幾項特例：打從一開始，黑人男性就能在西雅圖自由投票，自一八八三年開始，黑人女性也享有投票權，這可是在西雅圖飽受殘酷歧視的華裔或美國原住民無法享有的特權。歷史學家昆塔德·泰勒（Quintard Taylor）表示：「這座城市的黑人數量寡少[20]，所以白人為主的西雅圖能夠包容非裔美國人。相較於種族隔離政策橫掃全國的情況，西雅圖的黑人和白人可以拍胸脯說，他們在這座城市享有基本的自由平等。」

到了一九五〇年，西雅圖的黑人人口已經大幅躍進，跨過一萬五千人的關卡，超越該城大規模的亞裔族群。最後更隨著二次世界大戰，以及波音飛機和造船廠等製造業工作機會的遽增，黑人人口大幅成長。在接下來的三十年間，黑人人口持續增長，畢竟西雅圖有工作職缺，在南方遍地開花的公民權鬥爭之中，這座城市反倒飄散著南轅北轍的迷人氣息。

但後來卻沒有派翠內兒預期的南轅北轍。抵達西雅圖後，她搬進奧拉位在倫頓（Renton）的家，也就是西雅圖東南部的藍領階級郊區。幾次探訪西雅圖市中心後，她發現市區的黑人屈指可數。她曾

* 若想讀到更多從路易西安納州、德州、奧克拉荷馬州到西岸的大遷移路線，請見阿莎貝爾·威爾克森（Isabel Wilkerson）的《他鄉暖陽》（*Warmth of Other Suns*, New York: Vintage, 2011）

向一名相當罕見的黑人搭話，對方是清潔工。

「你來自哪裡？」她問。

他知道她說的「哪裡」是指什麼。「噢，一個叫作中區（Central District）的地方，就是西雅圖的中間地帶。」他說。

早期居住西雅圖的少數黑人多半分散在兩大區[21]，其中一區是酒吧和妓院林立的耶斯勒—傑克森（Yesler-Jackson）濱水區，這裡成為臨時工的集散中心，也就是挑夫和船員，備受歧視的非裔美國男人在造船廠和碼頭從事最多的兩種職業。另一區則是東麥迪遜街（East Madison Street）外的林木區，也就是第二個抵達西雅圖的黑人威廉．葛羅斯（William Grose）買下十二畝田地的所在，後來不少黑人家庭也逐漸湧入定居於此。

經年累月下來，這兩個地區融合成一個倒L形，而這個L形地帶就是後來的中區。中區的黑人匯集並非完全自然的歷程，西雅圖的其他住宅區禁止與黑人進行買賣契約的種族隔離風氣正盛，想要租公寓的黑人在提出申請時會立刻發現住房額滿，所以最後只能住在中區。到了一九六〇年，也就是西雅圖黑人人口暴增七成以上的十年後，黑人居民共有兩萬六千九百零一名，其中有四分之三都住在中區的四個人口普查區[22]。

派翠內兒會前往市區的真葡萄樹基督教會（True Vine Missionary）參加教會活動，她的美貌、帶著梨渦的甜美迷人笑容，深深吸引著更早就從阿肯色州舉家遷居美國北部的班尼．萊特（Benny Wright）。交往了六個月後，班尼向派翠內兒求婚。他們在中區北部邊緣的東丹尼路（East Denny Way）租下一間公寓，並且開始尋覓可以購置的房屋。房地產經紀人只肯帶他們參觀中區的房子，這點讓派翠內兒百思不得其解。她事後說：「我真不敢相信，我住在北方的『南部』地帶，而我唯一可以買的房子居然只有這一區。」最後他們在中區東部邊陲落腳，以一萬七千美元購入一棟整潔的三房磚屋。

班尼當上歷史老師，最後在中區主收黑人學生的加菲爾高中（Garfield High School）執教。派翠內兒則是在銀行找到一份工作，擔任晚間輪班的支票核對員，後來又找到自由銀行（Liberty Bank）的出納員工作，這也是密西西比州以西第一家由黑人經營、並於一九六八年在西雅圖中區心臟地帶開設的銀行。截至當時，她已經認識中區的每一張面孔，至少可以說差不多都能喊出名字，她很享受人們大排長龍只為了見上她一面的感覺。

不過當然也有不那麼開心的時刻，偶爾有人會上前對她說「噢，這裡也有黑鬼員工啊！」之類的風涼話。

面對這類損人的話，派翠內兒會故意圓瞪雙眼，回答：「什麼鬼……有人看見黑鬼嗎？這裡有黑鬼出沒？他們長得怎樣？」

一如米洛・杜克，派翠內兒也漸漸踏上藝術之路，而她的藝術表現是宏亮高亢的聲音，這個聲音讓她自小就在父親的教會演唱、領唱青年合唱團，之後更在高中加入一個名為捷維特（Jivettes）的三重唱組合。沒想到西雅圖成為黑人音樂的麥加，爵士樂俱樂部在三〇年代蓬勃發展[23]，蔓延整條傑克遜街和鄰近紅燈區的街道：黑與棕（Black and Tan）、貝森街（Basin Street）、黑麋（Black Elks）、烏班吉（Ubangi）。貝西伯爵（Count Basie）、路易・阿姆斯壯（Louis Armstrong）、凱伯・凱洛威（Cab Calloway）、艾靈頓公爵（Duke Ellington）可能會在北區的著名場地表演後停留，而若北區的飯店不願接待他們，他們可能留宿黑人經營的黃金西部（Golden West）。搖椅（Rocking Chair）、漢密爾頓博士（Doc Hamilton's）、剛果俱樂部（Congo Club）等通宵營業的俱樂部也會吸引白人前來。直到一九四九年，華盛頓禁止以酒杯販售烈酒，卻對黑人俱樂部實施「容忍政策」，警察收取回扣，通融黑人俱樂部販售酒杯、冰塊、調酒杯的「組合」，讓自行攜帶烈酒的客人可以享用美酒。戰時大批人潮湧入工廠、造船廠、軍事基地，使得俱樂部在四〇年代更蔚為風尚。

這一批人潮包括一九四四年從德州搬遷至西雅圖的厄妮斯汀・安德森（Ernestine Anderson）一家人，當年厄妮斯汀十六歲，而且沒多久就到傑克遜街演出。另外則是年僅十歲的昆西・瓊斯（Quincy Jones）家族，一九四三年抵達西雅圖後，他的父親接下普吉特海灣海軍造船廠的工作。再來就是艾爾・罕醉克斯（Al Hendrix），他在一九四〇年帶著新妻子露希爾・杰特、名為強尼・艾倫・罕醉克斯的兒子抵達西雅圖，幾年後兒子更名為詹姆斯・馬歇爾・罕醉克斯*。

一九七〇年，派翠內兒在吉米・罕醉克斯的喪禮演唱，當時她剛成立自己的福音團體，亦即派翠內兒・萊特的七人靈感團（Patrinell Wright's Inspirational Seven），並與深褐色唱片公司（Sepia Records）發行了一張單曲：〈眼睜睜讓好男人離開〉／〈愛的小小相遇〉。她開始在俱樂部演唱，不限於西雅圖，也在酬勞較高的波特蘭、奧勒岡演出。

班尼不喜歡派翠內兒到城外的俱樂部演唱，幾年後，她坦言自己其實也不喜歡。「我不喜歡我不能見到你。」她說。一九七〇年，她聽說中區南邊的富蘭克林高中（Franklin High）正在徵人。黑人學生數目大規模成長，於是音樂科主任邀請派翠內兒在校內成立福音合唱團，申請加入合唱團的學生數量多得嚇人，沒多久合唱團就獲得空前成功，可是邀請派翠內兒的音樂科主任後來卻改口，說合唱團模糊了政教邊界。於是在一九七三年，派翠內兒帶領合唱團走出校園、踏入教會，在第十九大道上的錫安山浸信會（Mount Zion Baptist）組織合唱團，幾十名學生追隨著她的腳步來到教會，通常還帶上幾個弟弟妹妹，只要是符合派翠內兒標準的人皆可參加，後來演變成社區的固定班底：總經驗福音合唱團（Total Experience Gospel Choir）。

與此同時，老爵士樂俱樂部正逐漸式微，一如其他城市，西雅圖的毒品和街頭犯罪氾濫，中區社群反倒是越來越茁壯，時常舉辦街區派對。若是有人生病，整個社區的人似乎都搶著幫忙，「你真該看看大家幫這些人煮的菜。」派翠內兒說。就算她夜間晚歸，從停車處走路回家也覺得安全，因為她知道朋友會在自己家裡望著她走到自家門口。這些人都是她的朋友，她說：「我們會隔著籬笆呼叫彼此。」

一九七八至七九年冬季，有兩名年輕男子各自駕車、走不同路線，彼此相隔一個月，從新墨西哥州阿布奎基（Albuquerque）一路往北挺進。第一個人是保羅・艾倫（Paul Allen），他為他的法拉利 Monza 裝上雪鍊，收音機播放著地風火合唱團（Earth, Wind & Fire）的歌曲，穿越猶他州和愛達荷州的冰寒山區。第二人是比爾・蓋茲（Bill Gates），他駕駛自己的保時捷，漫不在乎地超速行駛，

* James Marshall Hendrix，也稱 Jimi Hendrix（吉米・罕醉克斯），美國歌手兼作曲人，公認是搖滾音樂史上最偉大的電吉他手。

還被頭頂飛過的空中警察開了兩次罰單[24]。

但他們擁有相同的目的地：西雅圖，兩人的成長地，而且這兩個人是校友，上的是同一所菁英私校湖濱學校（Lakeside），他們曾成功駭進該校基礎程度的電腦系統。更別說這兩人都在高中畢業後前往波士頓，蓋茲就讀哈佛，艾倫則是自華盛頓州立大學輟學後效力於漢威聯合公司（Honeywell）。而在一九七五年，阿布奎基的一家小公司微型電腦公司（Micro Instrumentation & Telemetry Systems）同時吸引這兩人注意。這家公司藏身在被按摩店和自助洗衣店包圍的購物商場，使用英特爾８０８０中央處理器晶片、發明了一種名為「阿爾泰」（Altair）的簡易電腦。為了證明他們的BASIC程式語言的價值，艾倫和蓋茲前往該公司，並且在阿布奎基共同創辦了一家名為「微—軟」的公司。

兩年後，這兩人厭倦了高海拔的沙漠風光，再加上新墨西哥州不易招聘到編程人才，讓他們很是頭痛。於是艾倫建議公司遷址（當時該公司只有十三人），前進西雅圖。他很想念擁有松樹、大海、沁涼氣候的老家，還說西雅圖的氣候適合他們的公司，「陰雨綿綿很加分[25]，整天下雨的話，程式設計師就能夠心無旁騖地工作。」他事後寫道。

蓋茲對西雅圖沒那麼死忠[26]，另一個明確的選項是矽谷。多虧史丹佛大學坐擁大規模私人房地產大樓，加上冷戰時期的國防經費，當時矽谷已成為微型電腦的樞紐。相較之下，西雅圖幾乎稱不上科技磁鐵，於是艾倫必須多費點心思才說服得了蓋茲。後來他祭出必勝絕招：因為他知道蓋茲和父母的關係親近，於是特別找蓋茲的父母說服兒子。最後蓋茲總算點頭，就決定是西雅圖了。

蓋茲在西雅圖華盛頓湖對面的歐德國家銀行（Old National Bank）大樓的八樓租下一間辦公室。蓋茲和艾倫申請不到信用貸款，只好將可轉讓定期存單轉換成現金，支付辦公室的全新電腦系統。該公司的電話號碼尾數是８０８０[27]，和他們數年前用來證明自我的英特爾晶片一樣，而這個巧合可能和蓋茲的母親正是太平洋西北貝爾電話公司（Pacific Northwest Bell）的董事有關。

進駐西雅圖不久後，微軟（這時公司名稱已刪除連字號）獲得破天荒的大成功：ＩＢＭ委託微軟為他們的第一部個人電腦製作作業系統。艾倫和蓋茲從西雅圖另一名程式設計師手裡取得一個雛形甫建立的系統後，改造成MS-DOS。到了一九八一年，微軟的員工人數已經增加至一百多人，辦公室地點也換至華盛頓湖和大受歡迎的速食店漢堡大師（Burgermaster）附近的寬敞空間。微軟尋覓的是剛從大學畢業、尚未被其他雇主影響過的年輕程式設計師。「更重要的是，我們要找的是最聰明的人才。」艾倫回想當初時這麼說。正如預期，西雅圖比阿布奎基更容易吸引員工[28]，即使某些員工還是被矽谷成功拐走。

到了一九八二年年底，公司營收已雙倍成長至三千四百萬美元，員工數量也多達兩百名，然而微軟的公司組織依舊略顯七零八落。下班後，他們會去無處可去俱樂部（Nowhere pub）玩手足球，週末則去艾倫的副理鮑伯．奧利爾（Bob O'Rear）的家打排球和烤肉，該公司的第一名員工馬克．麥當勞（Marc McDonald）則負責製作黛綺莉調酒。

艾倫在他位於薩馬密什湖（Lake Sammamish）湖畔的家裡舉辦萬聖節派對，根據艾倫的說法，蓋茲「趴在我家二樓樓梯欄杆[29]，一路滑到廚房。他用飛快速度奔跑上樓，然後縱身跳上樓梯扶手，滑到樓下的鑲木地板」。

微軟抵達後的西雅圖，就是米洛．杜克生活過的第二個西雅圖。現在這座城市變得更科技化，城市層次也跟著提升，但米洛仍然應付得來。

米洛在派克農貿市場賣出的超寫實作品寥寥可數，為了維生，他開始擔任其他達摩工程師成員的仲介。米洛也開始在科幻小說展場出售個人作品，參加展覽的人似乎挺買帳。一九八二年的某場展覽會上，他遇見來自聖路易斯的溫蒂．狄斯（Wendy Dees），溫蒂不但是著名的書籍插畫家，也創作詩詞小說，而十年後這兩人將結為連理。當時米洛仍住在瓦雄島的校車裡，直到一九八九年他才開始與幾個達摩工程師成員在拓荒者廣場（Pioneer Square）租借的工作室過夜。拓荒者廣場是歷史悠久的海濱廣場，也是亨利．耶斯勒最初期的木造碼頭，再過幾年，這個地點便會成為頹廢音樂（grunge）的基地。該工作室每月租金八十美元，位在兩棟華盛頓鞋公司（Washington Shoe Company）大樓的其中一棟，建築沒有窗戶，可是因為緊鄰冷凍儲藏大樓而長年涼爽。米洛和附近某家藝廊的兩位藝術家成為合作夥伴，於是一九九一年夏季夜晚就在逃生梯上吸食大麻、音樂環繞下度過。「這感覺就像是活在世界的中心。」他事後回想時如此說。

怎料美好時光並不持久。米洛的一位朋友，也是藝廊的合作夥伴罹患一種罕見癌症，在三十八歲那年辭世，他最後只好賣出藝廊。米洛搬離工作室，和其他藝術家朋友住進羅斯福區（Roosevelt）六十五街一棟搖搖欲墜的房子，屋主是某臭名昭著的惡房東，屋後有一大片泥土地，而每當保險絲燒斷，房東就會將一枚二十五分錢的硬幣塞進保險絲盒來修理。

在那裡住了兩年後，最後是溫蒂拯救了米洛。溫蒂在某家高檔的日本藝廊有正職工作，於是兩人搬進菲尼脊（Phinney Ridge）的一處社區共同住宅，最後在一九九六年搬進屬於自己的家：一棟位在格林湖（Green Lake）南方坦格頓（Tangletown）住宅區的出租平房。主樓層面積約二十二坪，外加溫蒂位在閣樓的十一坪工作室，以及米洛在屋子花園樓層的二十二坪地下室空間，他的一個兒子將車庫改成金屬加工和機車維修廠。房東太太是學校行政人員，丈夫在波音公司擔任主管，她和先生對於可以把房子租給藝術家都興奮不已。房東太太收取一千美元租金，並且數年不漲房租。

米洛開始在工作室開設藝術學校時，房東更是覺得與有榮焉。他在一九九八年開始兼課，恰巧在酒吧看見別人留下的課程目錄後，他和溫蒂開始在城裡聲譽良好的傳統藝術學校「寫實主義者藝術學院」（Academy of Realist Art）教授油畫。一學期過後，學院詢問米洛是否願意自己帶班。沒多久，他就開始在自家授課，甚至以正統法文名稱為工作室學校取名為：atelier（畫室）。

對派翠內兒・萊特而言，第二個西雅圖也很美妙。正在華盛頓湖對面上演的革命尚未擴散至中區，然而中區卻已經出現改變，但這在當時是一種值得慶祝、由內部驅動的改變：黑人的西雅圖正一點一滴破繭而出。

這個改變已經醞釀多年。一九五七年州議會通過房屋歧視禁令，可是兩年後一名金郡（King County）高等法院的法官卻推翻禁令，認定儘管歧視未來房客和買家的屋主該受譴責，然而「法院依舊裁定，私人房屋的屋主應保有權利，可自由選擇他們的交易對象[30]」。

種族改革人士在六〇年代初期不斷施壓，呼籲西雅圖行使「開放住房」法規。市議會（一九六七年才出現第一位黑人議員）否決通過該項立法，並在一九六四年將這條法規交由公民投票決定。一封反對該法規的抗議信刊登於週報《看守人》（*Argus*），信中提出以下異議[31]：「為了某種名為開放住房的東西，屋主突然沒來由被迫讓步……讓步時，除了覺得自己或許幫得上受到壓迫的……黑人，投票人並無收穫任何好處。」

一九六四年三月十日，同意票對反對票二比一，「開放住房」法規遭到廢除[32]：這是華盛頓哥倫比亞特區通過《民權法案》的三個月前，全美標榜最激進城市的十一多萬人民投票，選擇保護人民行使種族歧視的權益，在在彰顯西雅圖還有多長遠的路要走。

改革人士面不改色，運用志工的力量進一步卸除障礙。他們在中區之外尋找熱血鬥士，全是不理會法律、努力讓社區變得更友善的人，並且為有意搬家的黑人家庭創造公平住房交易服務。諸如此類的努力在中區也並非毫無爭議，歷史學家昆塔德·泰勒引述中區一位商人兼社會運動人士凱夫·布雷（Keve Bray）的話，布雷為這些尋求逃離的人貼上標籤，說他們都是「為了提高自己的社會階層、逃離原生族群的人[33]」。但是他們在搬到目標地區後也難逃抗爭命運，例如在肯特（Kent）近郊，有兩個黑人家庭在自己的新家遭人拿霰彈槍攻擊。

儘管如此，人口依然穩定外流。一九七〇年，都會區的四萬兩千名非裔美國人之中，僅有9%居住城外。到了一九八〇年，這數字卻是雙倍成長，升高至20%，五萬八千人；等到一九九〇年，數字持續增長至超過三分之一，變成八萬一千人。

人口不只流動至郊區，也搬遷至更加包容的友善城市地帶。到了一九八〇年，中區不再是多數西雅圖黑人居民的主要落腳處[34]。

依照派翠內兒的觀點，這幾年的發展算是一種令人滿足的折衷方案。居民不再覺得自己只能住在城市的某個角落，不過還是有很多人為了維繫社群身分，維持群聚效應，選擇續住那個角落。

派翠內兒不只是鞏固身分認同感，還在十四大道開了唱片行：福音劇院（Gospel Showplace），在這裡找得到總經驗合唱團每週日演唱的歌曲，以及各種基督教書籍和用品。合唱團十分活躍，「很多本地出生長大的孩子都覺得我堅持傳授的風格很難學，可是一旦學會了，他們就無法抗拒[35]。」派翠內兒後來這麼說。七〇年代中期，該合唱團開始在知名場合演唱，好比西雅圖中央美食購物廣場（Seattle Center Food Circus mall）、歌劇院，甚至和未來的第一夫人蘿莎琳・卡特（Rosalymn Carter）在競選造勢大會上連袂演出。總經驗合唱團史上頭一遭踏上巡迴之旅，挺進亞基馬（Yakima）和斯波坎（Spokane），對這些從沒離開過西雅圖的年輕人來說，這些城市就像是遙遠的世界，後來更預計在一九七九年正式全國巡演，在紐約、華盛頓、費城、聖路易、芝加哥進行為期三週的表演。

那一年，合唱團的熱血猶如脫韁野馬，讓某些教會神父坐立難安，最後總經驗合唱團在一場衝突之中出走錫安山浸信會，來到西雅圖南方的一所教會。「要是他們覺得音樂太嘈雜，那真的太可惜了[36]。」派翠內兒這麼說。錫安山浸信會的官方解雇書聲稱，該合唱團已經「超越」教會人數，可是該教會可是全西雅圖最大教會，所以這個說法實在令人難以採信，很難不往嫉妒吃味的方向思考。派翠內兒的合唱團並未超越教會承載量，而是她打造出某種超越教會，讓教會相形見絀的成就。

巡迴演唱的野心越來越強烈，橫掃美國南部的棉花州（深南部，Deep South），為了裝下整個合唱團，他們將兩個孩子擠進一張灰狗客運座椅內，挺進……巴哈馬……夏威夷……墨西哥……薩爾瓦多、尼加拉瓜。派翠內兒的弟弟葛雷戈里（Gregory）也跟來打鼓，有時班尼也會一起來，負責幫忙拍照，捕捉下妻子表現如魚得水的模樣，以及派翠內兒身著浴袍、在汽車旅館的陽臺大搖大擺、率領合唱團三部合聲演唱〈通往國度〉〈快樂時光〉〈戰役尾聲〉等歌曲。但當然不全是甜蜜的回憶：剛抵達鹽湖城時，其中一輛客運的孩子聽見旁觀者說：「黑鬼來了！」於是派翠內兒在客運上集合孩子，安撫他們的情緒：我們代表上帝，我們要為祂引吭高歌，所以不要多做他想。來禱告吧，讓我們勇往直前。然後她走上另一輛客運，以同樣話語為另一車的孩子打氣。

在西雅圖，總經驗福音合唱團為柬埔寨難民高歌募款，也在國際電子從業人員聯盟大廳（International Brotherhood of Electrical Workers Hall），為「員工娛樂表演」的活動演唱，以及在朗斯頓・休斯（Langston Hughes）的音樂劇《黑色誕生》（*Black Nativity*）中表演，成為一種年度傳統。該合唱團日益茁壯，變成深具凝聚力的團體，團員之間的感情甚至跟家人一樣緊密：當派翠內兒送其中一名女團員回到認養家庭卻沒人應門時，派翠內兒甚至邀請她待在自己和班尼的家裡，想待多久都可以，最後小女孩還真的留下來，後來到密西根大學進修，攻讀語言治療博士班。

九〇年代初期，合唱團成員皆已長大成人，邁入大學、展開精采人生，所以想要召集可以取代他們的新團員變得更不容易了，也許是派翠內兒的嚴格形象聲名遠播，抑或教會傳統和教會音樂的規定較為鬆懈，我們無從得知。為了維持合唱團成員的人數，他們開始召集成人，並買下一九六〇年代出廠的巡迴演出巴士，更請派翠內兒的兒子派崔克（Patrick）擔任助理指導，後來總經驗福音合唱團遠征俄羅斯和澳洲，但是該組織的規模和步調皆使派翠內兒喘不過氣，於是她宣布合唱團不再以當前形式經營，並且精挑細選成員，由原本的三十二人縮減成剩下一半人數，後來的總經驗福音合唱團則在一九九三年年底展開數場告別演唱會。

半年後，一九九四年春季，三十歲的紐約投資銀行公司德劭基金（D. E. Shaw）資深副總裁傑夫・貝佐斯（Jeff Bezos）大駕光臨聖塔克魯茲（Santa Cruz），準備為父母資助十萬美元的公司探路。貝佐斯的概念其實很簡單：利用方便好用的全新網路介面，透過網際網路上迅速激增的活動量銷售消費品。「最成功的企業家之所以開創公司，是因為他們對自己有意參與的事業充滿熱忱[37]。」理查・布蘭特（Richard L. Brandt）在二〇一一年的個人著作中，這麼形容貝佐斯的公司。「網路成長意味著終於有人可以善用這個現象致富，而貝佐斯只是興致勃勃也想要成為其中一個靠網路致富的人。」這時的貝佐斯根本還不清楚他想販賣哪種商品，洋洋灑灑列出二十種可能，其中包括辦公室耗材、電腦軟體、服飾、音樂，最後他選擇書籍的原因只有一個：書籍種類包羅萬象，多到幾乎數不清，相較於販售其他商品，線上書店可帶來其他商店不具備的優勢。

他前往位於舊金山南部一百一十二公里的太平洋海岸大城聖塔克魯茲[38]，向兩名經驗老道的電腦程式工程師提案、分享個人構想，最後成功引起其中一人關注，這個人就是謝爾・卡潘（Shel Kaphan）。接著這兩人便一起在該城尋找辦公室據點，聖塔克魯茲位處未開發的海岸地帶，距離矽谷更是咫尺之遙。

現在有一個問題。一九九二年時，高等法院仍落實一項一九六七年的裁定，商人只能從他們實際營業的州內向買家收取銷售稅[39]。意思是貝佐斯若在加州開設公司，他就得評估向全美國最大州的顧客收取銷售稅。而在廣大的加州市場，這樣做勢必大幅削減他的公司與傳統零售業抗衡的關鍵優勢：屆時他們必須徵收銷售稅，因而不得不提高產品成本，可是身為網路零售業者，貝佐斯並不打算這麼做。貝佐斯不想拱手讓出這麼美好的優勢，如果他在一個較小的州開設公司，就只需要對一小群顧客收取銷售稅，幾年後他半開玩笑地說[40]，當初他甚至曾考慮在加州的印第安保留地開公司，這樣就能完全避免銷售稅的問題。

最後他將目標鎖定西雅圖。但是跟比爾．蓋茲和保羅．艾倫不同的是，他與這個城市毫無淵源，他從小是在阿布奎基、休士頓、邁阿密長大，後來就讀普林斯頓大學。但他最早期的一位投資人尼克．漢諾爾（Nick Hanauer）當時居住西雅圖，強力推薦在這座城市開設公司[41]。正如英國作家強納森．雷班幾年前抵達西雅圖時說的一樣，這座城市的空氣中飄散著「令人心曠神怡的可能性[42]」，他說：「即便是已經這麼後期的現在，任誰都可以在這種不蓬勃又半調子的景致中發達，從世界任何角落來到這裡開店，就像是經典的移民致富過程，搖身一變，變成暴發戶。」

這座城市的規模甚是龐大，足以坐擁一座大型機場，想要將書籍寄送國內各地，機場就是先決條件，而西雅圖距離奧勒岡州羅斯堡（Roseburg），亦即美國最大的書籍配送倉庫，也僅有六個鐘頭的車程。

當然還有其他因素。貝佐斯知道要是公司成功起步，到時會需要聘雇許多程式設計師。而最適合挖角這類人才的地點就是灣區，不過西雅圖算得上是一條體面的退路。華盛頓大學的電腦科學系所每年都產出許多畢業生，更重要的是西雅圖還有微軟，更因此吸引一些零星小公司來此設點。這裡是「挖角微軟人才庫、招兵買馬的好處所[43]」，貝佐斯在二〇一八年如此解釋他選擇西雅圖的原因。

幾年後，這家公司被當成典型範例，完美演繹了高科技年代經濟發展的鐵律：贏家通吃，有錢人變得更有錢。網路照理說可讓所有人在任何想要的地點生活工作，無論我們相距多遠，網路皆能串連起不同人群。此外，網路也解放我們，此後不必再關在小小的辦公室隔間和園區，就業機會也能散布全國。

可是真實狀況卻恰巧相反。科技企業家很快發現地點比什麼都來得重要，將公司設立在同類公司林立的叢林之中，才能夠更容易吸引到員工，不只可以搶走對街公司的員工，由於該地區享有科技中心的聲譽，因此可以吸引更多初來乍到的人才。科技產業的員工汰換率高，所以要是第一份工作不成功，還可以寄望在同一區找到其他工作，這種想法當然也很合理。所以最好還是把公司開在這座科技重鎮，之後就能吸引更多員工。

群聚效應不只帶來人力資源，還有科技的精髓——創新。一方面來說，這並不是什麼新鮮事：歷史其實就是一群正確的人匯集於城市、攜手推動世界進步的故事，古代雅典人也好，文藝復興時期的佛羅倫斯也罷，抑或工業時期的格拉斯哥，都是這樣的案例。「城市其實就是一種機械[44]，可以刺激及整合實際架構與社會層面之間的正面交流，以促進彼此倍數成長。」理論物理學家傑佛瑞．韋斯特（Geoffrey West）在都市和公司成長的專題論文中如是說。

而嶄新的數位經濟不但掌握了這種動態學，甚至讓它三倍成長。工業時期的機械進步或許較可能在工業重鎮發跡，但為求發揮最高成效，進步改革可能分散於蘊藏自然資源、人力、運輸樞紐的其他所在。亨利．貝塞麥（Henry Bessemer）發明了煉鋼法之後，凡是擁有足夠資金和途徑的人，皆可取得煤礦和鐵礦、建造一家製造廠，例如賓州布雷多克（Braddock）、西維吉尼亞州韋爾頓（Weirton）、俄亥俄州揚斯頓（Youngstown）、印第安納州蓋瑞（Gary）就是這樣發跡的。

科技經濟卻不是這麼一回事。如今豐沃收穫全集中在創新本身，不需額外投入大筆資金就能創造前所未有的收益。一旦發明了全新超強軟體，你根本不需要煤礦或鐵礦，就能在幾乎零資本的情況下複製，關鍵全來自第一個發明突破的腦袋。加州大學柏克萊分校的經濟學家恩里科・莫雷蒂（Enrico Moretti）寫道：「經濟價值空前絕後地仰賴人才[45]，在二十世紀，競爭力不外乎就是累積實際資本，如今競爭力卻來自吸引最優秀的人力資本。」這段話倒是說得一點都不錯。關鍵是即使群聚效應日益昂貴，科技經濟並不採取市場重新平衡，也不分散至較為平價的場地，反饋迴圈無所不在。

一九九四年，貝佐斯和他的妻子麥坎西（MacKenzie）初來乍到，以每月八百九十美元租下一棟位於貝爾維（Bellevue）的房屋，當時尚無人知曉這種狀況對西雅圖代表的意義。他們主要是為了它的車庫才租下這間房屋[46]，儘管這間車庫其實被改裝成娛樂活動室，但有了它，貝佐斯稍後就能套用傳統的「車庫創業」神話。長達幾個月以來，貝佐斯都在車庫經營公司，之後才在西雅圖市中心南方的工業區大樓找到辦公室和地下室空間。

這時公司總算有了名字。剛開始以咒語取名為Cadabra.com，幾經反覆思考後，又改成Awake（覺醒）.com、Browse（瀏覽）.com、Bookmall（書店）.com、Aard（地球）.com、Relentless（堅忍不拔）.com，最後貝佐斯決定將公司命名為Amazon.com。「亞馬遜不僅是世上最大河流[47]，它的規模甚至是世界第二大河川的好幾倍，亞馬遜河讓其他河川相形失色。」記者布萊德・史東（Brad Stone）在二〇一四年的個人著作裡提到該公司時，聲稱貝佐斯這麼說。

幾年後，作家查爾斯・丹布爾斯洛憶起七〇年代的西雅圖時，直言差點認不出這座城市。他描寫道：「對我而言，這座城市仍然晦暗無名[48]，因為我對失敗和沒沒無聞無法自拔，所以一直把這裡當成我的家。我忠誠擁戴西雅圖，然而今日的西雅圖令人無所適從，成為一個眾人夢寐以求的天堂。這座城市是怎麼變成在經濟、風景、文化被冀望的焦點，令我百思不得其解，想到我的姪兒、姪女正在一個人人稱羨的地方長大，我就不由得略感震驚。」

如今「失敗」確實成了這座城市最陌生的形容詞。西雅圖持續出頭天，獲得超乎預期的勝利，在此之前，幾乎找不到一座美國大城，能夠像西雅圖在短短二十載間迅速翻紅轉型。自從二〇〇七年經濟大衰退以來，西雅圖的職缺增加二十二萬份，而二十多間榮登財星五百大（Fortune 500）的企業都決定在這裡增設工程或研發分部，其中亦不乏矽谷巨頭臉書、谷歌、蘋果。

到了二〇一八年，西雅圖都會區的平均每人所得成長至趨近七萬五千美元，大約超過前幾十年前的同儕——好比密爾瓦基、克里夫蘭、匹茲堡——25%，可是財富成長卻未平均分配：這座曾經以堅強的中產階級著稱、不見極貧極富現象的城市，到了二〇一六年，竟與舊金山連袂登上收入不均的榜首。光是二〇一六年，西雅圖20%最富有家庭的平均收入[49]已激增四萬多美元，直逼三十一萬八千美元，而西雅圖53%的整體收入直接落入這些家庭的口袋。

到了二〇一八年，不分房型，西雅圖的房屋中位價[50]已高於美國其他地區的房價，除了灣區例外：高達七十五萬四千美元。短短三年內，若想負擔得起中價位的房屋，所需薪資從八萬八千美元竄升至十三萬四千美元。二〇一〇年前的房租本來與國家平均價格差不多，也在短短五年內增加57%，跨過平均兩千多美元的關卡，足足是美國其他地區的三倍以上。

這造就了一項結果，那就是西雅圖人越來越養不起家庭：這座城市的少子化程度[51]僅次於舊金山，不到五分之一的家庭有孩子。儘管如此，西雅圖的人口依舊不減反增：到了二〇一五年，西雅圖成為美國發展最迅速的大城，絕大多數新增人口都是受過高等教育、高薪的年輕族群。到了二〇一八年，每週粗估就有五十名軟體開發師搬進西雅圖[52]。

光是以上數字還不足以傳神說明西雅圖歷經的轉變，也捕捉不到市中心升起鷹架的密度[53]。到了二〇一九年，西雅圖的鷹架共有五十八座，遠遠超過任何一座美國城市。曾幾何時，這座刻板印象原本是法蘭絨和頹廢音樂的城市，居然以新貴之姿炫富起來：特斯拉汽車在國會山（Capitol Hill）和貝爾敦（Belltown）滿街跑；黑人郊區的住戶在四處徘徊，尋覓使用叫車共享服務的乘客；古馳（Gucci）精品店以六百五十美元高價販售一雙拖鞋[54]；供應「百萬富翁菜單」的頂樓酒吧，光是一杯馬丁尼調酒就要價兩百美元[55]；四十一層樓高的內瑟斯（Nexus）旋轉玻璃方塊大樓，占地八十四坪頂樓豪宅要價五百萬美元；備有「天空世外桃源」的 Insignia 大樓，設施包括室內矩形泳池、三溫暖蒸氣室、放映室。

這些數字同樣無法捕捉新居民一手打造的文化變遷，他們是貝爾維全新高檔住宅大樓內會員預約制的品酒窖常客，抑或是時髦的巴拉德區（Ballard）提供客人私人魔法杖的「巫師 pub」[56]座上賓——「為每個人量身訂做魔杖，依照生日決定木材品種，魔杖製造師甚至從十二種魔法藥水中擇一再融入魔杖中。」這座城市的孩子不多，卻有不少成人需要利用支配所得重拾童年時光。

超級繁榮的光景之中也不乏眾多企業教父，包括星巴克咖啡、諾斯壯百貨（Nordstrom），以及仍在華盛頓湖對面生龍活虎的微軟。不過卻有一個品牌遠遠凌駕它們之上。西雅圖的亞馬遜目前共有四萬五千名員工，郊區則有八千人，這些員工的平均報酬是十五萬美元[57]，外加激起企業死忠熱血、價值連城的股票選擇權。該公司提供的工作總數占了西雅圖二〇二〇年代整體職缺的三成[58]，辦公室空間更占了西雅圖全市的五分之一，比例居全美任何城市的企業之冠，排在亞馬遜之後的四十家西雅圖最大公司，辦公室空間加起來仍然比不上亞馬遜。達美（Delta）和阿拉斯加航空（Alaska Airlines）還專為亞馬遜職員在西雅圖塔科馬國際機場（Sea-Tac International Airport）增設一條特殊通關走道。

二〇〇七年，亞馬遜宣布在市中心北邊的南聯合湖區（South Lake Union）的偌大土地[59]興建園區，合併所有辦公室。早期這一帶主要是大型鋸木廠，九〇年代時期則是倉庫、汽車維修廠林立的輕工業區，當地還有一間廣告主打「一百多名超正美眉，三個醜美眉」的脫衣舞俱樂部。九〇年代，該城市規劃在此蓋一座大型公園，四周則是住宅區和辦公室。微軟共同創辦人保羅·艾倫為了此建案買地，擁有超過六十畝地，最後這筆投資卻化為烏有。

亞馬遜要求艾倫在那裡建蓋四萬八千坪的總部，但他不只蓋了四萬八千坪，該公司在西雅圖的占地空間擴大至超過二十二萬五千坪，多半是南聯合湖區周遭的三十五棟大樓，堪稱全美最大規模的都市企業園區。園區有一群高度適中的方塊形辦公室大樓，模樣狀似魔術方塊，並以大型玻璃和不銹鋼打造，為了營造出工業時期的磚石形象，甚至將鋁框粉刷上鏽紅色的油漆，當地工程師兼批判理論學家基斯·哈里斯（Keith Harris）稱之為「新現代高科技貧民窟[60]」。絕大多數建築的外觀大同小異，為了區別每棟大樓的獨特性，它們以公司人員才懂的名稱為大樓取名：魯法斯（Rufus，公司頭兩名員工養的威爾斯柯基犬名字）、道森（Dawson，公司早期倉庫所處的街道）、菲歐娜（Fiona，Kindle差一點命名為菲歐娜）。

亞馬遜允許員工帶寵物犬來公司，最後共有六千多人註冊帶狗上班，於是人行道上滿是戴著藍牙耳機、佩戴藍色公司識別章、背著公司微笑標誌後背包的遛狗人。其中一棟大樓的十七層露天平臺運用人工草坪和黃色消防栓，特別設計成小狗公園，另一棟大樓的一樓則有專為小狗供應精緻餐點的咖啡廳。

園區某條主要通道內，職員將免費香蕉遞給每個行經的路人。整座園區共有二十四家咖啡廳，還有一間公司擁有的商店，員工不必掏出錢包就能購物——攝影機會記錄他們選擇購買的產品，然後從員工信用卡自動扣款。其中一處園區街區，有一家占地更為遼闊的商店，也就是擁有近五百間高檔百貨商場的全國連鎖店，而該連鎖店現在也隸屬亞馬遜。

園區內也隨處可見幾乎專門服務該公司職員的酒吧和餐廳。你可以在週間夜晚的勇馬小酒館（Brave Horse Tavern）看見身穿西裝外套的男人玩沙狐球（shuffleboard）。六月的某個週三，一頭綠髮的女服務生為一名四十多歲、身穿刷毛連帽外套的男性和他的父母斟香檳，這家人幾乎整整一個鐘頭都像這樣坐著，靜靜刷著自己的手機。門外，一隻狗在柱子上，耐心等候主人。

這裡還有生物圈。五年來，這家公司動用六百二十噸鋼鐵、兩千六百四十三塊玻璃，建造了三座互通連接的偌大球體，從最接近市中心的園區邊緣，一路綿延半條城市街區。球體內部有好幾層樓，並以高達兩百八十公尺的開放式樓梯連接。其中一間咖啡廳販賣要價四．二五美元的甜甜圈，還有一個稱作「樹屋」的會議空間，甚至有一個以雪松打造、真人大小的鳥巢，這個靜謐空間可提供客人腦力激盪，而以上這一切全存在於某種猶如雨林的空間。球體內部共種植四百種世界植物品種，數目高達四萬株，包括厄瓜多的鳳梨科和花燭、玻利維亞的蔓綠絨、東南亞的卷柏，以及四十多種樹木，包括一百五十五公尺高、重達八萬公斤的垂榕（暱稱是「盧比」），必須放斜才能穿越事先移除玻璃門的入口。球體每次可容納一千人。

亞馬遜的園藝服務資深經理告訴一名記者，球體能夠幫助員工「找到他們內在真實呼應自然、與其他生物產生的聯繫」。

二〇一八年初球體開幕的這天，亞馬遜員工滿心期待，聚集觀看這場典禮，該公司創辦人站在一堵覆蓋著綠色攀藤植物、以公司微笑標誌炫示的牆壁面前。激起群眾興奮情緒的點燈時刻來臨。

「Alexa，打開球體[61]。」他說。

「好的，傑夫。」亞馬遜語音助理 Alexa 答道。

這就是米洛·杜克認識的第三個西雅圖，也是他和派翠內兒·萊特認識的最後一個西雅圖。

第二章　紙箱：美國中部社會、產業的向下流動

俄亥俄州．代頓

陶德（Todd）和莎拉（Sara）告訴孩子，他們是來參加營隊活動。無庸置疑的是，這是個極其詭異的營區。前門門廊有一名負責來賓簽到的保全人員，在那之後一名見過各種世面、粗魯無禮的女接待員便會主動招手、要他們上前。有幾名女子因為不接受管束而被踢出宿舍小床，最後倒在走道右側地上，要不是戶外氣溫只有零下九度，她們恐怕早就被踢出大門。這裡唯一像營區的特點，就是樓下收納賓客用藥的藥品室。可是沒有一處營區看得到這樣的藥袋：被藥丸擠得鼓脹的大型冷凍保鮮袋，標籤脫落到無法辨識，早已過期。更別說不會有營隊輔導員像這些服務人員一樣隨意發放用品，壓根不在乎對方是否吞下藥丸就交出藥袋。畢竟在這裡，他們還有更棘手的問題。

好比為了預防悲劇再度發生，去年他們在收容所發現十五週大的嬰兒杰諾米的屍體。好比身材高䠷、有著湛藍眼睛的孕婦妮可，恐怕故態復萌，又開始吸毒。又好比沒人遞補的廚房義工輪班空缺，六名受薪職員每天得在收容所為兩百七十名婦孺，及蓋茲堡大道（Gettysburg Avenue）老監獄的兩百

二十五名男性收容人，供應一千兩百份餐點。

當然了，俄亥俄州代頓市專為女性和家庭設立的聖文森德保羅收容所（St. Vincent de Paul Gateway Shelter）並非營區，可是陶德和莎拉兩個較年長的孩子，五歲的艾薩克及四歲的爵思琳並沒有對這個說法提出質疑。也許是因為他們超齡懂事，察覺到父母目前遭遇困難，尤其是母親。又或者是因為他們從未真正去過任何一種營區，所以無從得知差異，例如他們絕不可能知道營區其實沒有日間交誼廳，裡頭有幾十個多半患有心理疾病的人，有些人還坐在輪椅上，一整天失魂落魄地收看電視脫口秀和遊戲節目。孩子們也有所不知，每晚回到宿舍前，營區並不會要求搜查你的個人物品，也不會有保全人員拿著棍棒搜身。

週間時段，收容所的其他孩子會在外頭排隊，等待長久以來將聖文森德保羅收容所列為必經路線的校車接他們上學。自從他們在幾週前的一月初抵達收容所，莎拉並未讓艾薩克註冊任何一所學校，這也清楚說明，她擺明不肯接受自己和孩子會在收容所待上一陣子的事實。她告訴所方艾薩克要「在家自學」，意思是不去學校，而是和媽媽、妹妹、十八個月大的弟弟尼可拉斯待在家庭交誼廳，雖然那裡沒有駝著背看電視的人，卻絕對稱不上詩情畫意。交誼廳牆上有一部電視，兩側還有幾具粉刷上鮮紅色的生鏽置物櫃，此外還有一間小房間，以它的規模和內壁窗來看，模樣很類似警察局的偵訊室，但這其實是「圖書館」。圖書館內有兩座裝滿書的書架、兩箱玩具、可以黏貼塑膠字母的磁鐵記事板。艾薩克可以在記事板上拼寫自己的名字，而他對不相信的人堅定地說，他需要一個z，而不是s才拼得出自己的名字。這是事實，就像爵思琳也需要兩個z：她的父親陶德是一名爵士舞迷，這在俄亥俄州西南方可說是一種相當罕見的熱血嗜好，於是他為女兒取名爵思琳，紀念這個嗜好。

圖書館的標示說明，嚴禁任何人將書本或玩具帶出圖書館，也因此孩子在主大廳瘋狂奔跑、在收容所內營造出混亂、難以控制的氛圍，但由於沒人期望在這裡久待，於是便隱忍某種程度的喧囂。話雖如此，其實絕大多數的人都會在收容所待上一陣子。

莎拉難以想像眾人居然能容忍這般喧囂嘈雜，畢竟她連一個鐘頭都受不了，更何況是一週。為了控制狀況，讓自己的孩子維持穩定狀態，不要被環境影響而變得興奮，最後連別人的孩子都管了起來。這些孩子跟莎拉的不同，他們的母親似乎對混亂不以為意，另一個原因則是這些孩子多半是黑人。可是肌膚白皙到近乎透明的莎拉堅稱，是因為其他媽媽放任孩子作亂，她才備感困擾，於是自告奮勇幫忙照顧其他人的孩子，彷彿三個孩子還不夠她忙。

她也很希望陶德可以留在身邊幫忙，偏偏陶德偶爾才能來收容所，原因有好幾個，其中之一是收容所對「家庭及女性」的定義模糊不清。事實上，只有單親父親可以待在收容所，而像陶德和莎拉這種家庭就算有孩子，卻因為父親和母親同在，反而不能一起待在收容所。於是莎拉和孩子得待在家庭收容所，陶德則在抵達後不久轉至男子收容所——約莫六公里外的老監獄。陶德剛抵達男子收容所不久，就有房客拿刀砍刺他人遭逮。這一次分離讓陶德和莎拉深有所感，這是他們在社會服務辦公室遭遇不公平的必然結局，該服務處告訴他們，由於陶德有工作，所以必須減少他們領取的食品券，另外他們也不符合住房和養兒津貼的申請條件。

這也是為何陶德無法一直待在收容所，幫忙莎拉照顧孩子，畢竟他有一份全職工作。陶德成年之後幾乎一直在工作，因此更難以置信，今日他和莎拉居然走到這一步。陶德的工作薪資不高，而這也是他們必須投靠收容所的原因之一，雖然絕非唯一的原因。

可是陶德有工作，他做過的工作太多，現職是製造紙箱。

一如海岸城市的貴族化，規模和背景太常被拿來當作中西部在後工業化時代蕭條的主因。遠遠看，中西部是一片殘酷龐大的衰退景象，可是拉近距離一瞧，卻看得出緩慢變化和穩定發展。宿命論的說法已經不適用，觀者可以輕易察覺蕭條衰敗其實不脫某些決策，也是政經執行者應該背負的責任。

對於史瓦勞斯（Swallows）一家而言，生活從來沒有輕鬆二字，但一切卻在小布希執政後期分崩離析，代頓的整體經濟亦跟著土崩瓦解。當然，自上個世紀更迭的光輝年代結束後，這座城市早已節節衰退，當時萊特兄弟正在製造范克里夫（Van Cleve）和聖克萊爾（St. Clair）自行車，夢想著有一天可以製造出屬於他們的飛行器，而跟他們一樣的發明家——革新者——則是提出超過全美其他城市的人均專利。現在人稱代頓為當代的矽谷，卻忍著沒在下一句話脫口而出：你能相信嗎？一八七〇年代末，為了防範酒保偷錢，酒館主人詹姆斯．瑞特（James Ritty）發明了收銀機[62]。後來約翰．派特森（John H. Patterson）將這項創新發揚光大為國家等級[63]，以天才提案發展出國家收銀機公司（National Cash Register, NCR）：「國家收銀機並不花錢，而是運用防堵損失的錢自行買單。」派特森是一個貨真價實的怪咖：他用撞球桌毛氈製作內衣褲，為了避免吸入自己吐出的空氣，睡覺時刻意把頭懸掛在床畔外，還會吩咐助理，幫員工採購一千八百公斤的匈牙利紅椒粉，因為他發現保加利亞人食用大量匈牙利紅椒粉，而且他們的牙齒都很健康。不過，派特森最重要的發明還是美國現代商業手法：受過專業訓練的銷售員、銷售區域、銷售額，甚至是令人恐懼的年度大會。

除此之外，一位工程師查爾斯・凱特林（Charles Kettering）[64]將收銀機變成電子產品，並且繼續設計新發明：電子起動馬達、加鉛汽油、氟氯烷、汽車彩漆……凱特林全心投入創新，瘋狂到買下價值一百六十萬美元的人壽保險單，受益人是他的「汽車研究」。

即使一九一三年發生大邁阿密河洪水災情，導致上百人死亡，也沒讓代頓的發展一蹶不振。三年後，父母曾是肯塔基州奴隸的詩人保羅・鄧巴（Paul Laurence Dunbar）寫道：

家鄉之愛，至高無上的熱情
人心皆懂！
不變遷移轉，儘管潮流和命運
如同潮汐般起伏漲退，
為了國家的榮耀，
為了州的福祉，
讓我們帶著崇敬的心，
奉獻一己之力。
而我們的城市，是否該讓她失望？
抑或背棄她仁慈的任務？
不——我們要忠誠地為她歡呼

並且尊敬她的正義律法。
她永遠有權要求我們盡忠職守，
只因她閃耀——最耀眼的寶石
美麗絕倫地點綴著
親愛的俄亥俄王冠。

想笑就笑吧，但當年這塊土地確實具有某種不可否認的宏偉格局。這樣的格局就存在於第三國家銀行（Third National Bank）以進口大理石和桃花心木裝潢、客人站在青銅櫃檯前辦理正事[65]的大廳。也存在於巴爾的摩和阿爾岡昆（Algonquin）飯店內，抱負展望全刻寫在它們的名字裡，而且並非完全虛有其表。這樣的格局也寫在艾爾德和強斯頓（Elder & Johnston，艾爾德—比爾曼〔Elder-Beerman〕的前身）等大型百貨公司，尤其是坐擁九層樓的萊克（Rike's）百貨公司，萊克甚至曾經在運動用品部門販售哈雷機車；亦提供免費修改及宅配到府服務，好讓家庭主婦可以在購物後兩手空空、輕鬆自在到茂德穆勒茶館（Maud Muller Tea Room）享受下午茶。

由於來自南方的黑人、白人向北遷移，大約一九六〇年前後，代頓的人口數量達到巔峰，人口大遷移不只來自密西西比州和阿拉巴馬州，還有來自肯塔基州和田納西州的阿帕拉契山地人公路一帶（Hillbilly Highway）。這些全是背景同樣貧窮的人，都是為了一個理由而來：幫幾十年前發跡的發明公司效力，例如國家收銀機公司（暱稱「收銀」）和凱特林共同創辦的公司德爾科（Delco, Dayton Engineering Laboratories Co.，代頓工程實驗公司的簡稱）。

但當然不是每個人都碰上相同的回應。到了六〇年代初期，代頓內部已經出現白人遷移潮的現象，幾千名居民搬離幾十年前由手工精巧的德國人和波蘭人打造的門廊、兩層樓架構的房屋，反而選擇住進小巧樸實的平房，主要優勢是距離阿拉巴馬州人和密西西比州人群聚的西代頓有一段距離。之所以聚集在那裡也不是出於個人意願，而是因為他們心知肚明，代頓市發展源地大邁阿密河東岸不是他們的居住地，另外他們也不該居住在代頓的猶太區狼溪（Wolf Creek）的北方。他們心知肚明，後代只能上鄧巴高中這所以死於肺結核的古代癡狂詩人命名的學校。多年來，這些隱形界線一直存在。六〇年代時，某些孩子因為難以抗拒，從西邊跨越狼溪查看停靠當地的消防車而遭警察責罵。

一如許多中西部城市的居民，諸如此類的侵略威脅一旦擴散，代頓人民就飛也似的逃逸，工人階級逃至胡柏高地（Huber Heights）、西卡羅頓（West Carrollton）、邁阿密斯堡（Miamisburg）、費爾伯恩（Fairborn），較富有的階級則是前往森特維爾（Centerville）、奧克伍德（Oakwood）、凱特林（Kettering）、比弗克里克（Beavercreek）。到了一九九〇年，整座城市已流失逾四分之一人口，留下來的十八萬兩千人之中，只有四成的七萬三千人是非裔美國人。只要他們願意，現在大可自由跨過西側：整片代頓地帶都已為他們淨空。

即使人口數量下滑，群聚效應依舊存在。然而迥異於早已凋零的鋼鐵及煤礦城鎮的是，代頓主要是一座汽車大城，是繼底特律之後的第二汽車大城，九〇年代的美國仍在製造汽車：大型汽車、休旅車、消耗大量柯林頓主政時期廉價汽油的貨車。默瑞尼（Moraine）有通用汽車（General Motors）車廠，以及通用汽車旗下的汽車零件龍頭德爾福（Delphi），也就是凱特林的德爾科子公司，十幾座德爾福零件廠遍布該地。還有國家收銀機公司，當時除了收銀機，該公司亦生產提款機和條碼掃描器。

代頓市中心邊緣亦有萊特—派特森（Wright-Patterson）空軍基地，也就是塞爾維亞人於一九九五年心不甘情不願簽署《代頓協定》（Dayton Accords）的地點。本地人最為驕傲的地下樂團「聲控樂團」（Guided by Voices），更是讓代頓揮出一記全壘打，於一九九六年將旋律傳送至遙遠角落、可能不懂羅伯特・寶拉德（Robert Pollard）歌詞所指何物的歌迷：

活在這個時代是否太美好？
農產品腐敗，卻無人遭到遺忘
草莓盛開的費城路
孩子在灑水器邊玩耍，毒蟲躲在角落
空氣飄散著油炸食品和滾燙瀝青氣味
兄弟，你不必跑到大老遠才有活著的感覺
草莓盛開的費城路
在一九某五年霧濛濛的一天

在一九某五年，陶德・史瓦勞斯只有五歲，當時他們一家住在拉肯格林湖（Lake Lakengren）湖畔，也就是代頓西邊四十八公里，比鄰印第安納州邊界。長大後的陶德簡直不敢相信自己是在「門禁社區」長大，即使其實名不副實。拉肯格林是環繞著三公里人造湖建設的住宅建案，社區確實有兩個入口閘門，但是史瓦勞斯家並非偽豪宅，而是一九七七年以不到九萬美元購入的一樓層黃磚平房。儘管如此，門禁社區還是門禁社區，對陶德的這番說詞，我們也很難抱怨：畢竟他提出這件事並不是為了炫耀說嘴，而是為了強調他的窮途潦倒。

拉肯格林的生活遠遠說不上完美。陶德的母親脾氣並不小，碰上一個智力超群、可以完成複雜拼圖的過動兒子，更是不吝於訴諸體罰。陶德說：「我爸經常外出工作，我媽必須自己一人帶孩子，而我又精力旺盛，有些體罰確實太過分，但我並不怪她。」但至少家庭經濟算是穩定，父親老陶德是一家小運輸公司的老闆，公司共有十部貨車，儼然是驅動代頓偉大汽車工業的一枚齒輪：他們沿著七十五號州際公路，將德爾科和其他供應商的零件運送至托雷多、底特律、弗林特（Flint）。史瓦勞斯貨運公司（Swallows Trucking LLC）完美體現供應鏈的榮景：小城鎮的製造商居然能供應大公司和大城市，並且以此維生，跨越整體區域創造出一個共生連結的稠密網絡。

在千禧年的前十年，汽車工業和與其共存的網絡緩慢又無情地崩解。當時人們自然而然把錯怪在北美自由貿易協定（NAFTA）和墨西哥人頭上，許多零件生產和組裝確實都送往七十五號州際公路的反方向，挺進墨西哥的蒙特雷（Monterrey）、塞拉亞（Celaya）、阿瓜斯卡連安特（Aguascalientes），後來經濟學家都不約而同，箭指另一個經濟崩塌的主嫌：二〇〇一年加入世界貿易組織的中國，那之後代頓等地的製造業工作流失加速雪崩，經濟更是慘跌谷底。麻省理工學院經濟學家大衛．奧托（David Autor）和同僚在二〇一六年的論文中下了總結，自一九九九年至二〇一一年，中國的競爭力總共削減將近一百萬份美國製造業工作，如果計入供應商和其他相關產業，損失職缺更是整整高達兩百四十萬份。奧托和他的同僚寫道：「貿易調整是一條漫漫長路[66]，代價全由背負貿易風險的當地市場承擔，而不是均勻遍布全國各地。」換句話說：要是代頓等地區的居民覺得華盛頓和紐約人民不在乎他們過得多淒慘，並不是沒有原因。

學術評估分析是後期才出現，可是早在當年，所有居民都清楚代頓這部大型機械正逢關機風險。二十年下來，德爾福汽車零件工廠一間間倒閉，該公司的當地勞動人口亦從一萬人銳減至只剩八百。二〇〇八年十月三日，最沉重打擊降臨代頓，通用汽車宣布關閉代頓南部邊緣的默瑞尼大廠，儘管先前輪班減少，在那之前默瑞尼工廠仍有大約兩千四百人生產休旅車。

受到衝擊的不僅是汽車業。代頓最後一家財星五百大公司，也就是歷史悠久、可追溯回發跡於詹姆斯・瑞特酒館的國家收銀機公司，如今也發出危急信號。該公司的新任執行長比爾・努蒂（Bill Nuti）不願屈尊、從紐約搬到代頓[67]，只簡單說明是出於「家庭因素」，可是當地人一聽就知道，肯定是他妻子不肯搬到俄亥俄州代頓。二〇〇一至二〇〇八年間，橫跨代頓和東北部小城春田市的都會區，總計流失三萬兩千份工作，等同於整體勞動人口的7.5%。這三萬兩千份工作之中，基本上就有兩萬七千份是製造業工作。在小布希總統任職期間，每三份當地工作就有一份折損。以全州來看，數不清的製造工廠都是在這十年間倒閉，俄亥俄州的工業電力消耗量則是減少四分之一以上[68]。

可想而知，史瓦勞斯貨運公司流失顧客，決戰終局更是以迅雷不及掩耳的速度登場：歐巴馬甫上任的六週，美國每月流失七十萬份工作的時期，老陶德於二〇〇九年三月二日在俄亥俄州南區聯邦法院申請破產。陶德的祖父喪失了通用汽車退休金，逼得他的祖母儘管已是七十多歲高齡，仍得硬著頭皮擔任家庭看護。

三個月後，國家收銀機公司宣布總部將遷址至亞特蘭大郊區，順便帶走代頓的一千兩百份工作。「我們很難招聘員工到代頓工作生活。」努蒂說，以免他先前拒絕搬到代頓一事令人也對遷址起疑。

接下來這十年間，代頓流失了兩萬五千名居民，人口數量大幅滑落至十四萬一千人，幾乎不及全盛時期的一半。同期，在全俄亥俄州的大郡之中，該城和蒙哥馬利郡（Montgomery County）的整體薪資下滑最慘烈[69]，總共約流失三十億美元。

老陶德已為了另一樁大事上法庭：正式終止他和妻子的婚姻關係。陶德事後宣稱，史瓦勞斯貨運公司解散導致了父母離異，但反過來說，離婚確實也加速了公司的解散，離婚後的財產分配也讓陶德的父親付出慘痛代價。

他的父親搬入鄰近代頓的布魯克維爾（Brookville），住在拖車公園。母親這時則是電腦維修技術人員，搬到鄰近拉肯格林的小鎮伊頓（Eaton），距離陶德就讀的高中不遠。

當時陶德還是青少年，他說：「整整三年，我在父母之間來回奔走，最後終於受不了這種生活。不斷這樣來回奔波，因為父母再也不能同舟共濟，所以我只能眼睜睜看著我爸的日子難熬，轉過頭又看見媽媽生活也不好過。」於是他決定離開，離開這個一蹶不振的城鎮。

城市推廣人曾將代頓塑造成創新中心。代頓：航空業的誕生地，電子啟動器的起點。如今他們宣傳的特點是代頓和其他製造大城比鄰而居。近年來當地機場眾多班次停航，可是該城仍位於七十號和七十五號州際公路的交叉點，開車不用一天，就能抵達擁有超過全國三分之一人口的地帶，恐怕沒有哪個人口超過十萬的城市敢如此誇下海口。代頓：距離你夢寐以求的目的地近在咫尺！這座當初曾是矽谷的城市，如今化身為「物流業」重鎮：貨運、包裝、理貨，從寶僑（Procter & Gamble）家庭用品到 Chewy 寵物產品電商的網購商品，無所不包。代頓區域商會（Dayton Area Chamber of Commerce）創辦了代頓區域物流協會（Dayton Area Logistics Association），最後代頓甚至開始舉辦西南俄亥俄州物流會議（Southwest Ohio Logistics Conference）活動。從製造業重鎮變身包裝運輸樞紐，而這樣的轉型需要的正是紙箱。

紙箱業者不喜歡你形容他們是「紙箱」業者，它們是「瓦楞紙」。紙箱可以是任何使用沉重紙漿製成的破爛東西，嚴格來說，紙牌和問候卡都屬於紙箱的範疇。但瓦楞紙可就不同了，瓦楞紙是十分認真的商品，以三塊硬紙板製成，外側分別是兩塊平坦的箱紙板，中間則夾著一塊波紋狀的紙板，再以黏膠將三層紙板疊成一塊。瓦楞紙堅固強悍，可以在上頭印刷，適用於產品展示及運送，而走過經濟大衰退時期的代頓極度仰賴運輸業。

非要過了好幾年，也就是踏入紙箱業數年之後，小陶德．史瓦勞斯才釐清這一點。

他還是青少年時就開始工作，負責派遣父親的貨車。十五歲的他已經在溫蒂漢堡店（Wendy's）打工，並在十七歲那年從高中輟學。高一那年，陶德和同學打架，最後打到對方住院，事情鬧上法院，法官本來想以成人身分判陶德嚴重傷害罪，可是後來他加入就業工作團（Job Corps），也就是專為十六至二十四歲青少年開設的聯邦計畫，藉此逃過遭判重刑的命運。陶德被派送至肯塔基州摩根菲爾德（Morganfield）的克萊門特就業工作團中心（Earle C. Clements Job Corps Center）。工作團位處印第安納州伊凡斯維爾（Evansville）的俄亥俄河對岸，一座僅有三千人口的小鎮。他後來描述，這段時光「其實就像是沒有監獄的坐牢」：成天待在工作團中心，卻無處可去。要是行為表現良好，每週可以搭公車去一趟沃爾瑪（Walmart）賣場，甚至可以看上一場電影。陶德取得普通教育發展證書

（GED）後，曾試著加入電腦程式設計證照班，但學員名額沒有空缺，於是他報名了「軍隊訓練」，應徵到一份軍事機構的場地維修工作。

他的計畫是一年合約期滿後加入陸軍，可是後來他卻說，身為兒子的他很擔心父親在破產後一蹶不振，於是最後選擇回到俄亥俄州。「我爸是我的英雄，你懂嗎？我一直都很崇拜他，我是他唯一的兒子，而他所做的一切全是為了我和妹妹。我見過他陷入憂鬱低潮，也知道低落情緒害他喪失生活的動力，看到這樣的他讓我心情很沉重，你懂我的意思嗎？」陶德說。

有陣子他在伊頓碩果僅存的某家製造工廠帕克（Parker）工作，製作管道接頭，工廠僅距離他暫住的母親家幾條街，地點可說是相當便利。那時他和朋友開始接觸藥廠十年前左右開始推廣的止痛藥。止痛藥是沒什麼大不了，可是母親某天逮到陶德藏有一堆藥物，害他因此被逐出家門。

於是他和妹妹搬去哥倫布，在多納托披薩店（Donatos Pizza）應徵到一份工作。六個月後他被老闆升為店長，獨自率領八個人的工作團隊，大多數人比年僅十九歲的他年長，多年後說起這件事，他還是忍不住感到驕傲。「有人上前詢問我意見、聽命於我的感覺挺帥的。」他說。

這是陶德第一次從許多人視為委身屈就的工作中發現成就感，但不是最後一次，然而這類工作並不能讓他發揮與生俱來的智力。不過陶德卻從拉肯格林中產階級的恬淡景致崩塌學到一大教訓：工作可以帶來救贖。在他身邊，許多正值就業年齡的人都沒有工作，失業率攀升至新高，但這個失業的人絕對不會是他。陶德說：「我沒見過我父母哪天不工作的。從小到大，我父母埋頭苦幹工作，為的就是給我和妹妹一個未來，讓我們免於悲慘的人生。要在我長大成人後的這個年代生存，比父母時代長大及工作的人艱辛一百倍。」這是他隨後幾年更緊握不放的道理，因為現在更需要救贖。

他幫父親新太太的兒子在 Subway 潛艇堡餐廳找到一份工作，彼此交換員工餐，這樣在多納托工作的人就不用每天吃披薩，在 Subway 工作的人也可以偶爾換換口味。兩兄弟後來當起室友，可是繼弟遭到炒魷魚，於是他們又搬家，和父親一起住在拖車公園。

後來陶德遇見一個住在代頓和辛辛那提（Cincinnati）中間的密德鎮（Middletown）的女孩，搬去和她同住，並嘗試就讀市中心的邁阿密大學俄亥俄分校（Miami University of Ohio branch）。他的必修課安全過關，卻在第一學期結束後不再感興趣，太專注交女朋友而荒廢學業。他在D船長的海鮮廚房餐廳和達美樂披薩店找到打工工作，海鮮餐廳的工作輪早班，披薩店則是晚班，後來他和女朋友分手了，理由是「我們的生活方向南轅北轍」。分手後，陶德在密德鎮的威廉斯堡街（Williamsburg Place）找到自己的公寓。

這時，他與跟他同年的漂亮金髮女子莎拉．蘭德斯（Sara Landers）相遇。莎拉也住在威廉斯堡街，同樣來自一個破碎家庭。事實上，相較於莎拉，陶德截至目前的人生平順許多。她的家人也曾經經濟無虞，父親在工地工作，母親則在密德鎮一間大型鋼鐵廠工作。然而父親卻在莎拉八歲那年離家出走，搬到遙遠的加拿大，並在那裡展開新家庭，這件事多年後仍對莎拉的人格發展造成莫大影響，讓她做出多數人都會再三猶豫的決定。她十一歲時，母親在工作時受重傷，手臂伸進機器裡清潔時有人不慎啟動機器，後來母親就這麼失業了，靠殘疾補助維生。

莎拉的母親有一名長期交往的新男友，對方有海洛因毒癮，母親則喜歡外出參加派對，常常將莎拉和年幼妹妹交給保姆看顧。莎拉十一、二歲左右，有次母親請鄰居幫忙照顧莎拉，而鄰居的丈夫侵犯了她。

這件事發生之後，莎拉的父親趕回來探望她，但隨後又回到加拿大，直到十年後才又回到俄亥俄州，重新走入她的人生。莎拉在遭到性侵後患有嚴重憂鬱症，嚴重到醫師不得不開給她各式各樣的藥物。她並不喜歡服用藥物，較偏好靠酒精療傷，於是青少年時期的莎拉嚴重酗酒。

莎拉和另一名男性育有三子，對方是墨西哥移民，部分有賴於他和莎拉的關係，這男人成功獲得美國籍。他有一份薪資不錯的景觀園藝工作，但相較於陶德，他對待莎拉的態度相當惡劣，陶德對她和三個不是自己的孩子都很好。「他為我們挺身而出。」莎拉說。

陶德跟她同居，並且找到一份挨家挨戶販售柯比（Kirby）吸塵器的推銷員工作，客戶族群鎖定銀髮族，因為他們耳根子比較軟，抵擋不了地毯清潔劑贈品，並且輕易聽信一名穿西裝打領帶的年輕男子，購買一部價值可能只有四百美元，最終卻以一千兩百美元出售的吸塵器。要是偶爾有人上鉤，經銷商會從中抽成，至於駕駛休旅車送陶德和其他推銷員的司機也會抽成，接著才輪到陶德抽最後兩百美元，這兩百美元就是他的收入。「真的不好賺。」他說。

他們交往後不久莎拉就懷孕了。部分源於莎拉的母親對她孫子的爸沒有好感，陶德和莎拉最後以分手收場。陶德事後說：「她講的話讓我很難過。」分手的另一個原因是陶德懷疑孩子的爸是自己抑或她的前男友，畢竟診所粗估莎拉懷孕的日期很可疑。

這場分手分得很難堪，最後他決定走得越遠越好，於是前往某位朋友居住的德州聖安吉洛（San Angelo），自二〇一一年年底起待了十六個月，在勞斯超市（Lowes Market）擔任收銀員，後來又接了第二份工作，在PAK冷凍食品倉庫駕駛堆高機，這是他截至目前最好的工作——「我真的覺得我找到了適合自己的工作。」他說，再度從勞動工作中找到工作的意義。可是到了二〇一三年初，基因檢測結果出爐，說明診所判斷的懷孕日期錯誤：陶德確實是艾薩克的親生父親，當時艾薩克已滿一歲。

這時莎拉已打輸三個孩子監護權的官司，懷孕對她也絲毫不留情——她有嚴重的妊娠劇吐，白話解釋就是孕期不斷嘔吐；還有妊娠糖尿病，因此必須待在床上休養，導致她丟了療養院和麥當勞的工作，以及汽車、房屋。在這種情況下，她最後答應三個孩子的爸的要求，坦承孩子最好和他及他的家人同住，儘管理論上仍是兩人共享監護權。

她解除臉書上對陶德的封鎖，陶德打電話給她，她第一句話就是：「你打算什麼時候回家？」

陶德回到俄亥俄州與莎拉重修舊好，並和他的親生兒子見面。如今他腦海中的勤奮勞工角色渲染上傳統色彩：在拉肯格林「門禁社區」那段歲月靜好的日子裡，他父親所扮演的家庭支柱。「我父親從小灌輸我的觀念就是，男人要擔下養家的重擔，我創造了一個家庭，而現在我要供養這個家庭。」他說。可是這個家庭不會以婚姻的形式約束，陶德和莎拉想要避開制度化，這是許多白種工人階級的全新趨勢，短短十年內，四十四歲以下的成年人結婚率[70]降低10%，如今只剩一半的人結婚。他的人生中再也沒有拉肯格林，再也沒有史瓦勞斯貨運公司，要是這家公司還在，陶德現在可能是司機、送貨員或經理。史瓦勞斯之子公司……

相反地，陶德在代頓找到一份焊接工作，為特斯拉汽車製作零件。這是他與代頓的光輝歲月最接近的一刻，即便他不過是時薪十一．八五美元的臨時工。等到合約期滿，他又在家得寶（Home Depot）園藝中心找到一份兼職工作，當時他父親也在那裡邊工作邊進修。光靠這份工作依舊養不了陶德和莎拉的家庭，這時爵思琳已經誕生，於是陶德也開始考慮進修。

二〇一四年，他開始在代頓的辛克萊爾社區學院（Sinclair Community College）接受救護技術員特訓課程，雖然他成功修完幾堂課，學分數卻不足以讓他獲得證照。莎拉無法工作，而且因為她跟一個有工作的男人同住，所以不符合育兒津貼的資格，所以他現在該怎麼上課，同時又有足夠工時養家餬口？陶德在二〇一五年年中停課，接著他找到一份新工作，又回到代頓西邊、鄰近拉肯格林湖的伊頓，在先進汽車零件公司（Advance Auto Parts）擔任晚班經理，時薪低於十美元。

當時是二〇一五年夏季。而陶德在歐巴馬任職期間，已做過下列工作：

克萊門特就業工作團中心的設施管理
伊頓的帕克管道接頭工廠
哥倫布的多納托披薩店
密德鎮的D船長餐廳
密德鎮的柯比吸塵器推銷
聖安吉洛的勞斯超市
聖安吉洛的PAK冷凍食品倉庫
代頓的優選弧焊焊接工廠
密德鎮的家得寶
伊頓的先進汽車零件

這時莎拉正準備迎接新寶寶的誕生，他們也不懂是怎麼懷孕的，畢竟她已經打了避孕針，但懷孕就是懷孕了，這是不爭的事實。

直到八〇年代中期，代頓才設立了第一家收容所，剛成立於消防站時，他們只有二十五名收容人。二〇〇五年，宗教團體聖文森德保羅協會在市中心南方的蘋果街（Apple Street）開設收容所。收容所後來遷址至一棟曾是艾爾德—比爾曼百貨公司倉庫的大型建築，所有洋裝西裝都儲存於此，直到送至法院廣場的旗艦店展示。該倉庫在二〇〇二年關閉，對市中心是一大打擊，荒涼靜謐的人行道和空蕩蕩的店面如今彷彿在嘲笑偌大街道和高聳建築的赤陶門面。

到了二〇一八年，蘋果街的老倉庫內已備有兩百一十二張小床、廚房、交誼廳，部分衣服仍沒清空：志工在一樓的倉庫空間整理出捐贈物資，而這棟大樓的住戶搶先受惠，想要什麼都可以拿，其他則在大樓隔壁的二手商店販售。

二〇〇七年，男性收容所在遙遠另一端的蓋茲堡大道開設，它的前身是監獄，當時周遭仍然懲教所林立，州立女子監獄位處一側，另一側則是專收即將出獄的男性。將前監獄變身收容所讓必須同時管理兩所收容所的聖文森德保羅協會的職員相當頭大，他們只有兩百五十萬美元的預算，每日卻得收容管理將近五百人，所以也只能咬緊牙關，而這時監獄就派得上用場了。儘管地點對於市中心的流浪者不太便利，需要搭三十分鐘的公車才能出城，對即將出獄的男性來說，卻是再方便不過的選擇，有時他們甚至直接從監獄的車道走入前身是監獄、現在由鐵絲網包圍的收容所。

雖然陶德不曾從蓋茲堡大道的監獄直接走進收容所，但他也不是完全沒有犯罪紀錄，端看你如何定義，可從犯罪範疇或他的本性而定。

陶德十八歲那年因為從一名女性的提包裡扒走皮夾而遭控偷竊罪，事後他辯稱，因為他老爸破產，手足無措的他想幫助爸爸，才一時興起行竊。一年後，某天陶德抽了不少大麻，和朋友走進沃爾瑪賣場買一箱零食。他付錢買了食物，卻忘了為結帳前就拆封的雀巢巧克力付款，他們為此判他輕竊盜罪及一百九十美元罰款。

這件事不久之後，當時住在哥倫布的陶德，參加完一場俄亥俄州對上密西根州的球賽派對，坐在某車的副駕駛座搭便車回家，結果這輛車遭到警察攔下，駕駛被判酒駕，於是陶德只好走路回家，走到一半其中一名員警忽然從背後襲擊他，原因是他們認為副駕駛座下方發現的粉末毒品是他的，但陶德發誓毒品不是他的，最後警方發現這包是假毒品，但這件事也記在他的犯罪紀錄裡：陶德扛下了「持有假毒品」的莫須有罪名，還得支付一百五十美元罰金。

再來就是陶德在二〇一三年五月遭妨害治安行為起訴。他說當時聽到莎拉懷有爵思琳時興奮不已，於是在一間溫蒂漢堡店的得來速開車時不由得轉身，猛力捉著她的頭，給她一個大大的吻，目擊證人把這個動作誤解為鎖頸。警方報告描述：「史瓦勞斯先生解釋，他和莎拉一直都喜歡嬉笑打鬧，他兩手確實有環繞她的脖子，但手卻從未緊緊扣住。艾薩克斯警官詢問蘭德斯女士，她也證實了她和史瓦勞斯先生只是在嬉鬧，而他絕對沒有傷害她的意圖。」陶德遭到拘留，莎拉則收到一份家暴資料。

二〇一六年三月十二日，俄亥俄州總統初選前的那個週六，唐納・川普（Donald Trump）翩然降臨代頓，更精確的說法是機場北方萬達利亞鎮（Vandalia）一間已經閉廠的德爾福工廠。前一天川普的芝加哥造勢大會在廣大民眾抗議聲浪之中取消，而這場僵局導致的摩擦，則似乎一路從東部蔓延至機場周遭的荒蕪地帶。川普抵達前的好幾個鐘頭，機場入口道路已經人滿為患，抗議者也早早到場。其中一塊招牌上寫著「本州不歡迎仇恨。川普讓代頓再次偉大：請快滾蛋」。還有「我願意用一個川普交換一百名難民」。

停機庫內氣氛高漲沸騰。該候選人使用的大男人主義主題曲無止境地循環播放（滾石合唱團、比利・喬、帕華洛帝），到場人士不乏戴著高爾夫球帽的男士，和他們有著彩繪美甲的妻子，也有大學兄弟會學生，最顯眼的莫過於眾多帶著成年或將近成年的兒子出席的父親。

原本現場一架飛機都沒有，下一秒飛機卻驀然出現。彷彿聽見搖滾樂演唱會的第一聲鼓點，群眾全一股腦兒蜂擁而上，此時川普步上飛機庫內的講臺。

「俄亥俄，我愛俄亥俄州。」他說。

然而才過幾分鐘，他似乎已忘了自己身在何處——「北美自由貿易協定毀了新英格蘭州。」他說，可是現場聚集群眾彷彿根本不在乎。「經過數年抗戰，你們的州卻未完全復甦，但如果我獲選，你們的好日子就來了。就我看來，摧毀美國各州的並非北美自由貿易協定，而是每一個舉手贊成、支持北美自由貿易協定的人，還有簽署該協定的柯林頓。這項協定摧毀了一個個完整的州，毀了新英格蘭州。好幾年過去了，要是你看一眼工廠，就會發現工廠都改建成養老中心，改成養老中心是也很好，但我們也需要工作。各位，我們需要工作。我們的工作全沒了，工作機會外流至中國、日本、墨西哥、越南。本土工作機會正逐漸消逝，基地已不復在，我們失去了製造業，失去了這一切。無論如何，我們全盤皆輸。」

代頓和附近一帶曾經是共和黨的鐵票倉[71]，鄉鎮律師出身的比爾・麥卡勞（Bill McCulloch）來自代頓北方的一座小鎮，後來他當上共和黨議員，在眾議院率領推動及通過民權法案。任職十二載的代頓議員查爾斯・瓦倫（Charles Whalen）是共和黨員，他在州議會一手擬定俄亥俄州的公平住屋法，寫了一本關於民權法案的書，並為反對越戰發聲。

可是麥卡勞和瓦倫早已不在，郊區的抗爭在大代頓地區形成一幅全新的政治地景。遠郊全住著意識形態屬於保守派的人，也就是紐頓・金瑞契（Newt Gingrich）、傑瑞・法威爾（Jerry Falwell）、格羅弗・諾奎斯特（Grover Norquist）的後裔。而今這座規模縮小的城市，目前主要居民是黑人及白人都會工作人士，即使彼此八竿子打不上關係，卻能在國家民主黨的自由主義意識持續發酵之中找到共同聲音：支持民權、支持難民、支持安全網。而處在這兩者之間，伊頓和密德鎮等逐漸式微的工人階級郊區和衰退蕭條的鄰近小鎮，則是在這場大洗牌之中漂泊不定的人，他們都是前任民主黨人和民主黨後代，覺得自己在城市周邊偽豪宅區的保守分子之中顯得格格不入，在代頓自由聯盟之中亦形同異類。

而今這些選民總算找到自己的歸屬了。三月十五日，川普在總統初選中輸給該州州長約翰・凱西克（John Kasich）。但他在代頓的蒙哥馬利郡表現出色，超越該州其他九個大郡，在情緒低迷的區域豐收支持票數，他在蒙哥馬利郡獲得的票數超過希拉蕊・柯林頓（Hillary Clinton）贏得初選的票數，這可是不得了的創舉，畢竟自一九八八年起，該郡早就不是共和黨的天下。

二〇一六年九月十三日，陶德和莎拉及兩人的孩子慶祝他二十六歲的生日。翌日，陶德和莎拉在他們於伊頓大街上租來的房子裡發生爭執，起因是陶德逮到她和另一個男人傳簡訊。「我和男友吵架，他拽著我的連帽兜、猛力掐我，然後捉起我的馬尾，將我奮力推向地板。」莎拉在警方筆錄中寫道。她告訴警察，為了自衛，她有回擊幾拳，膝蓋處還有一小道深長切口。她補充道：「他要我們滾蛋，可是我們只是為了芝麻綠豆的小事吵架。」

警方在沃爾瑪賣場逮到陶德，將他繩之以法，送往普雷布爾郡監獄。他在法院表單上，列出他的個人資產：

活期存款、儲蓄帳戶、貨幣市場存款帳號：0
股票、債券、存款證：0
其餘流動資產或手頭上的現金：0

陶德聲明自己的薪資收入：先進汽車零件，時薪九．九三美元。此外他還說他有獲得聯邦醫療補助和食物券，並列出他和莎拉的生活支出：房租五百五十美元、食物開銷六百美元、電話費七十美元、交通費和油資一百八十美元、水電瓦斯費二十五美元。

陶德蹲了兩週的苦牢，控訴內容由家庭暴力降為妨害治安行為，可是法官依然向他祭出短期保護令，禁止他在未來九十天內接觸聯繫莎拉。法官也向陶德索討一百九十美元的法院費用，可選擇每月以二十五美元分期付款。出獄後，未遵守法規讓陶德丟了先進汽車零件的飯碗。

這就是家暴問題的典型範例。資料顯示，低薪家庭的家暴發生率遠遠超出高薪家庭。施暴者是應該負起責任，可是主要懲戒方式不外乎是監禁，最後往往只讓施暴者丟了工作，反而導致經濟困境惡化，而某些情況下，經濟窘迫正是家暴的主因。馬里蘭大學法學院教授蕾伊·古德瑪柯（Leigh Goodmark）寫道：「運用逮捕和起訴的手法懲治施暴者，只可能導致與貧窮具有強烈關聯的親密伴侶暴力[72]情況惡化，低薪女性淪為受害者的可能性較高，而無業或低工資的男性則更可能成為施暴者。遭到定罪後，他們要找到工作或保住飯碗就變得更難了。」她寫下另一個符合陶德檔案的家暴者共同特徵：童年時期遭受體罰。「創傷可說是與未來的家暴行為息息相關，虐待、冷落、目睹暴力之類的童年經驗，象徵一個人未來可能在自己的家庭中施暴。」她總結，監禁往往無法帶來所欲成效，而這點其實不令人詫異。「監禁是一種創傷經驗，我們為了懲罰施暴者，把他們丟進可能目睹或體驗暴力的環境，再讓他們回到自己的社群和人際關係。」她寫道。

工作是飛了沒錯，但陶德出獄後正好趕上一件大事：二〇一六年的總統大選。他先前已經投過兩次票，兩次都是投給歐巴馬，但這一次他仔細聽了唐納·川普說的話。整整十年來，他從事數不清時薪不超過十一美元的工作，讓他很難不去聽信一位擁有私人飛機的超級富豪祭出的承諾。陶德後來說：「他是商人，這男人懂得經營自己的事業，他擁有億萬美元身價，是幾百份事業的大老闆，他開公司、擁有個人事業，所以我不禁心想：『這男人將能改變美國。』」

陶德把票投給川普。當初歐巴馬在俄亥俄州贏了兩個百分點，四年後川普贏了八個百分點。「我迫不及待把票投給川普，他會創造工作機會，將經濟提升至我父母工作的那個年代。」陶德彷彿在描述另一個人般道出當時內心的想法。

唐納．川普當選美國總統，而陶德．史瓦勞斯也找到他的紙箱公司工作。路易斯堡紙箱公司（Lewisburg Container）位在路易斯堡小鎮，也就是距離代頓西方半小時車程的位置，和伊頓相距大約二十公里。該公司的老闆是一名澳洲億萬富翁，而這家公司是國際紙箱包裝公司普拉特產業（Pratt Industries）的子公司，在全美共有四千名員工。路易斯堡紙箱公司就在普拉特工廠旁：瓦楞紙都是在普拉特工廠用從造紙廠直送的紙漿製作，再轉至路易斯堡紙箱公司製成紙箱。

陶德喜歡製作瓦楞紙箱的工作，他喜歡獨力完成任務，並且以此證明自己的實力，一再向自己證實他其實很行。堆疊瓦楞紙的棧板就擺放在大型機器前，紙的尺寸介於三〇至二一三公分寬，接著員工就得依照紙張所需進行的任務設定機器：印刷、壓榨、折疊、黏合。接著便只需要把紙放進漏斗，讓紙張自動被空氣吸入，再由螺旋固定折疊、瓦楞輪進行滾壓壓線、壓力輪黏合紙張後，你就能從機器取下紙，和其他完成的瓦楞紙整齊堆疊，然後送進卡捆機，確定瓦楞紙完整捆好，等到這一步完成，你就會再收到新工作指令，接著重新設定機器、調整機械的輸送帶，以確保紙張正確折疊，要是設定機器的方式不準確，成品就不會漂亮，而且出錯的機會多得是。

這是份體力活，比陶德在特斯拉零件廠見識過的來得困難。「當你走進工廠，只要是普通人都會覺得喘不過氣。」他絲毫沒有逞能誇耀的意思。他們每個鐘頭要製作六千至一萬只箱子，有一次他們接下金頂電池（Duracell）的訂單，只用了兩天時間製作十萬個紙箱。

陶德剛開始工作時尚無固定機臺：他得同時兼顧六部機器，看哪個工人休息，就換到那一部機器。紙箱工作的起薪是每小時十二美元，是他截至目前最高的工資，可是他的人生從未如此分崩離析。

九十天的臨時保護令結束前，他和莎拉算是還在一起，然而一月底陶德開始紙箱工作後沒幾週，他卻發現莎拉將他的名字從就業與家庭中心的受益家人名單中移除。他在黎明之前結束晚間輪班，灌下幾杯啤酒後回到伊頓。

莎拉在隨後的警局筆錄中描述後來的事發經過：「今早上午七點三十分左右，陶德醉醺醺地進門，大聲咆哮，吵醒了睡夢中的我。我們發生激烈爭執，最後他出手掐我，還毆打我的下顎兩拳，我懷裡還抱著尼可拉斯。」

警方並未找到陶德。三天後，法院發出一則全新保護令，禁止陶德與她的家人聯絡。當晚莎拉回到家後發現公寓被翻得亂七八糟——幾顆枕頭和她的胸罩遭到割破，沒多久陶德就到警局投案，宣稱他是在得知全新保護令前進家門，最後仍因違法遭到逮捕。

一週後，他又填寫那張四個月前寫過的表單，列出的資產一樣是零，而路易斯堡紙箱公司的全額薪資是每月一千八百美元。一如之前，他列出的家庭成員如下：莎拉、艾薩克、爵思琳、尼可拉斯，並聲明這四個他目前禁止見面的人是他的家人。

他自稱清白，並繼續在路易斯堡紙箱公司上班，滿心期待四個月試用期滿，屆時就可望成為正職雇員，不再只是職業仲介所的約聘勞工，而是成為一家成功公司的助理；不再只是從事勞動工作，而是工作內容較偏向機器設置，並且可能加薪至每小時十四美元，可以給莎拉更多養自己和孩子的錢，向她和法庭申請最終團聚。

收到轉正職文件之後，陶德再次搞砸了。某個週一，由於他再也受不了某個總是拖拖拉拉、不停抱怨的年輕員工，於是直接嗆他：「別再像個娘兒們一樣囉唆。」他說了「娘—們」這兩個字，年輕人立即向人事處主任通報陶德言行不當，於是人事處主任找來陶德，通知他遭到停職，但由於陶德當時仍處於職業介紹所和公司之間的待定狀態，於是這件事花了兩天才化解。

諸事待定的那週，某日黎明破曉之時，他徹夜輪班十二個鐘頭後開車前往伊頓。除了平時的十個鐘頭工時，他又自願加班兩個鐘頭。路上有一隻鹿驟然從溝渠躍出，他想起父親告訴他的話：加速行駛可以降低鹿撞上來的機率，於是陶德腳踩踏板加速，後來撞死了鹿，也讓陶德斷了一隻已為舊傷所苦的腳，腳上三處受傷，而他那輛一九九三年產、沒有保險的黑色福特維多利亞皇冠（Crown Victoria）汽車也全毀。

對代頓而言，二〇一七年前半段猶如一場惡夢。蒙哥馬利郡一直是類鴉片毒品傳播的前線，專家認為該現象歸因於該郡位處高速公路主幹道的交界處，必定匯集災難（物流中心也可能是非法毒品的交易熱點）；再說代頓也處於該地區經濟崩塌的深處——遭革職的製造業員工不只情緒低落憂鬱，也受舊傷所苦，並以此正當理由取得製藥廠在南俄亥俄州強力推銷的止痛藥。

可是在二〇一七年冬、春兩季，隨著吩坦尼（fentanyl）以及更為強效的卡芬太尼（carfentanil）於當地供應量迅速飆高，代頓的情勢急轉直下[73]。一到五月間，郡內共有三百六十五人死於藥物過量，幾乎相當於二〇一六年整年死於藥物過量的人數，也需為其他郡執行解剖的驗屍機構開始擔心遺體安置空間不足，於是擬定權宜計畫：詢問殯葬業者是否有意接手安置遺體作業，並動用專為「重大傷亡事件」預留的冷凍貨車。

要是沒有車，陶德就無法前往路易斯堡紙箱公司，這對即將面臨停職的他無疑是雪上加霜的壞消息。他的紙箱工作就這樣飛了，為了終止腳痛，醫師開了羥考酮（Percocet）給陶德。

自一開始接觸藥物開始，陶德通常都抗拒使用藥物的誘惑，不去碰俄亥俄州西南方日益氾濫的鴉片，光是大麻菸草和啤酒對他就已經足夠。然而隨著一週週過去，他發現除了每天需要服用的兩、三顆藥物，他還需要再吃兩顆。「我發現服用時間越久，我就越依賴這種藥。我時常感覺自己需要保持亢奮情緒，緩解某種早已不復存在的痛楚。」他事後坦言。等到九十天的用藥期結束，戒斷症狀殘酷無情地襲來，讓他無處可逃。陶德食不下嚥，夜間盜汗，最後從別人手中取得大麻和其他藥物以減輕症狀。他後來娓娓道來：「我身陷黑暗絕境，有一陣子甚至完全放棄自我。」

自一月起，他就不斷請求延後起訴案的法庭公聽會和保護令，他幫莎拉和孩子們在伊頓找到另一間公寓，因為前陣子他丟了紙箱公司的工作，欠繳房租，導致他們被踢出公寓。八月初，他和莎拉短暫和好，後來又吵架。她狠狠修理他一頓，雖然他沒有主動向警察報案，可是走路回到暫住的媽媽家時，警察看到他的手臂上有血跡，便上前詢問發生什麼事，根據事後紀錄敘述，他們前往家裡逮捕莎拉，她則背上人身攻擊的輕罪，在監獄待了一夜。

她帶著孩子離開伊頓，和她母親及母親的男友住在密德鎮。陶德搬進如今已經清空的公寓，卻隨即遭到警方搜查，即使莎拉已經不住在公寓，員警仍堅稱他違反了保護令。之後不久，因為陶德打了兩通電話、傳了一通簡訊給莎拉而違反禁令，遭到警察起訴。這次被逮後，陶德再次將資產列為零，路易斯堡紙箱公司的工作沒了，他的收入現在也歸零，至於地址，他寫道：「民事保護令之故，我沒有住家地址。」

這一次出獄後，彷彿為了證明自己可以遵守保護令，陶德開始和其他女性交往，平時不是待在女方家，就是住在爸爸的流動型拖車裡，並在布魯克維爾的一家披薩店工作。

二〇一七年下半年，代頓的情勢漸有起色，市中心頂樓公寓和自釀酒吧如同雨後春筍般冒出，雖然代頓苦苦掙扎，該城的往日榮景仍具有俄亥俄州眾多後工業小城所欠缺的吸引力。代頓的死亡率稍微減緩，傳言毒品交易商發現他們正在殘害顧客後，開始減少吩坦尼的銷售，而城南的默瑞尼通用汽車車廠也再度開始徵人，然而如今工廠已經易主，變成中國玻璃汽車製造商福耀（Fuyao），每小時起薪十三美元，只是通用汽車工資的九牛一毛。聯邦稽查員通報工廠內猖獗的安全違規事項，該工廠老闆強烈反對組織工會，不過起碼聊勝於無。

一家全新大公司進駐俄亥俄州西南方的消息也傳得沸沸揚揚。物流業已然成為代頓地區的主流行業，所有包裝、理貨、運送都在這裡進行，而該公司比其他進駐當地的公司更仰賴物流業，進駐代頓是理所當然。二〇〇五年，亞馬遜的 Prime 會員服務初登場，該服務標榜只要會員每年支付七十九美元，就能享有兩天內免費寄送到府的服務。剛起步時該公司在美國各地的倉庫還不到十間，然而到了二〇一七年，全國的亞馬遜倉庫已超過一百間，他們需要可以容納更多商品的空間，因為現在該公司要處理大約整體美國電商的四成銷售，這個數字是緊接他們之後的九名對手全部加起來的兩倍[74]。亞馬遜需要將物流中心分散於美國各地，以兌現兩天內將商品送至八千萬名美國 Prinie 會員手裡的承諾，而 Prime 美國會員的數字幾乎相當於二〇一四年期中選舉的美國投票人數。

好幾年來，亞馬遜都盡可能避開俄亥俄州，不在當地蓋倉庫，以避免工會人口第七稠密的州核定銷售稅。後來計算方式變更，就連先前亞馬遜避之唯恐不及的其他州也是。部分因為相較於其他得核算銷售稅的傳統商家，亞馬遜更具優勢，並在這些州累積大量客群。如今為了兩天內寄送到府的承諾，客群龐大的亞馬遜也開始進駐這些州，並在當地蓋倉庫，這當然是很合理的決定，而這代表除了少數幾個州，他們必須核算銷售稅，雖然只是部分銷售稅，亞馬遜卻不願核算一半來自第三方賣家的商品銷售稅，而這些州則是因此犧牲了數千萬美元的稅收[75]。

進駐俄亥俄州還有一點吸引人：可能獲得大量經濟誘因。一家創業理念是規避銷售稅的電商公司，臉皮得夠厚才敢在摧殘某州的財庫後還能開口要求租稅抵減，而亞馬遜的臉皮向來不薄。二〇一五年，為了在該州蓋它的前兩家倉庫，亞馬遜找上俄亥俄發展服務局（Ohio Development Services Agency），及州長約翰．凱西克為獎勵創造工作機會而在二〇一一年成立的私人非營利組織俄亥俄就業中心（JobsOhio），並向這兩所機構提案，倉庫地點則是選在環繞哥倫布市的二七〇號首都環線高速公路附近。以某項紀錄來看，俄亥俄就職中心每年都不假思索的提供三十億美元補助金[76]。為此亞馬遜特別推出適合提案人選：十年前任職俄亥俄州「資深租稅獎勵專員」的東尼．波托（Tony Boetto）。

俄亥俄發展服務局是大型州立服務局的繼任者，而該州立服務局多年來負責監督管理該州的經濟發展，現在職員只剩小貓兩三隻，實際運作都在隔壁的辦公大樓內進行，也就是俄亥俄就職中心。沒有實際政府機構不便利的透明化從中作梗，幾十名職員便可專心討論租稅獎勵案件。一個名叫俄亥俄稅額扣抵機關（Ohio Tax Credit Authority）的理事會，每月會通過俄亥俄就職中心商討決定的獎勵方案。會議在該辦公室兩層樓之上舉辦，理論上是採公開形式，實際上卻是保密到家，週一舉行會議前的前一個週五下午，才公布議程，而訪客則必須通過兩道安檢關卡才能上樓。有一回在初次光臨的訪客詢問之下，該辦公室的櫃檯小姐還搞不清楚會議在哪裡舉行。

倒也沒有市井小民想要參加會議的理由，沒人想參加這種跟鬼鬼祟祟的兄弟會組織一樣神祕內定的會議。五名由州長和立法機構指派的理事會成員，就坐在會議室前方，俄亥俄就職中心的職員和申請租稅抵減的公司代表則坐在理事會成員正對面的椅子上。室內氣氛融洽，一片和樂，彷彿大家彼此熟識，而大多人確實都是熟面孔。當理事會主席展開會議，公司代表和俄亥俄就職中心職員就會輪流提出每件獎勵方案的大綱，而每場提案的公式如出一轍：公司企業會承諾在該州創造或保留工作數量x，接著再提出威脅，該公司目前也在考量y及z州，於是需要俄亥俄州協助租稅抵減。提案結束後，理事會會提出幾道敷衍草率的問題，再來就是投票時間。投票幾乎都是無異議一致通過，四年來理事會已經批准七百多件補助案，卻從來沒有成員投過一張反對票[77]。會議通常半個鐘頭內就會結束。

如此這般，二〇一五年七月二十七日，亞馬遜就用這種方式獲得租稅抵減。該公司承諾會在嶄新的倉庫創造兩千份全職工作、六千萬美元的工資發放總額。俄亥俄就職中心的職員告訴理事會，俄亥俄州「和中西部各州角逐這兩間配送中心」，要是俄亥俄州希望亞馬遜加入它多年來避之唯恐不及的一州，該州就必須提供為期十五年、高達一千七百萬美元的租稅抵減，外加俄亥俄就職中心管制的該州烈酒專賣利潤：一百五十萬美元的現金資助。

理事會以四比零票數，通過了亞馬遜的租稅抵減案，艾默特·凱利（Emmett Kelly）投出棄權票，他在立場雙重矛盾的福斯·布朗·陶德律師事務所（Frost Brown Todd）工作，該事務所其中一位律師是法律指導或法律指導助理，而他專為幾座要求亞馬遜投資的城鎮服務，其他律師則以勞工法代表亞馬遜抵擋工會。

該公司口是心非，儘管一開始聲稱不確定倉庫場地，不過理事會才剛拍板定案，通過租稅抵減後的飛快進展卻不言而喻。二〇一五年十二月初，亞馬遜的東尼·波托向俄亥俄發展服務局和俄亥俄就職中心的職員發出一封電子郵件，要求確認倉庫合約細節，該案則於年尾底定。

「佳節愉快！」俄亥俄發展服務局的律師艾瑞克·林德納（Eric Lindner）寫道。

「祝福各位度過一個美好佳節，期待二〇一六年和今後與你們的合作。」波托在回信中寫道。

本來參與亞馬遜申請案的一名俄亥俄就職中心的年輕職員萊恩·威爾森（Ryan Wilson），在二〇一六年年底跳槽亞馬遜，後來改坐在會議桌對面的位置：代表亞馬遜，向各個性質類似他剛離職的州立就職中心等機構申請租稅抵減。

隔年，該公司的目光瞄準代頓一帶，如今這一切已成定局：往昔率領革新的這座城市，現在將為基地位在三千兩百公里外的創新業者，擔任配送業界的龍頭老大。

該公司在城南距市中心半小時處挑選廠址，就在通往辛辛那提七十五號州際公路旁的一片農地，鄰近前身是暢貨中心、賭場、郡立監獄的遼闊物流園區。截至二〇一七年，這裡曾是家得寶、海尼德（Hayneedle）家居用品店、美國舒達（Serta）名床專賣店等商店的倉庫所在地，而這正好是亞馬遜需要的地點，地理位置恰到好處：位於俄亥俄州六座最大城市其中兩座的中央位置，也位處美國最大貨運高速公路上。史瓦勞斯貨運公司曾用來運送當地製造汽車零件的七十五號州際公路，現在則是將世界另一端製造的商品運送至當地，進行包裝理貨的工作。

然而該公司又得寸進尺，扮演起不情不願的獵物，而不是獵人。這一次，亞馬遜向俄亥俄州和當地社區門羅（Monroe）要求獎勵方案，並堅持全程保密，成交前不可透露協商過程，免得引來公開審視的目光，於是當地官員稱此計畫為路克斯計畫（Project Lux），但是後來發現亞馬遜早在其他地點使用過這個名字，於是決定改稱為大老爹計畫（Project Big Daddy）。

門羅社區的官員惟恐激怒亞馬遜，甚至主動退出先前雇用、位於哥倫布的布里克．埃克勒法律事務所（Bricker & Eckler）。門羅社區負責該計畫的官員珍妮佛．派特森（Jennifer Patterson）在二〇一七年八月向亞馬遜的律師保證：「布里克並不清楚你的客戶是誰，門羅在這件事的處理上分外嚴謹。」幾個月後，派特森告訴一名布里克律師，某郡官員為了一場會議索討計畫資訊時，她說：「我故意不製作開放式文件，告訴他所需要知道的數值，但如果他想要釐清數字等細節，資訊全在下方的電子郵件。」

直到這場交易宣布之前，資訊依舊完全不透明，宣布前派特森寄了電子郵件給兩名亞馬遜主管，安撫他們。她向當地電視記者杰．瓦倫（Jay Warren）透露該計畫案的說法其實無關痛癢，而且不是在訪談中提到。「我們持續已讀不回電話／電子郵件，我在城市大樓的停車場被杰。瓦倫逮個正著，我告訴他無可奉告，可是接下來他又挖出今日會議的事情，我還是說無可奉告。明天我會穿公開活動的工作衫和牛仔褲，到時不會有人認得出我來。」她告訴他們。

合約要求該州提供亞馬遜十年總值大約三百八十萬美元的租稅抵減[78]，外加十五年百分之百的當地土地收入稅減免。門羅社區不是唯一慷慨的單位，光是二〇一七年，為了讓亞馬遜倉儲中心在全美遍地開花，亞馬遜已經網羅一億美元以上的補助金，而過去這十年來，補助金甚至超越十億美元。該公司甚至有一個專門申請補助金的完整部門，亞馬遜稱該部門為「經濟發展」辦公室。

二〇一七年將近尾聲，代頓的黑暗浪潮略微消退，陶德·史瓦勞斯的情況也逐漸撥雲見日。十月初，他總算到法庭報到，聲請起訴一月的家暴事件，檢察官卻為了危害孩子權益和違反保護令為由，撤銷這場起訴。他獲判額外一年的緩刑，開庭費高達二百七十美元。

他已經擺脫藥物上癮的問題，離開另一個女人，並和莎拉討論重修舊好一事。

莎拉的朋友和親戚都感到不可思議，她試圖解釋陶德總算答應去上憤怒管理課程，而這也是他獲得緩刑的條件之一。她在母親的公寓待太久而顯得礙眼，再說小公寓只有一間臥房、一套衛浴、一間小客廳，壓根容不下她和孩子，不過她不敢在母親與新丈夫爭執時插手。「她不喜歡我雞婆，介入他們之間的事。」她說。

更重要的是，近二十年前父親離家出走的後遺症依然陰魂不散，並且造就了後來種種下場。因此莎拉殷殷冀盼自己的孩子——至少與陶德生的三個孩子——能有一個完整家庭，並且在父親的陪伴之下成長。她相信即便經歷過這一切，即便孩子的爸有難以控制的衝動情緒，她還是可以對陶德寄以厚望，畢竟他正嘗試盡一個男人所能，供養這個家庭。「你知道嗎，我真的很愛他，再說我也不希望孩子像我一樣，在一個破碎家庭中長大。你不能命令你的心去愛誰，想要跟誰在一起。你也永遠不應該遺忘夢想，每個人都有改變的機會。我已經有一個破碎家庭，不需要第二個。」她說。

現在只剩下兩個問題：保護令，以及他們租不起屬於自己的房子。

於是陶德想到一個解決方法。他不知從何處聽說收容所與教會一樣，是人人眼中的「安全港灣」。他的解讀是只要待在收容所，他就不會因為和家人待在同一個空間而遭到逮捕。再說收容所當然全額免費。儘管知道住在收容所是件很羞辱的事，陶德還是很自豪他想到了這個計畫。「我不希望家人過這種生活，我小時候不需要擔心生活，是因為我父母都有工作，而且兩人都認真工作。我們全家住在一個良好社區，我就讀的也都是好學校。只不過——比起我自己，我更擔心我的孩子。」他說。但是至少他讓全家團聚了，他知道他們現在會身處絕境全是自己的錯，但他對即將開始的憤怒管理課程充滿期望，他以轉換信仰的熱忱講起這個課程。他說：「我每週會去上一次課，我需要去上課。」

莎拉對收容所的計畫感到遲疑，詢問她進收容所一週後有何感想時，她忍不住落淚。宿舍很冷，她剛抵達的前三晚都夜不成眠。「我們從沒遇過這種狀況。」她說，意思是她在年輕生命中經歷過的種種，都沒有目前來得難堪，包括童年遭到性侵、失去三個孩子的監護權、跟遭控施行家暴者同住一個屋簷下，相較於這些，現在才是她人生最低谷。全美的極貧家庭比例，也就是低於貧窮標準一半以下的家庭，自一九七五年起已經雙倍成長，而現在他們也是其中一員。

此外，收容所也有性別區隔的問題。可是在陶德天馬行空的安全港灣理論下，多虧收容所職員視而不見禁制令，陶德才能在白天稍作停留收容所，但也只有在他不用工作的時間可以這樣探望他們，因為他馬上又要開始一份新工作了。

二〇一一至一六年間，電子商務生意雙倍成長至三千五百億美元。邁入千禧年之時，包括汽車和汽油，所有零售業的銷售量從1%激增至17%，這意思是紙箱的需求量大增，線上購物也好，電子訂購暢貨中心也罷，每消費一美元所使用的紙箱都是實體店面的七倍，總共消耗零售商大約一半的瓦楞紙箱運輸，等同於十一億坪的物資[79]。

二〇一四年，美國每年的箱板紙生產量激增至三千五百億噸以上，到了二〇一七年年底該數字依然穩定成長：二〇一七年十二月的產量比去年同月多出3.6%，而製作紙箱所需的「褐色紙」跟其他物資一樣，對鐵路貨運的需求量暴增，在報紙等其他主要產品的運輸需求量降低之時，紙箱為樸實的鐵路貨運棚車帶來了全新目的。

所以儘管陶德在短短幾年內累積一長串的犯罪紀錄，仍能在二〇一八年一月重回紙箱業工作，可以說完全不讓人意外。這次不是在路易斯堡紙箱公司，而是一家規模較小的公司：位於代頓的邁阿密河谷包裝物流（Miami Valley Packaging Solutions）。陶德很期待重返他自認游刃有餘的工作環境，但有個缺點：幫他找到這份工作的職業仲介所告訴他，他起薪是每小時十美元，只稍微高於美國基本工資的八・三美元，意思是二十七歲的他，薪水與近十年前在披薩店的薪資相差不大。

但是陶德並不孤單：將通貨膨脹納入考量後，全美國最貧窮10%人口的時薪只比四十年前多出4%。全美三分之一的工作[80]時薪都不超過十五美元，將通貨膨脹的因素納入考量後，一半薪資階級底層的人擁有的財富比三十年前來得少。算進通貨膨脹之後，不具大學學歷的男性所賺的工資，比五十年前遠遠少了許多。

他在某個週五開始這份工作，還不清楚他們的顧客是誰。在路易斯堡，他們收過美妝品牌 Bath & Body Works、思美洛伏特加（Smirnoff）、摩根船長蘭姆酒（Captain Morgan）的訂單，但是截至目前為止，最大客戶還是初來乍到俄亥俄的亞馬遜。

亞馬遜每年向路易斯堡紙箱的母公司普拉特產業訂購十四萬噸紙箱，他們不過是亞馬遜的眾多供應商之一，而且需求持續增長，毫無減緩的趨勢。「我們生活在一個樸實無華的瓦楞紙箱最令人興奮期待的時代。」普拉特的老闆澳洲億萬富翁安東尼・普拉特（Anthony Pratt）說。亞馬遜刺激紙箱的劇烈成長，最後普拉特產業甚至得在代頓北方八十公里處蓋起一間大型紙漿廠，專門製作箱板紙。之後普拉特在《華盛頓郵報》（*The Washington Post*）的全幅廣告中自吹自擂，「我們絕對是川普總統勝選之後，保證建造最大規模的工廠。」這番言論最後還吸引川普本人親臨參觀。

陶德在邁阿密河谷展開首週全職工作前，和莎拉及孩子於收容所多花了點時間相處。一如既往，他是唯一來自男性收容所的訪客，甚至可以留下來和他們共進週日晚餐：義大利麵，副餐是罐頭水蜜桃。他坐在餐桌主位，彷彿坐在自家客廳桌那樣，桌上則是擺著他的晚餐。他敦促包裹著睡袋前來晚餐的爵思琳吃掉盤子裡的義大利麵。「妳肚子不餓嗎？還是妳覺得冷？」他問。

可是這時他該回到男性收容所了，翌日他還得搭兩班公車到紙箱工廠上班，路程四十五分鐘，通勤將近十公里。陶德還不清楚在第一份薪水入袋前，他該怎麼負擔公車費用。

車子送他來到曾是監獄的收容所大門口，大門後方佇立著一名手裡握著警棒的警衛，默默等候。

第三章　國安：被覬覦的國家首都財富

華盛頓哥倫比亞特區

希爾頓飯店（Hilton）的宴客廳仍然一片空蕩，僅有幾名侍者在宴客廳邊緣，翻攪大型沙拉缽內的沙拉，接著再由其他人將沙拉缽端至大桌，在將近一千五百個盤子內分配沙拉。湯匙在大碗缽內發出節奏一致的金屬叮噹聲響，猶如樂音。

晚間六點剛過，侍者的老闆——一名體型魁梧壯碩、膚色蒼白的年輕人，年齡頂多三十，已經大搖大擺跨進宴客廳樓層，扯著嗓門嚷嚷：「各位兄弟，沙拉完成！現在回到廚房聽取詳細指示，動作請快！」大多為女性而不是「兄弟」的侍者匆匆忙忙完成手邊的工作。

晚餐的主辦方是華盛頓哥倫比亞特區經濟俱樂部（Economic Club of Washington D.C.），這類晚餐的舉辦場地通常不會這麼大，而這間宴客廳是每年白宮記者晚宴的主辦地點。但是該俱樂部從來沒有請過這種大人物擔任派對嘉賓，他們曾經邀請比爾．蓋茲、華倫．巴菲特（Warren Buffett）、白宮發言人，不過這次層級不同了，這位嘉賓要求嚴實保全，只見許多人耳裡塞著耳機，空軍儀隊也會全程參與。這位嘉賓將為該俱樂部引來前所未有的參與人數，能請到他大駕光臨，對俱樂部主席大衛・魯賓斯坦（David Rubenstein）來說，可說是空前大成就。

魯賓斯坦擔任主席已長達十年，也為該俱樂部注入嶄新活力。他每年舉辦的活動數量高達以往的兩倍，積極召募會員，並徹底改造晚宴的舉辦形式。過去的模式無非是邀請嘉賓，晚餐過後稍微聊一些俱樂部的正事後，他們會請嘉賓演講。但是演講內容可能無趣乏味，於是魯賓斯坦決定改成在臺上訪問嘉賓，萬萬沒想到，他扮演主持角色居然相當稱職，畢竟他曾經害羞到不敢在會議上開口。另外讓人想不到的是，他毫不修飾的直率作風很適合他的綠葉角色，他可以在一搭一唱之間直爽發問，拋出可能讓人覺得是刺探隱私的問題。

坦白說，魯賓斯坦特異獨行的個人風格，絕不是經濟俱樂部成為城裡搶手門票的唯一原因。該俱樂部於一九八六年成立，是華盛頓特區的商業菁英，亦即影響市場的大人物的集散地。魯賓斯坦接任後的十年間，該城大人物的陣仗大規模增加。以他接任的時間點來看，這種發展或許有違常理，畢竟二〇〇八年正逢全球金融危機，對諸多美國其他地區的商界人士而言，全球金融危機並不是什麼友善的經歷。

然而華盛頓特區跟美國其他地方不同，該城非但毫髮無傷的走過經濟大衰退，若真要說，這場危機甚至大大提升了華盛頓特區的水準，應該用於促進經濟成長的聯邦政府經費，少說幾十億美元都肥水不流外人田，全留在特區。此外，近年來聯邦官僚機構和數不清的承包商更是在首都圈周遭如雨後春筍般冒出，而政府也慢慢開始託付他們，請他們監督政府計畫案，讓他們從最肥美的部分撈取油水[81]。美國房地產泡沫化的同時，維吉尼亞州北部幾個比較靠近華盛頓特區的郊區住房價格卻節節攀升：費爾法克斯郡（Fairfax County）的全新公寓大樓還取名為榮華御宅（Prosperity Flats）。該區從一九七五年擁有四家財星五百大公司，到了二〇一〇年變成共有十七家財星五百大公司的商業中心。截至二〇一二年，以每戶所得中位數的排名來看，全美前十大富有郡中，有七郡[82]位於華盛頓特區。

富裕繁榮是華盛頓特區最顯著的特徵。二〇一一年，建商開始興建華盛頓市區購物中心（City-CenterDC），這棟位於市中心、占地十英畝、價值七億美元，並由卡達人投資的住房兼購物中心大樓，於幾年後開張，展銷陳列著琳瑯滿目的奢侈品：愛馬仕、寶格麗、路易威登、迪奧。你現在可以在往昔土氣的華盛頓特區以四萬一千美元購買一只古馳鱷魚手提包。在這座城市的頂尖私校學費如今高漲至將近四萬美元，學生駕駛的不外乎是荒原路華（Range Rover）、凌志、賓士等名車。女孩們為了取悅班上的明星運動員同學，大手筆贈送他們古馳拖鞋和喬丹鞋[83]。

某位新來乍到的大人物更是讓該區臉上增光。歐巴馬當選總統後住在賓州大道一六〇〇號，更為該城增添不同凡響的氛圍。他的競選團隊人員蜂擁至這座城市，期待在他的執政期間尋覓工作機會，這些人進駐肖爾區（Shaw）、布魯明戴爾區（Bloomingdale）的公寓，入住過去曾是黑人勞工階級生活地帶的U街走廊。作家愛德華．瓊斯（Edward P. Jones）小說中描繪的場景，這下重新打造成力爭上游的白人的樂園，它的過往則成為一種行銷花招：你可以在以馬文．蓋*為名的馬文餐廳用餐，但餐廳卻提供比利時美食。你還可以在朗斯頓．休斯（Langston Hughes）大樓買下一間要價五十萬美元

* 馬文．蓋（Marvin Gaye），美國摩城唱片著名的非裔歌手和作曲人。

的大樓公寓，或是在埃林頓（Ellington）以兩千美元租下一間單房公寓。

想當然這是非常尷尬的轉型期，從美國其他地方回過頭來觀看華盛頓特區物換星移的繁榮富庶，也非常令人尷尬。美國首都最初的設計理念是成為一座特立獨行的都市，一個美國國父希望可以保持簡樸實在的聯邦政府行政特區。而今以該城的財富水準，及不受全美各地遭受的經濟衰退震盪影響來看，該地區確實特立獨行，只不過已經完全背離初衷。雖然特區的例外在金融危機後最為顯著，其實早已醞釀多年。

華盛頓的巨富年代，最早可以從飢餓議題的國會公聽會講起。傑瑞．凱西迪（Jerry Cassidy）是他那布魯克林和皇后區的清寒愛爾蘭家族之中，第一個上大學的人。自維拉諾瓦大學（Villanova）及康乃爾法學院（Cornell Law School）畢業後，他就在南佛羅里達州的法律援助署擔任代表移工的律師，他本來以為這只是短暫的序幕，接著就能展開獲利豐沃的律師生涯，給予家人他小時候欠缺的財務安穩。「他想要變有錢[84]。」凱西迪的大學好友兼伴郎如此告訴二〇〇九年出版華盛頓遊說史《淹腳錢》（*So Damn Much Money*）的作家羅伯特．凱撒（Robert Kaiser）。

在南佛羅里達州時，凱西迪結識了南達科他州的自由派參議員喬治．麥高文（George McGovern），而麥高文來南佛羅里達州的部分原因，是為了對抗全美的飢餓。多虧五花八門的事件接踵而至，美國人民的飢餓議題才逐漸浮出表面：羅伯．甘迺迪（Robert F. Kennedy）和另一位參議員於一九六七年高調前往密西西比州克里夫蘭，探訪餓得骨瘦如柴的孩子。一年後，哥倫比亞廣播公司（CBS）新聞臺製作了《飢餓的美國》（*Hunger in America*）電視特輯。《飢餓美國》（*Hunger USA*）的報導出版，亦揭露美國鮮為人知、普遍認為僅有第三世界才看得到的飢餓疾病。

一九六八年，國會召集組成營養與人類需求特別委員會（Select Committee on Nutrition and Human Needs），該委員會通常以委員會主席為名，簡稱「麥高文委員會」。這個成員都是兩黨重量級參議員的委員會，直搗遭飢餓襲擊的重災區。一九六九年三月，他們抵達好幾處移工營的所在地佛羅里達州伊莫卡利（Immokalee）。年輕的凱西迪和麥高文在佛州相見歡，沒多久凱西迪就成功說服麥高文，為自己在委員會謀得一職。一九七五年，他決定和委員會中另一名更資深的同僚凱尼斯・斯洛斯伯格（Kenneth Schlossberg）運用他們在華盛頓的人脈展開事業。

遊說的歷史就和美利堅共和國一樣悠長。一七八九年，紐約商人空降剛成立的國會並阻擋關稅法案。美國憲法第一修正案明言人民有「訴請政府矯正不滿情況」的權利，與言論自由、宗教自由、集會自由並列其中。諸如此類的訴願不時浮現或消退，人稱「代理人」的他們在十九世紀仍然十分活躍，尤其是南北戰爭前後那幾年，他們甚至直接代表鐵路公司賄賂參議員。這些代理人在羅斯福新政時期再度活躍，但這次卻是代表受到新法規威脅的大型公司。

然而直到一九七〇年代初期，遊說業仍在首都占有一席之地。當時沒有遊說公司，只有以法律代表之名、為客戶行遊說之實的律師事務所。凱西迪在麥高文委員會的同僚斯洛斯伯格在麻薩諸塞州長大，家人經營葬儀社，一如凱西迪，他對「遊說」這個詞總有些忐忑不安，於是兩人決定自稱「顧問」。正如斯洛斯伯格所想，他可以運用他對糧食議題的專長，擔任美國農業部或美國國際開發署等機構的顧問。他們找來前身為國會山莊的連棟房屋當辦公室，斯洛斯伯格與凱西迪公關公司（Schloss-berb-Caddigy & Associtites）的組織章程刪除了遊說兩字[85]。

問題是沒人需要斯洛斯伯格的顧問服務，遊說倒是生意興隆[86]。該公司最早期的客戶全是食品公司，尼克森總統在任期內大規模擴展聯邦食品協助計畫，而這些公司都亟欲向此計畫推廣自家產品。一家加州食品公司需要為聯邦學校午餐計畫申請到二十萬美元的食材補助，並願意在事成後支付一萬美元的酬金。家樂氏公司（Kellogg Company）想將他們的早餐麥片推廣至學校食堂，並且支付五千美元的報酬。全國家畜和肉類管理處（National Livestock and Meat Board）為了一份說明國會營養政策恐將影響肉牛業的報告，掏出兩萬五千美元。全新婦嬰食品計畫向美強生（Mead Johnson）買下諸多嬰兒配方奶，而美強生為了獲取該計畫的意見想法，投注一萬美元。不多久，品食樂（Pillsbury）、納貝斯克（Nabisco）、通用磨坊（General Mills）也紛紛前來敲門。就這樣，光是以對抗貧窮之名展開的活動、進行的企業遊說，斯洛斯伯格及凱西迪就荷包滿滿，最後足以在朗方廣場（L'Enfant Plaza）買下一間小而美的辦公室。

最後這個二人組真正的突破發生在另一個領域[87]：高等教育。塔夫茨大學（Tufts University）的新任校長是營養師尚恩·梅爾（Jean Mayer），他迫切希望可以走出其他波士頓優秀院校的陰影，提升該學院的形象。於是一九七六年，他主動找上斯洛斯伯格和凱西迪，請他們幫忙為該校全新的「國家營養中心」申請補助金。接下來的兩年，他們收受每月一萬美元的酬金，動用人脈、幫塔夫茨大學申請到兩千萬美元的國會撥款金額，創辦該營養中心，外加七百萬美元的方案落實經費。

國會出於某種目的為某所大學院校撥發款項是極為罕見的事，請說客居中安排更是不尋常。可議的是，凱西迪和斯洛斯伯格恐怕發明了現代的預算提撥：以深藏不露的法規操作，為某個受領者挪用資金。甚至更可議的是，他們可能打造出一種高利潤的全新事業：幫客戶籌措資金款項。斯洛斯柏格說：「我們將項目預算的技巧發揮到淋漓盡致，幫那些沒想過自己可獲得資金的人討到好處。」於是他們運用這種手法，又幫塔夫茨大學全新的獸醫學院爭取到一千萬美元，並為該校外交學院取得創辦資金，與喬治城大學（Georgetown University）對分一千九百萬美元。該律師事務所還增添了新血，一名擅長為大學爭取研究獎學金的專家。「凱尼斯・斯洛斯伯格和傑瑞・凱西迪，這兩人誤打誤撞開創了全新事業[88]，先幫客戶向聯邦國庫申請資金，再從付費客戶的口袋自肥。」羅伯特・凱撒寫道。

他們挺進前線時，華盛頓的影響力產業正在另一個前線擴張。七〇年代初期大社會計畫（Great Society）崛起，加上尼克森總統創立美國國家環境保護局（Environmental Protection Agency）和職業安全與健康管理局（Occupational Safety and Health Administration, OSHA），之後甚至持續拓展聯邦機構及法規，政府的舉措使商界拉起警報。商界害怕無法抗衡拉爾夫・納德（Ralph Nader）等人。納德之所以成名，是因為他強力抨擊汽車製造商忽略汽車安全問題，而一九七一年劉易斯・鮑爾（Lewis Powell）提出的備忘錄，則具體說明了納德的意思。鮑爾本來是一名維吉尼亞州的企業律師，後來經指派成為最高法院大法官。「美國經濟體系正飽受攻擊，公司行號必須學到這個教訓……政治勢力是必要的，必須勤勞耕耘，必要時，務必以堅強決心運用政治手段，無須尷尬，也無須感到不情願，而這就是美國商業的特色。」鮑爾寫道。

一九七四年選舉後，深受水門案的影響，重視社會運動的民主黨員造成越來越多的威脅。寶鹼公司的華盛頓負責人布萊斯・哈洛（Bryce Harlow）事後說：「危機瞬間升溫[89]，我們得謹慎提防，免得國會將商業當成垃圾棄置。」

大公司謹慎看待這則警語[90]，口袋夠深的捐款人則資助美國傳統基金會（Heritage Foundation）等勢力雄厚的保守派機構。各大公司蜂擁加入遊說團體的行列：美國商會在一九七四至八〇年間的會員雙倍成長，而強硬保守派的國家獨立企業聯盟（National Federation of Independent Business）則在七〇年代間規模雙倍增長。一九六八年，僅有一百家企業在華盛頓設有「公共事務」辦公室，十年後該數字已經增至五百多家。華盛頓特區註冊的說客公司數字從一九七一年的一百七十五家，來到一九八二年的二千五百家。全國製造商協會（National Association of Manufacturers）解釋他們為何在一九七二年從紐約搬遷至華盛頓時，會長這麼回應：「現在公司之間的互動交流已經沒有公司與政府之間的互動交流重要。」

推廣影響力產業的新趨勢也不可避免地滲透選競選活動。一九七六至八〇年間，企業成立的政治行動委員會*的數字超過四倍成長。（諷刺的是，「水門案」之後的改革刺激了政治行動委員會的發展，從原本限制個人捐款金額演變成多位捐款人共同捐贈的情況。）七〇年代初期，工會組織的政治行動委員會捐贈給國會競選的款項，仍然超過商業團體政治行動委員會的捐款，然而到了七〇年代末期，他們卻遠遠落後，工會捐款不到全體政治行動委員會的四分之一。

全新的企業政治行動委員會捐款金額暴增，而這與一九七八年的立法慘敗存在重大關聯。該法規本來准許可以輕而易舉成立勞工組織，而工會也信心滿滿，在民主黨員坐鎮白宮和國會的情況下，法案應該能夠安全過關。此外，隨著電視廣告蓬勃發展，政治行動委員會的資金使華盛頓競選經費爆增。一九七四年水門案後的那場大選，白宮和參議院的競選支出總共是七千七百萬美元，不到十年後的一九八二年，競選總支出已經超過四倍，高達三億四千三百萬美元[91]。

企業政治行動委員會的捐款浪潮原先是政治右派發起，但這並沒有阻礙前麥高文委員會成員參與。斯洛斯伯格和凱西迪最大的客戶之一是麻州的優鮮沛公司（Ocean Spray），儘管該公司的蔓越莓果汁含糖量高，依舊想方設法將果汁加入學校營養午餐計畫。凱西迪協助優鮮沛成立該公司的政治行動委員會，並且指導他們支持某幾位國會議員。

他的夥伴斯洛斯伯格逐漸對這類手段操作厭惡反感，然而這種矛盾心態並沒有讓他少享用幾年的豐碩成果。一九八四年，這兩人的實領年薪為五十萬美元[92]，足足是他們十年前擔任國會山莊職員的十倍以上。這兩人在波多馬克（Potomac）河畔昂貴的維吉尼亞州北部近郊麥克萊恩（McLean）都有置產，凱西迪開賓士，斯洛斯伯格則是蓋了屬於自己的網球場，座駕是捷豹。「我從小就夢想擁有自己的網球場，於是就衝了。」斯洛斯伯格說。

一九八四年年底，斯洛斯伯格決定離開他九年前在地下室成立的公司。「多半時候是很有趣——但後來倒也沒那麼有意思了。」他說。他們的公司為華盛頓特區開闢了一條嶄新的發財之路，並藉此為這座城市注入前所未有的財富，而這家公司後來的名稱就是凱西迪公關公司（Cassidy & Associates）。模仿效應之故，後來有數不清仿效他們的公司，在華盛頓尋找政府撥款和每月五位數佣金的人亦絡繹不絕。儘管如此，該公司仍然獨占鰲頭，未來幾年內，依舊在世界遊說首都裡穩坐第一遊說

---

* 政治行動委員會（political action committee, PAC）是美國政治制度中，個人、公司或單位組織收受並提供政治獻金給特定候選人或政黨所成立的專門性團體。

公司的寶座。

倘若凱西迪和斯洛斯伯格是華盛頓特區影響力產業的先鋒，大衛．魯賓斯坦則讓大家見識他是如何操控另一種產業——金融業，讓影響力產業踏上截然不同的新境界。

從外表看來，魯賓斯坦恐怕是最不可能加入這場華盛頓利益激戰的人，更別說是站上主宰位置。他在巴爾的摩西北方一間兩房排屋中長大，父親在郵局整理郵件，母親則是一名夢想著兒子長大後當上牙醫的家庭主婦。十一歲那年，甘迺迪總統的就職演說讓魯賓斯坦內心激動萬分：「捫心自問你可以為國家貢獻什麼。」高中時期的「他非常、非常害羞[93]，他很喜歡討論政府和政治，商業倒是不太常聽他講。」後來當選該城第一位黑人市長的庫特．施莫克（Kurt Schmoke）回憶道。

魯賓斯坦獲得杜克大學的獎學金，後來又拿到芝加哥大學法學院獎學金，並在紐約一家律師事務所從業兩年，接著才漸漸轉移陣地，轉戰政府狂熱分子的基地：國會山莊。他找到一份憲法修正小組委員會的工作，擔任印第安納州民主黨參議員伯奇．貝赫（Birch Bayh）的顧問，可以說是全國會山莊最沉悶無趣的工作。一年後，他參與吉米．卡特（Jimmy Carter）的總統競選團隊，成為其中一名年輕理想家。

卡特當選了，魯賓斯坦因此得到一份美差：擔任卡特總統的國內政策顧問史都華．艾森斯塔特（Stuart Eizenstat）的副手。魯賓斯坦協助卡特寫備忘錄、準備記者會、撰寫國情咨文內容，加班是家常便飯，晚餐則是靠自動販賣機的零食果腹。與其在會議上侃侃而談，他反而喜歡將自己的觀點寫在備忘錄上，最後擺在一疊文件上方，才離開早已空無一人的辦公室。艾森斯塔特之後說：「大衛當然沒有什麼個人魅力[94]，可是他擁有高度智力以及為公眾服務犧牲奉獻的精神。」

然而後來卡特總統連任失敗，輸給雷根（Ronald Reagan）。而當年三十一歲的魯賓斯坦不僅把這當成全國政治大洗牌的警訊，他的個人公眾服務理想也嚴重受挫。「我掏心掏肺幫助自己的國家[95]，最後卻幫不上忙。」好幾年後他這麼說。於是他開始嘗試其他領域：闖進另一個在他周遭成長茁壯的華盛頓圈子。

魯賓斯坦注意到，有許多白宮友人都是靠商業致富。「我認為我的智商應該不算差[96]，而我總覺得沒我聰明的人賺的錢反而比我高出許多。」他後來說。

於是他的腦袋開始衍生某個想法。「融資購併公司」在紐約和波士頓迅速擴張蔓延，好比貝恩資本（Bain Capital）就是利用貸款收購公司，藉由裁員和提升效率的做法改善虧損底線，再出售公司賺得利潤，這就是後來所謂的「私募股權」。與此同時，諸如凱西迪的公司等遊說事業則是在華盛頓激增。

然而當時還沒有人想到要合併這兩種收穫豐厚的企業。要是你擁有一家融資購併公司，而該公司創辦時，是依照合夥人與政府官員的關係，及他們對管理產業的知識決定選擇與誰合夥，結果會是如何？當時為消費電子產業遊說的蓋瑞．夏皮羅（Gary Shapiro）在八〇年代初期和魯賓斯坦一起去過日本，回想起魯賓斯坦的提案時，他說：「他的願景就是將資本[97]結合政治人脈廣闊、全世界都不敢不接電話的人結合起來。我們都笑他，對對對，想得美啦。」

一九八七年年底，魯賓斯坦和兩名華盛頓萬豪國際（Marriott）的人，以及一名來自MCI電信公司的人，共同創辦了凱雷集團（Carlyle Group），他們以這家紐約飯店的名稱為該公司命名，令人聯想到龐大的財富傳承和金融首都。然而正如魯賓斯坦所想，再加上因緣際會，華盛頓很快就成為該公司的主要場域。長期擔任共和黨喬事人的弗雷德・馬利克（Fred Malek）由於在老布希一九八八年競選總統期間，被人發現於一九七二年尼克森總統任內，協助許多猶太人加入美國勞工統計局（Bureau of Labor Statistics）而被迫下臺，不得再擔任老布希的代理人。結果馬利克在凱雷集團找到工作，同時一併帶上雷根時期的最後一位國防部長弗蘭克・卡魯奇（Frank Carlucci）。有了卡魯奇的輔佐，凱雷集團收購了福特航空國防公司的子公司ＢＤＭ，亦即該集團眾多軍事工業投資中的第一家公司。七年後，凱雷集團將ＢＤＭ的事業版圖擴張至沙烏地阿拉伯，再轉手賣出ＢＤＭ，淨賺650％的利潤。

老布希執政時期的兩名高階人員亦追隨卡魯奇的腳步，加入凱雷集團，一位是預算局局長理查・達爾曼（Richard Darman），另一位則是前白宮幕僚長詹姆斯・貝克三世（James Baker III）。九〇年代末期，老布希本人亦加入凱雷行列，協助該公司贏得南韓大型銀行的標案。這時魯賓斯坦已成為前任總統的貼身友伴：二〇〇〇年，魯賓斯坦和家人陪伴芭芭拉・布希（Barbara Bush）及她的孫子參加獵遊。同年，他和妻子參加芭芭拉在肯納邦克波特（Kennebunkport）舉辦的七十五歲壽宴。

正如魯賓斯坦事後的形容，他已經跨過政治的那條界線。「我並沒有靠金錢賄賂政治家，也沒有招搖撞騙是民主黨員或共和黨員，藉此涉足政治。現在的我只覺得自己是美國人[98]。」他說。

二〇〇一年九月十一日，上午九點三十七分，原先預計從華盛頓杜勒斯國際機場（Dulles International Airport）飛往洛杉磯的美國航空公司（American Airlines）七七號班機陡然轉向，朝五角大廈的西側俯衝而去。這場空難釀成一百二十五人罹難，外加機上的六十四人，是美國國土史上最慘烈的恐怖攻擊，傷亡人數遠遠超越一九九五年的奧克拉荷馬市爆炸。可是同一天上午在紐約發生的攻擊事件，死傷更為慘重，甚至更怵目驚心。遮掩是美軍一貫的守口如瓶作風，而五角大廈的死亡也不例外，七名受害者皆來自美國國防情報局（Defense Intelligence Agency），其他罹難者則是機密程度不一的約聘人員。紐約的原爆點後來改建成世貿大樓遺址紀念博物館，還有兩座映照天空的大型水池，可是五角大廈只有在大樓西側擺放幾張長椅，當作風格簡約的紀念碑。

基於其他因素，五角大廈攻擊事件的後續發展也十分錯綜複雜。九一一事件後，國家安全產業將原先由影響力產業帶動繁榮景象的都會區，推向全新的財富高度。政府因為疏於察覺恐怖攻擊的警示而深感汗顏，於是開始採取行動，趕緊撥用數十億美元，以偵查接踵而來的恐怖攻擊跡象，而大部分國防支出都被華盛頓特區拿走。

九一一事件發生後的十年內，華盛頓地區總共蓋了三十三棟用於最高機密情報運作的聯邦建築大樓[99]，占地範圍相當於三棟五角大廈。二〇〇九年，美國的情報預算成長至七百五十億美元，這是恐怖攻擊發生時的兩倍半，而這筆支出全進了總部設於華盛頓的各政府機關口袋。至於五角大廈的美國國防情報局，則從二〇〇二年的七千五百名職員，增加至二〇一一年的一萬六千五百人。而竊聽全世界、基地設在馬里蘭州近郊米德堡（Fort Meade）的美國國家安全局（National Security Agency），預算也在同期增加了兩倍。從零打造的美國國土安全部（The Department of Homeland Security），部門充滿歐威爾主義（Orwellian）風格，共整合二十二個單位，斥資三十四億美元，在眺望華盛頓、前身是聖伊莉莎白精神病院（St. Elizabeths）的地點設立總部。

但大多數支出，都由一群發現此一商機於是蜂擁而上的，來自私營部門的約聘人員分而食之。根據《華盛頓郵報》報導，截至二〇一一年，八十五萬四千名獲得國安許可證的最高機密員工之中，二十六萬五千人並非政府員工，而是約聘員工。中央情報局的員工人數中，有大約一萬人是來自一百多家企業的約聘員工，人數超過三分之一的中情局員工。美國國土安全部中，約聘員工數跟聯邦員工不相上下。歐巴馬的首位國防部長羅伯．蓋茲（Robert Gates）向《華盛頓郵報》坦承，他甚至不曉得自己的辦公室內有多少約聘員工。而即使約聘員工收到的薪資超過一般聯邦職員，在該單位的陣仗依舊持續擴大。

許多約聘員工都是為軍事承包龍頭洛克希德．馬丁（Lockheed Martin）、通用動力（General Dynamics）、雷神（Raytheon）等公司效力，這些公司祭出人人覬覦的國安許可證，爭奪人才，簽約獎金高達驚人的一萬五千美元，更可享有BMW豪華房車。承包設立和管理國土安全部辦公室的通用動力，收益在二〇〇〇至二〇〇九年間三級跳，高達將近三百二十億美元，勞工人數則是雙倍成長，突破九萬人。

可是仍有數不清的私營部門職員任職於該區激增的無名小公司，這些公司都是國土安全部企業，皆擁有晦暗難解的名稱，好比SGIS、阿布拉薩斯石油（Abraxas）、卡勒軟體（Carahsoft），通常是在其投機的創辦人的臥室或自宅成立的。而這些公司的成長速度飛快，竭盡所能吸光納稅人繳納的美金油田。到了二〇一〇年，聯邦政府的承包商支出[100]以雙倍成長至八百億美元。隨著承包商的數量快速增加，居中協調國家合約的需求也跟著增長：二〇〇〇至二〇一一年間，華盛頓特區的遊說開銷雙倍以上成長，高達三十三億美元。與其說全新興建的國土安全大樓取代了華盛頓的影響力產業，不妨說是反而助長了該產業的成長。

全新產業正在改變當地景觀，位於麥克萊恩、一棟龐然大物般的綜合大樓「自由十字路口」（Liberty Crossing），戒備森嚴的警衛和自動升降路障守護著國家情報及反恐中心總監辦公室（Office of the Director of National Intelligence and National Counterterrorism Center）的總部。建築外觀刻意營造出倉庫形象，實際上具有可供出租的防竊聽室。還有在郊區農地驀然冒出的無窗龐然大物並無明確標識，谷歌地圖亦無法辨識建築。貨車在次要公路上奔馳，穿越購物廣場空地，演練追蹤反情報祕密行動的目標。嶄新地景的外來居民說著自己的語言，比較著彼此的 SCIF（敏感情報隔離設施）規模，抑或竊竊私語討論 SAP（特准接觸項目），要是在連鎖餐廳蘋果蜜蜂家（Applebee's）或奇利斯（Chili's）的用餐減價時段，有人詢問從事哪種職業，他們都會語帶含糊地回答：「軍事相關[101]。」

更重要的是，嶄新產業帶來驚人成長，率領該區進行一場大轉型。華盛頓都會區本世紀前十年的房地產價格增長超越其他大城，將紐約、舊金山、洛杉磯狠狠甩在後頭。該產業為華盛頓吸引一票全新階級，這些人對科技的興致大於政府，目光聚焦於利益而非權勢。在美國大多地區正苦苦掙扎、咬牙熬過經濟大衰退的期間，某研究團隊預測華盛頓特區可投資資產超過一百萬美元的高淨值家庭[102]數目，在二〇〇八至二〇一二年間增加了30％。

泰森角（Tysons Corner）有一家奧斯頓馬丁（Aston Martin）汽車經銷店，該區有超過五百人的座駕是特別訂製的龐德車，售價大約落在二十八萬美元。該城市的餐廳首度獲得米其林星級，其中一間餐廳「羽」（Plume）的服務生推著飲料推車，推薦孩童搭配美食的氣泡果汁（特釀二五號[103]，也就是黑刺李、野櫻莓、西洋梨、黑加侖製成的綜合果汁，再以一只小巧香檳杯裝盛，要價十二美元）。在大瀑布城（Great Falls）波多馬克河位於維吉尼亞的那一側，有個家庭以法國凡爾賽宮為模型[104]，打造了一棟七百一十五坪的豪宅。

或許有人猜測，全新國土安全產業的蓬勃發展大概讓昔日國防事業經營得有聲有色的當地公司凱雷集團受益良多，可是大衛・魯賓斯坦和他的合夥人卻將九一一恐怖攻擊事件視為一種警訊，暗示他們應該多元經營在華盛頓的權勢王國，因為恐怖攻擊只是多餘地彰顯該公司在這場遊戲中的出色表現。事發緣由是凱雷集團的投資人會議恰巧選在恐怖攻擊當日舉行，而強大的賓拉登家族成員之一的莎菲克・賓拉登（Shafiq bin Laden）也是該場會議的座上賓，該家族在凱雷基金投資兩百萬美元。凱雷集團有感於政治危機，於是將集團的重心轉移，並且擴大公司的範疇：甜甜圈連鎖店Dunkin' Donuts、赫茲租車（Hertz）、門諾保健（HRC ManorCare）護理機構。

多角化經營對該公司的盈虧狀況毫無負面影響。二〇一二年，凱雷集團首次公開募股時，透露魯賓斯坦和共同創辦人丹尼爾・丹尼耶洛（Daniel D'Aniello）及小威廉・康維（William Conway, Jr.）前一年共同吸金一億四千萬美元，凱雷基金的投資也讓他們豐收：光是魯賓斯坦就狂撈五千七百萬美元。

隨著財富滾滾湧入華盛頓，媒體也簇擁而上。全美大大小小的報紙業者迅速衰敗，報紙產業的商業模式遭到重挫，禍不單行。先是第一家免費供應分類廣告的公司 Craigslist 問世。後來百貨公司的廣告——報社賴以維生的生意——又被亞馬遜搶走。最後，報社用來取代紙本廣告的數位廣告營收，又被谷歌和臉書取代。二〇〇五至二〇一五年間，每四份記者的職缺之中，就有一份蒸發殆盡，等於全美共流失一萬兩千份記者工作。市議會、學校董事會、重要審判幾乎再也無人聞問，各州和地方局處候選人也未經媒體監督。

然而同期華盛頓的記者數量卻雙倍增加。比起區域規模，國家層級的數位新聞業更有賣點，報導某篇華盛頓的戲劇性事件，你可以保證全國各地的點擊率絕對超過某個中等規模的都會城市或州首府，要是「小地方」真的發生吸睛事件，你只需要借用故事，以全新媒體行話來說，就是「整合」內容，亦即在你的網站上網蒐羅所有資料。與此同時，願意付出更多錢，透過說客和商業夥伴在華盛頓累積影響力的遊說公司，也願意付錢了解他們遊說的成果，而這也解釋了華盛頓商業出版的大幅擴展，其中一些甚至能販賣獨家情報，收取高達八千美元的訂閱費[105]。

日漸茁壯的華盛頓媒體市場帶來至少一項好處：某些在其他地方失業的記者起碼能在首都找到工作，雖然不是所有人都帶著興奮心情離開從事新聞業多年的城鎮，甘心坐在擺著兩面電腦螢幕（方便整合資訊）的華盛頓辦公桌前，也不見得所有人都想要加入記者群，成天追著國會山莊的議員跑。在二〇〇八和二〇〇九年經濟崩塌和衰退潮襲擊時，集中在華盛頓的新聞業也得付出巨大代價：太多記者集中在媒體業蓬勃的華盛頓，而不是分散在聖路易、水牛城、坦帕（Tampa），意思是越來越多媒體聚集在全國最安居樂業的地方，輕而易舉就錯估「小地方」的情勢，錯誤判斷美國的整體情況。

傑伊・卡尼（Jay Carney）並沒有離開原本的當地記者崗位——他有幸在這之前的幾年，幾乎是打從一入行就打進美國媒體的核心市場。卡尼在維吉尼亞州北部長大，就讀全美歷史最悠久的私校之一：紐澤西州的勞倫斯威爾中學（Lawrenceville School），大學唸的是耶魯。一九八七年畢業後，他在當時全國最優秀都會報社之一的《邁阿密前鋒報》（*The Miami Herald*）找到工作，兩年不到跳槽至《時代》（*Time*）雜誌，並在二十五歲之前就成為邁阿密辦公室的主任，接著他沒有枉費大學時期主修的俄羅斯研究，動身前往蘇聯，在當地報導有關蘇聯解體的新聞。他先是在莫斯科與他未來的妻子、美國廣播公司（ABC）的克萊爾・希普曼（Claire Shipman）相遇。回到美國後，卡尼成為白宮新聞記者。二〇〇五年，他升任《時代》雜誌的華盛頓辦公室主任，當時擔任紐約市長的麥克・彭博（Michael Bloomberg）還堅持親自在他的升遷派對上致詞。

到了二〇〇九年，儘管在媒體界位高權重，卡尼對他的媒體生涯感到精疲力竭，他只怕業界對歐巴馬當選一事興高采烈過了頭，這讓他踏出無人預料得到的下一步：加入政府部門，擔任當時是副總統的喬・拜登（Joe Biden）的發言人。到了二〇一一年一月，他在白宮大廳前，接下白宮新聞祕書的要職。

雖然二十餘年來卡尼都從事媒體業，《紐約時報》（*The New York Times*）指出他為這份職務帶來一項關鍵特質：卡尼「身處在位者身邊，似乎總是游刃有餘[106]。」卡尼不用多少功夫就駕輕就熟，試著以幽默化解難題，以無止境的謝絕回答擋掉問題。截至二〇一三年，某網站合計[107]卡尼拒絕回答某位記者發問的次數將近一萬次，並以「我再告訴你這問題要去問誰」（一千三百八十三次），以及「我是不會向你透露的」（九百三十九次），還有「我不會隨便臆測」（五百二十五次）當擋箭牌。

他開始被當成名人般猛酸，某些文章刻意著墨他的鬍子和眼鏡，甚至還有一份刊登於《華盛頓媽媽》（*Washington Mom*）雜誌中的真實名人檔案。為了雜誌報導，他和妻子在他們價值兩百萬的五房宅邸中，和兩個孩子到處擺姿勢拍照，場景設定包括一場假記者會、全家一起搭疊疊樂塔、穿著睡衣翻攪平底鍋裡的荷包蛋，並搭配時尚圖文說明。

二〇一四年五月，卡尼宣布離開白宮，理由是希望「將時間留給家人」。對歐巴馬執政期的前任職員來說，眼前的嶄新道路逐漸明朗，但也可以說只是換湯不換藥。

華盛頓的旋轉門自一開始就不停旋轉，但通常都是來自華爾街的人轉進又轉出。在大陸議會（Continental Congress）的任職結束後、當上財政部長之前，亞歷山大・漢密爾頓（Alexander Hamilton, 1755-1804）創辦了紐約銀行（Bank of New York）。由於長久以來，華盛頓和金融界有連結，向來可見共和黨員的身影，但也會吸引民主黨員。二戰期間這兩黨的商人都會加入政府。例如：身為自由派的民主黨員兼家族投資公司雷曼兄弟控股公司（Lehman Brothers）的合夥人之一，赫伯特・雷曼（Herbert Lehman）繼承了小羅斯福的職位，當上紐約州長，後來才領導美國國務院的外援工作，並在參議院服務。共和黨員羅伯特・洛威特（Robert Lovett）是投資銀行布朗兄弟哈里曼銀行（Brown Brothers Harriman）的主管，後來擔任喬治・馬歇爾（George Marshall）將軍的副手和哈利・杜魯門（Harry Truman）總統的國防部長，並且協助打造北大西洋公約組織（NATO）和中央情報局。洛威特是外交策略官員的成員之一，眾人稱這個小圈子為智者聯盟（Wise Men），此名稱精準捕捉到當時人們眼中華爾街和華盛頓良好頻繁的往來關係。

諸如此類的活動戰後加速增長，也加速了經濟蓬勃發展和小羅斯福新政時期管制型國家的成長。約翰．甘迺迪指派前任投資銀行家道格拉斯．狄龍（C. Douglas Dillon）為財政部長，林登．詹森（Lyndon Johnson）總統的財政部長亨利．福樂（Henry Fowler）則被挖角至高盛銀行（Goldman Sachs）。至於共和黨，類似的轉職可以預料得到，所以當美林證券（Merrill Lynch）的執行長唐納德．里根（Donald Regan）受任為雷根總統的財政部長時，幾乎沒人出言反對，而德州參議員菲爾．格萊姆（Phil Gramm）被指派為瑞銀集團（UBS）的投資銀行副總裁時沒人有意見，小布希總統指派高盛銀行的執行長亨利．鮑爾森（Henry Paulson）擔任財政部長時，也沒人敢說話。

然而在北美自由貿易協議、福利革新、資本增值稅減免全於柯林頓總統任內通過的背景下，九〇年代民主黨的旋轉門更為活躍，導致民主黨領袖備受苛責，被批評為拋棄了原本的弱勢背景。柯林頓總統在一九九五年任命前任高盛主管羅伯特．魯賓（Robert Rubin）為財政部長，魯賓後來又在花旗集團（Citigroup）賺取一億兩千六百萬美元，他在任期內備受爭議，以致「魯賓派」成為自由派人士的撻伐對象。魯賓和他的繼位者勞倫斯．薩默斯（Lawrence Summers）破壞了衍生性金融商品的立法，並推動廢除區隔商業和投資銀行的〈格拉斯—斯蒂格爾法案〉（Glass-Steagall Act）。

刺激華爾街成長的活動後來卻造成金融體系的崩塌，而歐巴馬無法在執政期間讓銀行家為體制崩塌擔起責任，華爾街的民主黨員更是聲譽敗壞。此類活動持續未中斷：一名摩根史丹利（Morgan Stanley）的主管湯姆．尼德斯（Tom Nides）成為希拉蕊在美國國務院的得力助手。歐巴馬的預算辦公室主任彼得．奧沙格（Peter Orszag）加入花旗集團，花旗後來再派路傑克（Jack Lew）接任奧沙格的工作，之後路傑克成為財政部長。歐巴馬的第一位財政部長提姆．蓋特納（Tim Geithner）則是進了私募股權投資機構華平投資（Warburg Pincus），然而此時華盛頓和華爾街的往來卻瀰漫著詭譎氣氛。

幸運的是當時還有一片可以拓展的天地，一個可讓高階政府官員展翅高飛、鴻圖大展，也不會受到華爾街臭名所累的所在。科技業多年來刻意與華盛頓保持距離，畢竟他們心目中的華盛頓說穿了就是單調乏味的官僚和政客堡壘，這幫人連伺服器和路由器的差別都分不出來，把網際網路形容成「一堆管線」。當然這種高高在上的心態是有些過分，畢竟聯邦資金過去幾年來是那麼努力推動科技產業。但是隨著該產業日益興盛，他們不得不與散發著霉味的華盛頓交手，即使是矽谷最心高氣傲的自由派都避無可避。你必須遏止反托拉斯起訴案，例如司法部在一九九八年對微軟發起的法案。你必須終止惱人法規，否則就無法運用你在大量網路平臺蒐集到的用戶個人資訊。至於箝制你私藏肥沃利潤的境外避稅天堂法令，你也必須想辦法斬草除根。

這時敲響凱西迪公關公司和他們對手大門的，全是一群新上門的客戶。二○○二年，谷歌在遊說上投注不到五萬美元的資金，到了二○一五年，該公司光是一季就狂灑五百萬美元，成為第三大遊說企業。當這些公司拓展他們的影響力時，自然而然也走向那扇旋轉門。臉書雇請了小布希總統的前任辦公室主任喬爾．卡普蘭（Joel Kaplan），谷歌則是聘請前共和黨眾議員蘇珊．莫利納里（Susan Molinari）。（她是目前擔任說客的四百多位前任議員之一，擔任眾議員時期的薪資是十七萬四千美元，現在薪資則是十倍以上。一九七○年，僅有3%的議員在離職後成為說客[108]，三十年後的今天攀升至40%。）

不過民主黨籍的卸任政府高級官員比較容易招募。至少自九○年代初期，科技業就較傾向自由派

[109]，畢竟當時諸如比爾．柯林頓和科技愛好者民主黨員艾爾．高爾（Al Gore）發現了未來的趨勢，協助矽谷不倒向自由主義、不支持商業的共和黨（惠普創辦人大衛．普卡德〔David Packard〕曾在尼克森總統內閣擔任副國防部長）。雖然科技產業仍慎重戒備民主黨的法規和稅制，但民主黨陣營能公正公平處理諸如同性婚姻和移民等社會議題。歐巴馬曾在二〇一三年參訪查塔努加（Chattanooga）倉庫時，大讚亞馬遜：「亞馬遜就是未來潛能的良好典範，我環顧這些優秀設施和員工，工作流程流暢迅速，裝箱作業也很紮實。你們提供狗糧、Kindle電子書閱讀器、刮鬍刀，應有盡有，商品包裝後使命必達，安心送到顧客手裡。」

歐巴馬政府的官員可以為了個人將來的職涯發展投入矽谷，衝向時髦的科技啟蒙，與投身華爾街的同僚明目張膽的數鈔票行為大相徑庭。

於是旋轉門開始出現穩定人流。大衛．普洛菲（David Plouffe）運用他的精明策略，協助歐巴馬打贏二〇〇八年的總統大選後，便加入優步（Uber）行列，歐巴馬的環保署長麗莎．傑克遜（Lisa Jackson）後來則是選擇加入蘋果公司。

二〇一五年二月，離開白宮不到一年，前白宮新聞秘書傑伊．卡尼加入了亞馬遜。

這棟房子是在二〇一六年十月二十一日，以現金兩千三百萬美元購入，創下華盛頓史上最昂貴房價。事實上這是兩棟相鄰的房屋，一九〇〇年代初期分別由不同建築師設計打造，其中一人是設計傑佛遜紀念堂（Jefferson Memorial）的約翰．波普（John Russell Pope）。不久之前，S街西北二三二〇、二三三〇號一直是紡織品博物館，現在卻成為傑夫・貝佐斯的第四棟度假屋，但絕對不是最後一棟，幾年後他還會以一億六千五百萬美元的天價購置大衛・葛芬（David Geffen）的比佛利山莊莊園，號稱是加州地產史上最高房價。

貝佐斯在華盛頓待的時間較長，搭乘他那架價值六千六百萬美元的灣流G六五〇號私人飛機，每年飛往華盛頓的次數高達十次，並且下榻那棟度假屋，抑或瑞吉酒店（St. Regis）、四季酒店（Four Seasons）。他變成在大城市裡四處奔波的時髦人士，讓西雅圖的人都覺得好笑，畢竟他鮮少現身這座城市。在華盛頓時，貝佐斯會在熱鬧非凡的餐廳主辦聚會，例如米蘭咖啡館（Café Milano）、外交官餐館（Le Diplomate）、迷你吧（Minibar）、雌馬費歐拉（Fiola Mare）。諸如此類的派對甚至讓華盛頓特區的派對傳奇女主人、前任《華盛頓郵報》編輯本・布萊德利（Ben Bradlee）的太太莎莉・昆恩（Sally Quinn）大為驚豔。「大家都捨不得回家，因為實在太好玩了[110]。」她提及某場持續四個鐘頭的聚會時說道。

接著他還買下當地報社。二〇一三年，新聞業遭逢巨變，生意大受影響，讓《華盛頓郵報》的老東家葛蘭姆家族（Graham）再也吃不消，於是積極尋找買家，卸下他們扛了八十年的重擔。唐・葛蘭姆（Don Graham）和貝佐斯在艾倫銀行（Allen & Co）於愛達荷州的太陽谷（Sun Valley）主辦的年度會議上討論交棒事宜。四週後，葛蘭姆家族宣布以兩億五千萬美元出售《華盛頓郵報》，當時這筆錢根本不及貝佐斯資產預測淨值的1%。

收購報社之後，新東家大手筆拓展新聞編輯室、升級網站，並翻新可以俯瞰富蘭克林廣場（Franklin Square）的氣派辦公室。這項投資讓幾百名《華盛頓郵報》的員工鬆了一口氣，前幾年他們已熬過多次裁員危機，並努力促進優質的新聞業發展。

但這也幫助了公司利益在首都迅速成長的貝佐斯在華盛頓成功營造出優良形象。二〇一二至二〇一七年間，亞馬遜的遊說開銷五倍增長。到了二〇一八年，亞馬遜擁有全華盛頓的科技公司中規模最大的遊說辦公室[111]，共有二十八名員工，另外在華盛頓各地的十幾家公司中亦有一百多名簽約說客。遊說團隊中有四名前任國會議員，並為董事會增添新血——超強的首都圈內部人士潔米．戈雷利克（Jamie Gorelick）是也。她曾擔任美國司法部副部長，並在貸款抵押公司房利美（Fannie Mae）待過四年，這段期間兩千五百萬美元入袋；她也曾在墨西哥灣漏油事件，擔任英國石油公司（BP）的委任律師。

亞馬遜曾經遊說過的聯邦機構令其他科技公司難以望其項背[112]。亞馬遜為了營業稅而遊說，卻仍不核算截至目前已超過美國零售業一半的第三方銷售稅。由於希望能使用無人機寄送包裹，亞馬遜還為了無人機的法規進行遊說。另外他們亦為了維持亞馬遜獨享的郵政寄送服務折抵而遊說。亞馬遜也曾為了政府採購遊說，希望成為所有聯邦採購的一站式供應商，甚至為了終止公司反托拉斯審查而遊說。

現在貝佐斯擁有了匯集華盛頓眾多企業權勢和政治樞紐的報社，他不只是資助該報社，成為葛蘭姆的繼承者，更吸納政府官員加入他的公司——如同凱薩琳．葛蘭姆（Katharine Graham）在她著名的沙龍進行的事。

這就是這棟房屋的用途。貝佐斯雇用明星建築師安奇．巴恩斯（Ankie Barnes），監督占地七百六十坪、花費一千三百萬美元的裝修。《華盛頓人》（*Washingtonian*）透過資訊自由法獲得平面圖，揭露該雜誌所稱的「法老等級任務[113]」。

平面圖透露該建築由相鄰的兩棟房屋組成，共有一百九十一扇門（某些材質是特製桃花心木或青銅），二十五間浴室、十一間臥房、五間客廳或起居室、五座階梯、三間廚房、兩間圖書館／書房、兩間健身房、兩座電梯、兩百八十七具防火灑水器、一千〇六只燈具。由約翰・波普設計的那一棟是家庭房屋，有一間酒窖、一間威士忌酒窖、一間以石膏天花板裝潢的起居室、兩間更衣室（各設有一座壁爐），以及為了區別而取名「奧圖曼」「花園」和「鋪位」的臥房。

另一棟建築是賓客招待所，擁有正對著一列大理石板階梯敞開的門廳，左右各有一千一百公分長的廊道。宴會廳面積近四十二坪，奢華的愛奧尼亞式凹槽柱和石灰岩壁爐拔地而起，抬起頭還看得到一條設有鐵欄杆的陽臺走道，賓客能夠走在戶外的碎石小徑，優游漫步於全新種植的樹木及兩座噴泉、綠廊、以粉刷灰泥和銅製煤氣燈裝飾的花園亭閣。《華盛頓郵報》編輯馬提・巴倫（Marty Baron）說：「房子十分寬敞[114]，我希望他會幫我們在這棟房子舉辦派對。」

這棟房子——我是說這兩棟相鄰的房子——座落於華盛頓最富麗堂皇的地段之一：卡洛拉馬（Kalorama），一側是伍德羅・威爾遜總統之家（Woodrow Wilson House），另一側有緬甸大使館，對街則是巴基斯坦大使宅邸。有了貝佐斯和其他名人加持，這個地區的房價水漲船高。歐巴馬和妻子蜜雪兒在離開白宮後決定在此租屋，而貝佐斯宅邸旁，拐個彎又是另一戶名人宅邸：因為川普獲選而搬到華盛頓的伊凡卡・川普（Ivanka Trump）及其夫婿傑瑞德・庫許納（Jared Kushner）。

這場選舉幾乎讓全城上下都投給川普對手的華盛頓蒙上一層陰影，卻絲毫不影響這座繁榮城市的財富。新當選的總統誓言將擴大軍事預算，意思是向盤據首都圈的遊說公司灑出更多經費。另外只要自稱與川普關係匪淺，新政府都能為你開闢一項全新的遊說事業。截至二〇一七年，聯邦遊說開銷已跨越三十三億美元，高達二〇〇〇年的兩倍以上。

在異軍突起的眾人之中，布萊恩・巴拉德（Brian Ballard）多年來都在佛州當地建立他的遊說帝國。一九八六年，二十五歲的巴拉德是共和黨州長候選人鮑伯・馬丁內斯（Bob Martinez）的貼身助理，幫忙提公事包、買零卡可樂，可是小助理身分並未讓他躍升替補位置。馬丁內斯在大選前，和他的共和黨最大敵手之一湯姆・加拉格爾（Tom Gallagher）忙著當空中飛人於州內各地奔波時，加拉格爾不斷強調自己的競選團隊表現比較耀眼。「那我問你，湯姆[115]，要是你真的那麼聰明，你的競選團隊真的有你說的那麼堅強，為何反而是我們讓你難堪？」巴拉德說。選舉過後，馬丁內斯將巴拉德升為常務主任，六萬八千美元薪資入袋，巴拉德則用這筆錢買了一輛銀色 BMW 轎車犒賞自己[116]。

巴拉德不到三十歲就高升為幕僚長，他身穿印有玩具兵的背帶[117]，娶了佛州前州務卿兼司法部長的女兒，他讀了《交易的藝術》（*The Art of the Deal*）後去信唐納・川普，分享他有多喜歡這本書。川普後來使用高檔文具回信給巴拉德。「我在信中告訴川普[118]：『要是你在佛州有什麼問題，別客氣，直接找我就對了。』」巴拉德說。

馬丁內斯在一九九〇年選舉連任失利後，巴拉德設立了「私營部門」。一九九六年，共和黨在這一百二十二年來首度獲得佛州眾議院的主控權，因此與共和黨過從甚密的說客大受歡迎。兩年後共和黨的傑布・布希（Jeb Bush）當選州長，這些說客的身價更是不同凡響，客戶全一窩蜂簇擁上巴拉德的門前：AT&T電信公司、英國保誠人壽（Prudential）、紐約洋基隊（the New York Yankees）、醫院、高科技公司、賽車場。巴拉德在塔拉哈西地區（Tallahassee）有兩棟房產，房價分別超過一百三十萬美元。

他工作認真，每天早出晚歸：早上六點進辦公室，時常工作到晚上九點。巴拉德說：「如果你是遊說高手[119]，就會給自己壓力。客戶願意付出高薪酬勞，請你幫他們倡議發聲，獲得最終的成功。」當時的他年僅三十七歲。

到了二〇一六年，巴拉德已在七座佛羅里達州城市設有辦公室。選舉是他的強項。巴拉德最初支持的是傑布．布希，畢竟他在塔拉哈西時，是擔任州長的傑布讓他的說客身價水漲船高。可是隨著傑布的競選失利，巴拉德和另一位參選的佛州共和黨員馬克．魯比歐（Marco Rubio）逐漸交好。當魯比歐聲勢低落，巴拉德又無縫接軌，改轉支持唐納．川普。畢竟川普在八〇年代曾親筆回信給他，而川普集團在過去幾年曾雇請他，並為他提供的遊說服務支付四十六萬美元，而他的工作內容多半和川普的海湖莊園（Mar-a-Lago）有關。他為川普的總統大選籌募到一千六百萬美元，即使川普尚未與他簽約，巴拉德已經幫他一個大忙，派出全公司最頂尖的說客蘇西．威爾斯（Susie Wiles）前去助陣，後來她在佛州幫川普成功操盤，打敗了希拉蕊．柯林頓。

巴拉德和川普的默契不在於意識形態。過去幾年來，這名說客針對某些議題有所保留，包括環境議題，共和黨內的建制派對川普的醜陋面很感冒，而巴拉德願意視而不見，這就是他和川普之間的默契。「很多人都不想被貼上川普親信的標籤，關於這點，我想說的是，他是我們的總統候選人，而且坦白說，我覺得他是個好人[120]。」他說。

川普坐鎮白宮後，巴拉德掃瞄到他的大好機會。他早已在佛州建立他廣大的權勢帝國，現在是將帝國拓展到全國各個角落的時候了。

二〇一七年二月初，川普就職典禮後的兩週，巴拉德合夥公司（Ballard Partners）遂在白宮三條街外、豪華氣派的荷馬大樓（Homer Building）開設辦公室。辦公室成員有剛成功幫川普拿下佛州的威爾斯、川普交接團隊的一名職員，還有美國前委內瑞拉大使奧托．萊許（Otto Reich）——先前美國審議總署（General Accounting Office）發現他支持尼加拉瓜反抗軍，參與「禁止祕密宣傳」。尋常的鐵灰色辦公室前廳牆面上，銀色字體印著公司名號。《經濟學人》和《大西洋》（*The Atlantic*）月刊整齊排放在Antica Farmacista品牌的室內擴香瓶旁（橙花、丁香、茉莉香氛）。

以華盛頓的標準來看，這間辦公室的規模算小，僅有六名說客，但是客戶仍然趨之若鶩，擠破頭想與一位許多華盛頓特區的遊說公司都不看在眼底的總統牽上關係。二〇一八年五月，營業剛滿一年，該公司已經入袋一千三百萬美元[121]，成為營收第十一名的遊說機構。

該公司的新客戶名單中，幾個名字格外吸睛。全美最大的監獄營運商之一GEO集團，和巴拉德簽訂了一份六十萬美元的年度合約，巴拉德則在三個月後就幫他們搞定一份價值一億一千萬美元、德州移民拘留中心的經營管理合約。

土耳其共和國和巴拉德合夥公司簽訂了每年一百五十萬美元的合約，幾天後華盛頓的土耳其大使館外就上演一場小型暴亂，土耳其總統艾爾段（Recep Tayyip Erdoğan）的警衛暴力毆打和平抗議人士。

然後亞馬遜和巴拉德簽訂每年二十八萬美元的合約。

華盛頓的希爾頓飯店宴客廳總算準備就緒，可是專門接待貴賓的大廳仍在準備，於是用屏風阻擋，以防記者或其他外人窺視。萬中選一的座上賓包括前民主黨參議院議員領袖轉職說客的湯姆・達希爾（Tom Daschle）、華府資深記者麥克・艾倫（Mike Allen）、將代代相傳的家族報社出售給今晚嘉賓的前任發行人凱薩琳・韋茅斯（Katharine Weymouth），以及貝佐斯目前最大房產座落的城市市長穆麗爾・鮑澤（Muriel Bowser）。當晚賓客還包括：十七位來自世界各地的外交官、提供今晚嘉賓的公司極度仰賴的郵資優惠的美國郵政署署長，以及負責監督亞馬遜獲利豐碩的聯邦採購的美國總務署（General Services Administration）署長。

大衛・魯賓斯坦拿起麥克風，在現場雲集的貴賓面前正式歡迎今晚的客人。醞釀多時，經過收購報社、裝修宅邸、大規模擴展的權勢運作，這一刻總算降臨：亞馬遜在華盛頓的正式登場。

「就各位所知，這場活動吸引了這一帶以及全美各地的目光，許多媒體和攝影機爭相前來採訪、拍攝，我認為這全是因為我們今晚邀請到傑夫・貝佐斯擔任特別嘉賓。」魯賓斯坦說。

貴賓鼓掌叫好，紛紛踏進宴客廳，保全人員則已經在宴客廳裡靜候。

碎裂

九號卸貨區

賓州・卡萊爾

二〇一四年五月三十一日週六晚間，喬蒂・羅德斯（Jody Rhodes）和她的兒子在家裡看電視，這是她兒子事後提供州警的情報。接著她在晚上九點三十分上床睡覺，早晨五點二十分起床，前往位於艾倫路的倉庫，趕上她從週日到週三連續四天、上午七點三十分到晚間六點的輪班。

五十二歲的乳癌生還者喬蒂，在兩萬三千多坪的倉庫工作了大約三年：以人員高流動率來看，這等資歷算得上是老鳥了。一如眾多該公司在這間倉庫的六百九十名員工，她剛開始只是這個場地的兩百六十名臨時工之一，而管理臨時工的則是大型人力資源承包商SMX公司。如果員工在SMX的管理下於該倉庫工作滿兩百八十小時，出席率良好，沒有任何違規紀錄，就有機會晉升該公司的正式職員——喬蒂就是這樣成功「轉職」。SMX的員工都佩戴一枚白色身分識別章，升為一般職員後，就會換成藍色識別章。

目前喬蒂的工作內容是搬運棧板貨物，每次共有六、七人輪班，而她是其中之一。值班員工要以自動裝卸機（簡稱PIT）搬運裝滿商品的棧板，PIT是一種專為倉儲作業設計的裝卸機，跟皮卡車一樣運送物品的空間在駕駛座後方。喬蒂操作的PIT型號是皇冠PC4500，操作人員必須站立在八十六公分寬的平臺上，以舵柄式手把控制PIT，拇指按壓按鈕決定前進和後退。由於PIT沒有裝設手動或腳踩的煞車裝置，意思是若想要放慢速度或停止，操作人員必須將拉桿往後拉，操作人員在不控制油門的情況下，PIT可以繼續移動一大段距離——長達九百多公分。而一百三十五公分高的靠背則分隔出貨叉和駕駛之間的空間，貨叉有兩百四十三公分長。在這間倉庫中，PIT的設定速度為「龜速」，並且關閉「兔子高速」的功能。

二〇〇九年七月，職業安全與健康管理局發布簡報，內容是關於站立式裝卸機的「輾壓危害」。簡報提出警告：「駕駛站立式裝卸機的潛在危害之一，就是裝卸機在行進中接近倉庫層架或類似障礙物時，後方的貨叉可能會碾壓到人。在發生『輾壓』的情況下，層架的橫梁或類似障礙物可能會擠壓到駕駛的站立空間。」該簡報寫道，過去十五年間，全國至少九名員工因此身亡，其中三人在操作倒車時受重傷。

儘管喬蒂早早就上床睡覺，那天早晨很明顯還是疲倦不堪，這恐怕跟她長年的憂鬱症和睡眠品質不良有關，她兒子事後向州警提及此問題。她的丈夫約翰過世還不滿一年，還有一個仍在蹲苦牢的弟弟讓她擔心。現年五十歲的布萊恩．西本史提爾（Brian Hippensteel）兩個月前，手持栓式步槍，從他的皮卡車朝目前與他分居的妻子的男友開槍。當時妻子的男友正在卡萊爾（Carlisle）的西北街和C街轉角處，坐在自己的貨車裡。後來布萊恩以企圖謀殺的罪名定罪。

無論造成喬蒂當天早晨疲憊的因素為何，幾位在她身邊工作的同事都看出了她的疲態。上午十一點三十分，一位同事關心她的狀況。「我很好。」她回答，之後沒多久有人問她是否需要喝水，她也婉拒了。「她看起來很累，可是誰不累呢？」另一位同事後來補充。喬蒂在十二點三十分午餐時間打電話給兒子，提及大家都叫她快回過神來的事。

喬蒂精神不佳很快就引起上級注意。PIT駕駛的平均運送率是每個鐘頭十三塊棧板，但是她輪班開始幾個鐘頭後，每小時只平均運送了十一塊。一名經理命令主任——也就是「監督助理」——協助喬蒂，加快落後的工作進度。監督助理後來描述，喬蒂把自己的慢吞吞怪在處理出貨的員工太慢，拖垮了她的工作進度。監督助理事後告訴州警，交談當下喬蒂「狀似正常」。

下午兩點三十分後不久，喬蒂在九號卸貨區的編號六三〇排走道，也就是狗食的儲貨棧板附近，完成進貨商品的卸貨作業，然後駕駛著空蕩蕩的裝卸機回來。當她抵達廢箱區 PIE630A240，裝卸機頓時偏移軌道，轉向右方的貨架。

這陣碰撞強烈到足以鏟起堆放於地的商品——兩部牧田（Makita）切割機和八口箱子，並且將物品推到貨架另一側的走道。碰撞強大到硬生生將喬蒂的頸部架在PIT的靠背背板和最矮的鐵架中央，將她整個人凌空架起一百二十五公分。

其他人很快就發現同事受困，有人呼喊她的名字，但她並沒有回應，於是同事開始大聲呼救，首批抵達意外現場的人發現喬蒂的頭部歪向一側，雙眼睜開，兩隻手緊緊握著PIT的舵柄式手把，PIT拉桿附近則擺著一具手持式掃描機和一只裝有動物餅乾的小透明塑膠袋。同事們試著讓PIT後退卻無能為力。

最後他們按壓緊急煞車，好不容易才合力將PIT往後退出十五公分，而這個空間落差正好讓喬蒂落地。她的身體倒向一側時，正好跌入一位接住她的同事懷裡，一百六十八公分、六十三公斤、身著牛仔褲、灰毛衣、黃色安全背心的她因此沒有直接摔落在地。

她的皮膚發紫，嘴唇上有動物餅乾的碎屑，仍有微弱脈搏，可是呼吸已經停止。幾位同事注意到她的下巴處有瘀青，可以看出是頭部撞上鐵製貨架，有位同事認為她的背部應該被壓碎了。

一位手持無線電的同事呼叫公司內部的醫療隊，可是他們週日下午不工作，於是他們只好在下午兩點四十二分改叫救護車。一位身穿匹茲堡鋼鐵人美式足球隊運動衫的同事嘗試以心肺復甦術急救未果，有人帶著自動體外電擊器抵達進行急救，也是沒用。一群擔憂的同事聚集，經理卻命令他們回去工作。後來有同事在六三〇排和附近的六二五排走道拉起紅色封鎖線，阻擋出入。

康伯蘭緊急救援服務（Cumberland Goodwill Emergency Medical Services）的緊急醫療救護技術員抵達現場後，也嘗試使用自動體外電擊板急救，大約在午後三點二十分，他們緊急將她送往一．六公里外的卡萊爾地區醫療中心（Carlisle Regional Medical Center）。午後三點五十五分宣告喬蒂死亡。

六個多鐘頭後，晚間十點剛過，亞馬遜區域安全經理葛雷格．威廉斯（Greg Williams）撥打免付費電話，留言給職業安全與健康管理局，通報賓州卡萊爾艾倫路六百七十五號發生的死亡案件。

威廉斯說：「我簡單描述一下事件發生經過。同事發現一名員工在裝卸機上毫無反應後，便合力協助將她抬出、檢查生命跡象。他們即刻施行心肺復甦術，並撥打一一九專線，接著康伯蘭緊急救援服務人員趕達現場，並於三點二十分帶該名員工離開現場。」他沒提及喬蒂撞上貨架的事，也沒提到她的頸部被壓在鐵架上，更別說她下巴處的瘀青。威廉斯繼續說：「這一次，我們認定這場意外與工作無關。」

翌日清晨，職業安全與健康管理局的哈里斯堡（Harrisburg）辦公室主任凱文．克爾普（Kevin Kilp）指派一名職員主動聯繫該倉庫的場地安全經理黛安娜．威廉斯（Diana Williams，與葛雷格無親戚關係），蒐集更多情報，了解前一晚留言的訊息為何斷定這樁死亡案件與工作無關。職業安全與健康管理局員工再次詢問該公司，他們是否確定喬蒂．羅德斯的死因是自然死亡。黛安娜回覆，沒錯，公司確定是自然死亡，因為「現場沒有血跡等跡象」。

那天之後，職業安全與健康管理局的哈里斯堡辦公室聯絡康伯蘭郡（Cumberland County）驗屍官，獲知解剖報告顯示的死因是「棧板裝卸機意外引起的多處創傷」，其中包括「腸道出血」「肝臟撕裂」「心臟瘀血」。

職業安全與健康管理局的哈里斯辦公室當日立即啟動調查，其中一份關於此次死亡事件的報告，先以一般描述解釋發生本起死亡事件的公司。

報告內容描述：「該公司在全國各地擁有倉庫和倉儲中心，在國內和海外出售及配送零售商品。該公司辦公室位於華盛頓州西雅圖，此機構經營跨州業務。」

第四章 尊嚴：產業與職業的變革

馬里蘭州．巴爾的摩

綽號阿波的小威廉．波達尼（William Kenneth Bodani, Jr.）需要上廁所。現年六十九歲的他比年輕男性更得常跑廁所，也更耗時。在十個鐘頭的輪班中，扣除用餐時間，他只有二十分鐘「休息時間」，但光是穿越二千七百坪的倉庫就可能花費他十分鐘。如果員工休息時間超過指定的二十分鐘，就會被記點，最後可能被扣薪資，甚至終止合約，於是他盡可能忍著不去廁所。

他是堆高機駕駛，工作內容是從貨車卸下棧板，送進倉庫。主管會仔細追蹤員工耗用的卸貨時間，照理說卸貨程序應該在十五或二十分鐘內完成，而一輛常見的十六公尺拖車至少可以容納二十塊棧板，所以堆高機開進拖車後，會一口氣抬起一至兩塊棧板，有時貨品堆疊得鬆散，必須請別人幫忙挪動棧板才能移動卸下。有時棧板貨品裝載太高，堆至拖車車頂，你需要請人協助穩住貨品，貨品才不會在卸貨時傾瀉而下。

運作模式是把貨品送進倉庫，然後由分配貨品至工作區的物流人員「水蜘蛛」分類，採集員再將物品分儲在高聳堆疊的黃色貨架「小倉匣」中，最後橘色機器人再將小倉匣送至挑貨員手裡，挑貨員則將商品送到包裝和寄送作業區。節慶前後的旺季，亞馬遜開始將訂購率高的產品送上直達包裝區的輸送帶，產品無止境的進進出出，足以說明了消費需求。刀具、盤碟、Echo 智慧音箱、變壓器、筆記型電腦、蘋果 iPad。「你必須隨時保持警覺，隨時把商品送上包裝線，你才剛卸下拖車的商品，馬上就需要包裝，所以你得盡快把東西放上包裝線。」阿波說。

這份工作他已經做了三年。阿波十二年前從最後一份工作退休，本來沒有重回職場的打算，以為頂多在朋友的機車維修廠打打工。他有氣喘、石棉肺、肺氣腫、慢性阻塞性肺病、創傷後壓力症候群，可是他的前東家破產，導致他原本每月三千美元的退休金幾乎砍半，縮水至一千六百美元，外加個人疾病與妻子糖尿病的醫療花費越攀越高，他們的平房又需要裝修，於是他才會到這間二〇一五年開設的倉庫應徵工作。

起初他們不願意雇用他，阿波認為對方是年齡歧視，於是威脅要鬧上法庭，最後他們便雇用他了。諷刺的是他的表現太傑出，他們現在反而還得請他幫忙訓練堆高機駕駛。這種情況實在罕見，這名年近七旬的過胖老人居然要指導多半是二、三十歲的年輕員工。在前公司暱稱阿波的波達尼，如魚得水地操作堆高機，事實上遠比堆高機複雜的設備和機械他也駕輕就熟，畢竟他過去三十載的工作比目前辛苦危險多了，不過之前的酬勞當然也豐沃多了。

上一份工作有如另一個世界般遙遠，即使他其實從未離開過這一片土地。這片土地走過了美國國內所有職場都經歷過的劇烈動盪，上一個世紀的美國勞工故事全發生在這個地點：麻雀角（Sparrows Point）。

雖然這樣的聯想固然美好，但麻雀角的命名其實跟麻雀無關，反而是源自一段歷史。一六五二年巴爾的摩勳爵將大多數土地贈與英國殖民者湯瑪斯．斯貝羅[122]（Thomas Sparrow，「斯貝羅」音同「麻雀」），因此取名麻雀角。這塊鉗狀土地是一座狀似廣場的半島，占地長寬大約二．四公里，從帕塔普斯科內克（Patapsco Neck）半島探入帕塔普斯科河，亦即從乞沙比克灣（Chesapeake Bay）延伸至巴爾的摩內港的狹長水灣。麻雀角座落於荷瓦堡（Fort Howard）西側，一八一二年戰爭時，四千五百名英國士兵就是在不遠處登陸，訪客可從麻雀角眺望法蘭西斯．基（Francis Scott Key）興高采烈的筆觸下，描繪美國大炮抵抗英國海軍進攻的麥克亨利堡（Fort McHenry）。不過一直到一八八七年土地勘測家菲德烈克．伍德（Frederick Wood）發現之前，麻雀角不過是一片沼澤和農地。

伍德任職於賓州鋼鐵公司（Pennsylvania Steel Company），當時他正在調查一座沿海低窪地。這座港口距離位在賓州斯蒂爾頓（Steelton）的鋼鐵廠不遠，在其南方大約一百四十四公里處。當時鋼鐵製造業在賓州乃至西邊的芝加哥一帶蓬勃發展，多虧英國發明家亨利．貝塞麥發明了煉鋼法，大公司爭先恐後在美國各地蓋鐵路，對鐵軌的龐大需求則帶動了鋼鐵業。想要製造鋼鐵，你就需要煤礦、石灰岩、鐵礦石，而阿帕拉契山脈（Appalachian Mountains）的煤礦資源豐富。賓州富有石灰岩，但說到鐵礦石卻是另一回事。人盡皆知美國最大鐵礦石礦床位於密西根上半島，可經由五大湖運送鐵礦石至中西部的鋼鐵工廠，但將鐵礦石運送至位於東部的賓州可是艱鉅任務。

美國東部的運氣不錯。伍德在一八八二年前往古巴調查時[123]發現了鐵礦石的深層礦床，當時他年僅二十五歲。賓州鋼鐵公司總裁路德．班特（Luther Bent）和某輪船老闆成功說服小島上的西班牙領主，准許他們接下來二十年不需申請開採權便可盡情採鐵礦，所以現在他們只需要一座可以運輸鐵礦石的海港。一八八七年，尚未三十歲的伍德找到了麻雀角，賓州鋼鐵公司則向五位地主以划算的五萬七千九百美元買下半島大多數土地。

工人用幾週不到的時間蓋好磚廠，很快就開始每天製造倉庫和二百七十四公尺長的碼頭所需的三萬塊磚頭[124]，並且在突堤上鋪鐵軌。麻雀角不會只是一個海港，而是將進口鐵礦石製成生鐵的場地，再利用鐵路運送至斯蒂爾頓。七月中第一輛火車頭抵達，公司倉庫於八月開張，十月份開始建造高爐。沼澤地乾涸後，他們將牡蠣殼當作填料，接下來兩年間，每天都使用鐵路和駁船將十五噸原料送至麻雀角，展開全新建設工程。伍德的哥哥魯法斯（Rufus）負責規劃容納大批工廠員工的小鎮。而在安納波利斯（Annapolis），該公司透過遊說保留其身為領地新主人的權利，省下繁瑣惱人的合併。照理說麻雀角隸屬巴爾的摩郡，但這下他們不會受到當地近郊的民選政府干預。麻雀角可說是終極的公司鎮。

一八九〇年五月三十日造鎮竣工，已經準備好迎接盛大開幕[125]。來自華盛頓、巴爾的摩、費城的達官顯要皆搭乘火車大駕光臨。該公司以升降機載送賓客至二十五公尺的高空，眾人在高爐上方的加料臺上，目瞪口呆地望著工人在六十公尺外的高爐進行噴砂作業，以及火焰劃過天際的畫面。

午宴享用的菜色有蟹肉開胃菜、水龜肉、春雞全雞，餐後抽雪茄敬酒。在麻雀角的權威歷史記載中，馬克．羅伊特（Mark Reutter）套用巴爾的摩主教詹姆斯．吉本斯（James Gibbons）的話，當時主教歌頌路德．班特的全新鋼鐵工廠是解決「令人頭痛的勞動問題」的不二法門。「我向來站在勞工的立場說話，今日我站在資本主義者面前，深信要是有人能夠解決這個頭痛的大問題，肯定就是我們今天的主持人。他豎起偌大高爐、創造龐大紅利，讓資本主義者心滿意足。他打造出舒適家園、支付高薪酬勞，讓員工笑呵呵。彼此享有好處就是一種雙贏。」吉本斯說。

巴爾的摩市長約翰・大衛森（John Davidson）也只看見雙贏的依存關係。他對班特說：「你的成功就等於我們的成功，你的利益也是我們的利益。」

資本主義者確實對麻雀角的製造業心滿意足，很快就看得出麻雀角運用以鐵煉鋼的「貝塞麥轉爐煉鋼法」，一肩扛起鋼鐵製造業。菲德烈克・伍德巧妙策劃出全國絕無僅有、通暢無阻的嚴實鋼鐵製造法[126]。

盛大午宴的三年後，麻雀角的貝塞麥煉鋼廠全體職員每日可製造出三百噸的鋼鐵[127]，這時該工廠已經擁有自己的造船廠。到了一九〇〇年，麻雀角的員工多達三千人[128]，鎮上有三千五百名居民。截至一九〇六年，麻雀角每年生產的鋼鐵噸數可一路從紐約鋪蓋雙軌至加州沙加緬度（Sacramento）[129]。

較難判斷的是勞工是否真的樂在其中。伍德實行的輪班時間非常嚴格[130]：早班輪班週，每日工作時間是十至十一小時，換成夜間輪班週時，每日工時是十三至十四小時，輪班替換的那個週日，夜班工時等於連續工作二十四小時，非要等到下一個週日才有休假，而另一組員工直接輪班二十四小時。

為了公司這麼賣命工作，一八九五年度的賓州鋼鐵公司勞工日薪是一・一美元[131]。該公司全年只批准兩個假日[132]：聖誕節和美國國慶日，而且不帶薪。除了這兩個假日，勞工全年無休天天工作，儘管如此，他們一整年下來還是賺不到四百美元。正如馬克・羅伊特所說，這份薪水遠遠低於當時美國勞工部評估依照「美國生活標準」、一家五口所需的五百至六百美元。

要是聽到有人吹毛求疵，該公司會辯稱他們起碼提供員工住房補助。伍德規劃設計的勞工定居地[133]，是位於高爐上風處八百公尺、格局方正的住宅區域，並以罕弗萊溪（Humphrey Creek）一分為二，依據階級清楚分配。經理和領班住在設有蒸氣暖氣系統和電燈設備的B和C街大宅邸，每週有一天供應電力，聲稱是為了家庭主婦的「燙衣日」。

多半為英、德裔後代的特殊技能技工，不少是從賓州和俄亥俄州的鋼鐵鎮移居此地，而這類技工都住在E和F街的純樸排屋和小屋，街燈是煤油燈。至於初來乍到的東歐和南歐移民家庭，則分配到溪水邊的棚屋，單身人士則是被指派到高爐後方的簡陋棚戶區。由於伍德認為這些移民不可靠，所以他們的生活條件如何他根本不在乎。

鋼鐵廠內，他最欣賞的非特殊技能勞工非黑人莫屬[134]，但絕非來自巴爾的摩的黑人。一八九〇年，巴爾的摩的非裔美國人口為六萬七千人，性格比較不受管束[135]，而鋼鐵廠真正需要的是年輕力壯、來自維吉尼亞州的黑人男性，鋼鐵公司就是派遣招募人員到維吉尼亞州挖角。「來自大城市的黑人可能直說：『我不要做這份工作。』但要是你來自南方，就不會這麼說。」二〇一〇年，鋼鐵工的女兒黛博拉．魯達西爾（Deborah Rudacille）為了創作關於麻雀角的著作進行採訪時，一名南卡羅萊納州員工的兒子這麼告訴她。如果這些男人攜家帶眷來到北方，就會落腳罕弗萊溪北側的兩條街，住在I和J街的松木板樓中樓，走過一座人行橋便抵達城鎮，沒有家庭的工人則住在棚戶區。一九〇六年《巴爾的摩太陽報》（*The Baltimore Sun*）一篇文章忍不住讚嘆該公司的居住安排，報紙內文寫道，麻雀角的「種族問題……迎刃而解[136]。方法很單純，那就是把黑人丟到寬闊溪水的遙遠一端，與白人區隔開來」。

伍德的其他規劃與這個種族隔離員工鎮一起展開。公司內部商店擴增成大型購物中心，有一間吸菸廳*、男女服裝店、主要商店[137]，想要買麵粉、食用糖、炒鍋湯鍋、家具、木柴、煤礦、五金製品、價值五分鎳幣的水果派，這裡應有盡有。該公司自製麵包、自行種植蔬菜、飼養一百五十頭乳牛自己擠牛奶、屠宰自家肉牛（每週二十頭），甚至自行摻配汽油。他們供應每日牛乳配送服務，農產品貨車每週巡迴數次，小溪上還有販賣糖果甜食的船屋[138]，以及一間緊鄰旅館的餐廳，而每逢暑假該旅館會接待前來受訓的工程系學生。

麻雀角十分驕傲當地擁有兩所學校（一所白人學校，一所黑人學校）、於梅森迪克森州界線（Mason-Dixon Line）南邊開設第一所幼稚園[139]、六間教堂（其中四間為白人教會，兩間為黑人教會）、一間鐵匠車馬鋪、一間船舶用品店、一間地下室當作鴨柱球館的戲院（戲院名為「學府」），以及緊鄰A街的海水浴場。小鎮提供該州第一堂女子家政課程[140]，讓學生在樣品屋中上課，如此一來，「年輕姑娘就不會輕忽怠慢家務細節。」麻雀角高中於一九一〇年建校，有著尖塔、角樓等城堡

* 艾爾默・霍爾（Elmer J. Hall），二〇一三年自費出版的《麻雀角工廠：馬里蘭州麻雀角的一百二十五年鋼鐵製造史》（*A Mill on the Point: 125 Years of Steel Making at Sparrows Point, Maryland*）。本書中有各式各樣的地圖和照片，可以看見該公司鎮不同時期的演進，另外附有一份建築名詞表。

般外觀的獨立校舍在一九二二年落成。

　這座小鎮樣樣不缺，只缺酒吧：因為小鎮二・四公里半徑範圍內禁止販賣酒精，所以員工必須搭火車，才能在麻雀角外圍陸續開張的眾多酒吧喝上一杯[141]。

　誰怪得了他們？這份工作不僅令人精疲力竭，也時時刻刻暴露於危險之中。魯達西爾在她的書中揭露了麻雀角的職場傷害[142]。在一九一〇年的短短六個月內，就發生十起致死意外，不僅如此：有員工在另外三場意外中肢體殘廢，另外發生三百零四場「嚴重」意外，以及一千四百二十一場「輕微意外」。該公司隨便打發這些意外事件，稱是微不足道的職業代價：羅伊特也轉述一九〇二年麻雀角醫院的「意外醫療總額[143]」，當年兩千三百三十六場意外中，「每場意外的總開銷」只有三・九一美元，包括一百五十美元的「義肢、義眼等」，以及六百三十八・五美元的喪葬費用。死傷稀鬆平常到該公司還有運送死者進城裡墓園埋葬的專屬列車，名為「朵樂蕾絲」[144]（Dolores，有憂傷之意）。

　羅伊特描述，危機四伏的勞動環境加上超低工資、幾乎零休假的險惡工作條件，「只在沒有工會的氛圍下行得通。[145]」該公司發現這一點之後，便竭盡所能平息躁動不安的氛圍。伍德要求員工簽署一張羅列「雇聘條件」的表單，並把「煽動」和「違抗命令」當作解雇理由，亦威脅員工可能因此無家可歸：員工需要領班簽字，才能申請鎮上住房。鋼鐵廠的員工罷工無效時，伍德吹噓麻雀角是不受工會污染的「開放工廠」。關於麻雀角，巴爾的摩的勞工報紙在一八九一年的頭條聲稱：「若是想踏進工廠，就請拋下你的期望。」

　事後回過頭看，伍德兄弟反對工會的專制作風，簡直和藹可親得不可思議。一九一六年賓州鋼鐵公司被它的長期競爭對手伯利恆鋼鐵公司收購。伯利恆鋼鐵公司位於伯利恆利哈谷（Lehigh Valley），並以此命名。在查爾斯・施沃布（Charles Schwab，和英文同名的嘉信理財無關）的領導下，伯利恆鋼鐵供應讓歐洲變成斷垣殘壁的戰爭機械，大發戰爭財[146]，藉此迅速成長。伯利恆鋼鐵想方設法鑽漏洞，不理會美國在一次大戰初期堅守的中立立場，販售軍需品給同盟國陣營，伯利恆鋼鐵是戰時繼杜邦（DuPont）的第二大接單公司。一九一六年底的四個月內，法國、英國、德國總死亡人數超過一百萬人，伯利恆鋼鐵則向英、法兩國出售超過兩千三百萬美元的軍火武器。

在施沃布的麾下，麻雀角為了完成利潤豐沃的全新任務而迅速擴展[147]。伯利恆鋼鐵公司買下半島剩餘的五百三十三畝地，豎起鋼板樁和填土，再向外擴大一百畝地。一九一七年七月，美國加入戰爭後的三個月，伯利恆鋼鐵公司蓋好了他們首間鍍錫鋼片廠，成為匹茲堡以東唯一一間全方位錫工廠。他們造船廠的生意如日中天，在欠缺鋼鐵製造廠的東岸獨領風騷。數千名工人湧進該區，平均單日聘用人數三倍成長，多達一萬兩千五百人。

一九一八年停戰對生意造成負面影響，不過伯利恆鋼鐵依然緊捉全新市場商機[148]。一九二〇年，汽車製造商生產兩百多萬輛汽車，鋼鐵需求大增。罐頭食品生意興隆，於是食物製造商也需要錫：到了二〇年代中期，麻雀角每年以鍍錫鐵皮製成的罐頭總數約二十億罐。這個全新商機讓幾百名女性踏入工廠：成為所謂的罐頭工[149]，而她們的工作內容就是站在長桌前，檢查金屬片是否有缺陷。麻雀角也為二〇年代的大型公共計畫案供應鋼鐵：製造哈德遜河（Hudson River）下的荷蘭隧道（Holland Tunnel）工程所需的鑄鐵管道零件、供應連接費城和紐澤西州肯頓（Camden）的班傑明・富蘭克林大橋（Benjamin Franklin Bridge）鋼板和縱梁，還有幾年後金門大橋（Golden Gate Bridge）需要的鋼板和其餘上部結構。大量勞工湧入工廠，於是該公司在緊鄰特納車站（Turner Station）的黑人聚集區，亦即北方的鄧多克（Dundalk），蓋了一座全新小鎮*。

到了二〇年代，以資產排名，伯利恆鋼鐵是全美第三大公司，僅次於美國鋼鐵公司（U.S. Steel）和紐澤西標準石油（Standard Oil of New Jersey）。然而吉本斯主教在數年前的盛大開幕儀式上諄諄教誨的勞工，卻只獲得微不足道的加薪，自伍德的年代起薪資確實成長了，卻少得可憐：一九二五年，平均員工每年賺得兩千美元[150]，換算成今日貨幣，等於不足三萬美元。季節性裁員時而有之，聯邦政府向該公司施壓，要求他們在戰時善待員工，否則恐將失去長期合約，但施沃布卻聲援一個受其公司管理的內部組織「雇員代表計畫」來避免這種報復行為。「我們有自己的勞動工會[151]，我絕不允許勞工對主管呼來喚去。」他振振有詞地說。

施沃布完美演繹了二十世紀的美國執行長的典型。他努力燃起員工衝向成功的狂熱野心，在一九一七年的手冊中他如此說明：「若真要貪心，就對工作貪心吧[152]，我還沒聽說有哪個男人因為工作過度而發生不幸的案例，倒是聽過不少因為不積極工作而發生的憾事……比身體受傷更嚴重的莫過於漫長緩慢的萎靡，停滯不前、缺乏進取心，最後終會埋下敗果。」他藐視冗長會議，不在伯利恆鋼鐵的午餐會上躊躇不決，而是當機立斷下決策。他不鼓勵參與公民事務，例如參與當地銀行董事會、涉足當地政治等等，任何可能讓公司吃虧的事物都不碰。「生產、生產、再生產[153]」是他的門徒尤金·葛雷斯（Eugene Grace）發明的金句。

施沃布確保數目誇張的大筆收益都進了他和公司主管的口袋，他暗藏數百萬美元紅利，伯利恆鋼鐵主管的收入堪稱全美最高。羅伊特估測，光是戰爭期間，施沃布就靠伯利恆鋼鐵的股份賺進兩千一百萬美元[154]，換算成今日的幣值，等於將近四億美元。這筆天大財富[155]全用在他位於紐約市河濱大道

（Riverside Drive）、占地長達一整條街區的豪宅。屋內共有七十五間掛著西洋古典油畫的房間，以及一間可容納兩百五十人的餐廳，當時號稱是全紐約市規模最大的私人宅邸。他那占地一千畝、十八棟大樓的賓州地產需要雇請七十名全職員工，還有一座仿效他曾在法國諾曼第見過的農村。

阿波的祖父法蘭西斯・波達尼（Francis Bodani）居住在麻雀角小鎮，一九二〇年代末，這座小鎮的居民共有四千多人[156]。他在二〇年代初離開義大利西西里島抵達紐約，後來卻搬到巴爾的摩。他的鞋匠事業並不成功，於是加入伯利恆鋼鐵，當起高爐工。他在小鎮北邊租下一棟房屋，這是最低階白人員工分配得到的住處，距離黑人家庭的聚落並不遠。後來到了一戰末期，區隔黑人族群的小溪已經填成土地，搖身一變成為球場，然而黑人依舊聚集在I和J街，每次提到小鎮的白人區時，當地居民依舊指稱是「小溪對面[157]」。不少黑人女性每天得走這條路線，前往經理家工作。

當時是一九二九年，對法蘭西斯・波達尼而言並不是很幸運的起點。一如其他行業，經濟大蕭條重挫鋼鐵業[158]，到了一九三二年初期，全美五十萬名鋼鐵工人中，十中有九不是被裁員，就是工時遭到削減。全美鋼鐵工廠員工的平均薪資則從每週三十二・六美元調降至十三・二美元。麻雀角的員工陣仗足足減少三分之一，仍留在工廠的人幾乎都是兼職員工，而到了一九三二年年底，工廠僅存三千

*《鋼鐵之鄉》（*Roots of Steel*）書中蘊含大量關於鄧多克的懷舊敘述，意即黛博拉・魯達西爾成長的小鎮。

五百份日間工作。員工在附近的田野搜刮作物賴以生存，施沃布的下級部屬暫且不對繳不出租金的家庭發出驅逐令，也對積欠公司內部商店債務的家庭睜一隻眼閉一隻眼。

麻雀角先前是共和黨的鐵票倉[159]，然而在一九三二年十一月，政治立場卻三百六十度大轉為支持民主黨，巴爾的摩其他工人階級區域亦然，全投給富蘭克林・羅斯福（Franklin D. Roosevelt）。羅斯福總統和第一位女性部長勞工部長弗朗西絲・珀金斯（Frances Perkins）發現[160]，工資穩定對振興消費至關重要，於是將拯救鋼鐵業視為首要任務。羅斯福政府主持工業議會，緊急終止反壟斷法、設定基本工資，全新的公共工程管理局（Public Works Administration）則是投入五千一百萬美元，購買鐵路軌道和鋼軌扣件，珀金斯亦親自視察麻雀角，堅持和員工見面。

短短幾年內，政府的關注讓鋼鐵產業的發展趨於平穩，卻為工業霸主們造成麻煩：政府明確鼓勵鋼鐵工人成立組織。眉頭緊蹙的礦工聯盟（United Mine Workers）領導人約翰・路易斯（John L. Lewis）將此視為己任[161]，決定帶領鋼鐵工人參與工會團體。他在一九三六年說，該產業「在過去的這三十五年間，從未支付廣大勞工足以維生的工資，更別說是可以好好生活的工資」。是時候了，應該讓人們決定「這個國家的勞動人口是否有開口決定自我命運的權力，抑或他們只是雇傭契約的僕役，聽命於無恥剝削我們天然資源、貶低人格心靈、破壞自由人尊嚴的金融經濟獨裁者」。

一年後，嶄新的鋼鐵工會獲得重大突破，與美國鋼鐵公司簽訂合約[162]。與其說是珀金斯的雇員購買力理論說服了美國鋼鐵，不如說讓這個巨擘更有動力的是英格蘭強化軍事勢力、抗衡納粹威脅的需求。該公司知道只要加入工會，他們就能保證生產製造商品、避免勞工動亂。

第二大鋼鐵公司伯利恆鋼鐵則證明了他們是更難攻破的目標[163]。該公司手上仍握有虛設的內部雇員代表計畫，謊稱近期至少有97％的員工投票，表示支持公司。為了阻擋約翰．路易斯工會的組織幹部，該公司提供的工資迎頭趕上美國鋼鐵，並發起一波反工會宣導。一份宣言發出警語：「過去我們不需要外人，現在也沒理由需要外人。」該公司的私人警察全副武裝，裝備了好幾棚車的機關槍、衝鋒槍、軍用步槍、霰彈槍、手槍、左輪手槍，而伯利恆鋼鐵購入的催淚瓦斯已經超越美國任何執法機關。

工會組織幹部才不管，按照原定計畫進行，在巴爾的摩東南部高地城區（Highlandtown）的小酒館舉行祕密會議[164]。他們充分利用該公司的劣跡：令員工不滿、鬼鬼祟祟的工資鼓勵制度，部分職員得到同工不同酬的待遇，更別說轉型為全新自動化工廠後冷酷無情的裁員手段。此外工會組織幹部也找上工廠的黑人員工[165]，在其他產業和城鎮，工會常常歧視冷落黑人員工，導致罷工不成。他們知道這麼歧視黑人勞工可能讓工會在巴爾的摩的努力付之一炬，畢竟該地區有許多黑人員工。工廠的勞工將近三分之一是黑人，這可是阿拉巴馬州伯明罕之外最大的黑人鋼鐵勞工城鎮。於是工會組織幹部一一登門造訪黑人家庭地區，並在黑人教會演講，支持工會的白人和黑人員工也一起在麻雀角北方的白人工人階級小鎮鄧多克示威遊行。

後來美國參戰就是工會成功達陣的主因[166]。一九三九年，全國勞資關係委員會（National Labor Relations Board）裁決，由於伯利恆鋼鐵反抗工會、長期實施恫嚇策略，委員會命令他們廢止公司內部虛設的雇員代表計畫，甚至對他們施壓，要是不肯乖乖配合，他們恐將失去興建小羅斯福總統的「民主兵工廠」重大合約。一九四一年九月二十五日，珍珠港事件發生前不到兩個月，他們總算舉辦工會選舉，將近一萬一千名員工投支持票，投票率高達68.7％。工廠有六千五百名黑人員工，其中大約六千人投票，絕大多數投出的都是支持票。

於是伯利恆鋼鐵總算擁有完善的工會組織，並且將在戰事擴大之際豐收碩果[167]，豐富到連第一次世界大戰時曾有的盛況都望塵莫及。至今廠房綿延了一百畝的平爐取代了貝塞麥轉爐煉鋼，伯利恆造船廠更在接下來的幾年間建造了一百多艘船。至於該公司在海港另一端臨時搭起的緊急戰時造船廠費爾菲德（Fairfield），員工數量甚至從原本的零暴增至四萬五千多人，並且製造了超過五百艘船[168]，大多是不甚美觀、卻極為重要的自由公司（Liberty）貨物運載船。

至於麻雀角的居民，這場戰爭賜予了他們嶄新的工作目的[169]。就許多人而言，這已比艱辛費力的勞動要有成就感，以下是麥克·霍華（Mike Howard）向馬克·羅伊特描述的平爐作業：「我覺得很有成就感。當你正值壯年，體力活就是一種挑戰，如果你和其他人一起工作，卻能在工作上得心應手，內心是對自己滿滿的驕傲。這類工作的需求也蘊育出一群熱愛這類工作的人。」霍華也說出「不人道工作」和「挑戰性工作」的差別：「在平爐工作時，你必須解決與冶金學和鍛鐵相關的問題，也需要運用判斷力。這些人可不是一群腦袋不清楚的拳擊手，他們很聰明，必須在零點零一秒的時間內下決定，無時不刻都可能冒出需要你隨時保持警覺的挑戰。」

換句話說，鋼鐵製造是一門「藝術」[170]，一九八六年，賓州伯利恆的記者約翰·史特羅梅耶（John Strohmeyer）為這家以該小鎮命名的公司撰寫公司史時，如此描述：「他們會告訴你，凡是肌肉發達的人都可以揮舞尖嘴鎬採礦。機器人也會組裝汽車，但你卻需要非凡的天分、強健的體魄、無畏的心智，才能將一堆堆紅土和廢金屬變成熔態金屬，傾倒、滾軋、敲打成支持文明架構、五花八門的形狀。」

到了一九四二年初，伯利恆鋼鐵已成為全美第一的戰爭承包商。馬克・羅伊特提供了部分驚人數據[171]：一九四〇至四五年間，該公司生產三分之一海軍所需的裝甲板和槍砲鍛造，一九三五年該公司的銷售總額低於兩億美元，到了一九四五年，銷售總額卻超過十三億美元。「希特勒對鋼鐵工業叫陣時也說了，既然如此不妨下一場令人無法抵擋的金屬雨[172]。」以上是一九四四年《巴爾的摩太陽報》攝影師奧伯雷・波丁（Aubrey Bodine），為了意義重大的麻雀角圖片所寫的文字說明。

當全球各地的對手都變成廢墟，美國卻製造出全世界將近三分之二的鋼鐵。而竭盡所能協助美國贏得戰爭的鋼鐵產業，正逐漸爬上顛峰，在戰爭期間轉型的城鄉地方，好比公司鎮和與它們命運息息相關的鄰近城市也一樣。自一九三九年施沃布辭世後，伯利恆鋼鐵便由尤金・葛雷斯接任。而一九四五年五月十四日，納粹投降後一週，巴爾的摩市長西爾多・麥克凱爾丁（Theodore McKeldin）為葛雷斯冠上榮譽市民的頭銜[173]。麥克凱爾丁寫道：「麻雀角的伯利恆鋼鐵工廠擁有規模龐大的永久性設施，並且善加運用當地勞力和生產，可謂本市殊榮。」

戰後的蓬勃發展為麻雀角帶來的商機，超越了他們為船運和戰爭鋼鐵製造的年代，大約85％的製造商品需要鋼鐵，其中以閃耀發亮的嶄新汽車占最大宗——一九四六年，底特律對扁軋鋼的需求量[174]驟增55％。麻雀角收到的訂單包括來自數幾公里外位於布婁寧高速公路（Broening Highway）旁的通用汽車廠[175]。

伯利恆鋼鐵將大筆資本狂灑在這座半島上[176]以擴增工廠產能。為了因應鐵礦石的龐大需求，該公司的船舶甚至遠航至智利和委內瑞拉[177]。截至一九五三年，該公司的生產量超越迅速重建的德國[178]，而全美的鋼鐵生產量也比世界各地加總來得多。當亞瑟・瓦格（Arthur Vogel）於一九四九年抵達[179]麻雀角擔任廢鋼打捆員時，他忍不住驚嘆：「走進廠房看見龐大無比的設施時，我當真嚇了一大跳，我環顧四方，心想：『這就是我想工作的地方。』」

麻雀角成立工會後，員工也漸漸享受到富有的滋味。一九四六年，工業工會規模最大的鋼鐵工人展開全國大罷工，最後爭取到時薪增加18.5％[180]。這個數字讓鋼鐵業者錯愕不已，於是一年後，業者不顧杜魯門總統反對，遊說國會通過反工會的〈塔夫特－哈特萊法〉（Tuft-Hartley Act），百般阻撓發展勞工組織。

一九五五年的固定職工合約協商，成功為鋼鐵業爭取到平均工資十五美分的加薪，而鋼鐵工人也獲得美國藍領雇員第一份私營公司退休金[181]。一九五九年，持續一百一十六天的全國大罷工[182]，總算在艾森豪總統發布行政命令後落幕。鋼鐵業工資再加薪8％，並全額負擔員工的健康福利。

然而工會的獲勝不僅止於此。隨著投入工廠管理的員工數量增加，麻雀角凶險的工作意外也減少許多，另外亦有較屬隱性的好處[183]。「員工希望工會可以做到一件事，那就是人人都得敬重你的資深經歷和個人能力，不能讓老闆的愛徒和馬屁精搶走最好的工作。我們賺到的錢是變多了沒錯，錢固然重要，但我們也需要獲得更多尊重，而這是最重要的。」一名八〇年代退休的勞工告訴羅伊特。

一九五五年工資調漲後一年，為了提升麻雀角將近30％的製造量，伯利恆鋼鐵批准了三億美元的公司擴建案，鋼鐵產量來到每年八百多萬噸，抑或每分鐘十六噸，並且增加三千名員工，職員總數直逼三萬關卡。「我們樂見市場需求。」公司董事長格雷斯說，他還說麻雀角是「世上最偉大的鋼鐵重鎮」[184]。

這番話的可信度相當可議。然而截至一九五八年，這話說得是沒錯：麻雀角的生產量已超越印第安納州蓋瑞的美國鋼鐵，成為世界第一鋼鐵工廠。

應該從何形容麻雀角當時的規模？自帕塔普斯科放眼望去，麻雀角呈現出一條名副其實的天際線，一整排大煙囪聳立參天，足足超過二十層樓的高度。從上方向下俯瞰，只見麻雀角密密麻麻的屋頂、煙囪，稠密得有如熱帶雨林樹冠層，而一千七百棟建築，長達七十二公里的柏油路，動用六十部火車頭、三千四百節鐵路車廂的一百六十多公里鐵軌軌道，全在這座半島上緊密林立。為了讓機械保持低溫，麻雀角每天消耗五億四千加侖的鹽水、一千五百加侖的淡水、一億加侖的工業水——美其名是工業水，說穿了就是帶有尿味、重新利用的廢水[185]。麻雀角每日需要消耗超過一萬一千噸煤礦，以及經由長達一萬六千公里的電力線路傳輸、占了全國五百分之一的電力。麻雀角備有一百一十人力的消防局，一百九十六名人員的警察局，是繼巴爾的摩該州第二大的警力資源站，而員警都在麻雀角規模堪稱全國最大的射擊靶場[186]練習槍法。麻雀角有一所監獄。儘管很少使用郡的行政服務，麻雀角每年繳納的地方稅高達兩百萬美元[187]，以今日幣值來看，稅金超越一千七百萬美元。該公司迫不及待以高薪招攬年輕新血，甚至在高中畢業典禮[188]招募人才，讓畢業生可以直接從教室走進公司。

這就是小威廉．波達尼（阿波）成長的麻雀角，他的祖父法蘭西斯．波達尼挺過經濟大蕭條和戰爭的動盪不安，從高爐走到鑄造廠的年代。法蘭西斯和妻子膝下育有六子，他們排行第三的威廉（也就是阿波的爸爸），在戰爭期間自麻雀角高中畢業後就在交通運輸部門找到貨車駕駛一職，並在占地三千畝的範圍，操作推土機和其他大型機械。

阿波出生於一九四九年，當時房屋得來不易，於是他剛出生那幾年，他們全家人都暫居爺爺家，後來才在附近購置自己的房子。這時的麻雀角是非常恬靜的成長環境，街頭種滿樹木，每年的重頭戲就是感恩節的鋼鐵盃，麻雀角高中的美式足球隊對上鄧多克高中，並於比賽前一天舉行花車遊行。他們可以搭乘巴爾的摩的二十六號有軌電車「紅火箭」前往市中心，附近的麻雀角鄉村俱樂部也有高爾夫球場、小船塢、泳池，以及設有舞池的俱樂部會所。

麻雀角北側有自成一格的商業部落[189]：雜貨店、舞廳、黑人經營的彈子房、理髮廳、簡餐館、零食小吃店，孩子只要幫忙洗盤子就能在零食店換到一客冰淇淋。黑人可以自由到南側購物[190]，只是不能坐在餐廳或簡餐館裡用餐（只許外帶），也不能在學府戲院看電影（但可以在黑人衛理公會教堂看電影）。麻雀角的黑人學校[191]最高年級是七年級，一九三九年巴爾的摩郡答應資助黑人學生到城裡的高中就讀，前提是學生要先通過考試。一九四八年，該郡在鄰近的特納車站蓋了一所黑人高中，白人與黑人比賽觸身式橄欖球時，偶爾會爆出種族歧視的譏諷[192]。「然後我們回到J街時一路與人幹架，然而等到下週，我們又會捲土重來，回到白人那側的城鎮，再一起打球。」老羅伊．克雷格威回想道。

黑人居民描述的麻雀角故事充滿《吉姆克勞法》式的酸楚。對小鎮北側團結友愛的懷舊[193]亦然，在北側監督孩子是全民責任，大家似乎都認為對街的女孩就是你該娶的對象。路易斯．狄格斯說：「人人都有花園，還會彼此分享自家種植的蔬果。」弗羅倫斯．帕克斯說：「麻雀角的生活美好得不得了。」安妮亞．蘭朵夫說：「房屋從來不需要鎖門，什麼事都能託付左鄰右舍。」希爾多．派特森說：「我們彼此關照，守望相助，這裡就是我們共同的土地。」羅伊．克雷格說：「社區的關係緊密、團結到你無法置信的程度。」夏綠蒂．哈維說：「人人豐衣足食、品格優良，不太有人喝酒。」在冬季早晨，夏綠蒂望著父親在結凍的小溪上溜冰：「他的姿態好優雅。」

不管你是住在B街的經理，還是J街幫經理太太工作的女性，有一種人人共享的東西，那就是空氣。每天下班後人人都得洗澡，因為大煙囪吹拂來鋪天蓋地的紅色碎片，籠罩一身。乞沙比克其他地方的天空或許蔚藍，但在麻雀角卻是「一層灰濛濛的紅色罩布[194]，很接近NASA的水手探測器拍攝到的火星天空。」《巴爾的摩新聞—美國人報》（*Baltimore News-American*）記者馬克．鮑登（Mark Bowden）後來如此描述。要是學校打開窗戶，紙張會被鋪天蓋地的粉塵染成紅色，當地人稱之為「黃金塵」[195]，是富庶繁榮的粉末。

不意外的是許多孩子都有氣喘，阿波也難逃一劫。他十二歲時舉家搬遷到這座城市，也許部分出於這個原因，他的兄弟姊妹免於氣喘之苦，他則避免不了這個命運。但也可能是為了持續擴增的工廠設施挪出位置，城鎮空間縮減所致[196]。

搬回這座城市的波達尼家族與主流背道而馳。巴爾的摩在戰爭時期大規模擴張，居民人數甚至逼近百萬門檻，後來在一九五〇年總計人口是九十四萬九千人，達十年人口普查最高紀錄。當時該城名列美國第六大城，比華盛頓、波士頓、舊金山、休士頓要來得大。但是即使人口增加，衰退也悄悄找上門，人口平穩流向市郊。為了尋覓更寬闊的家園和綠地，居民都搬離城市，不過也可能是為了逃離。截至一九四〇年，甚至早在戰爭後期的人潮抵達之前，巴爾的摩是全美十座最大城市中黑人密度最高的城市，全城五分之一人口都是黑人，約莫是十六萬八千人。最初黑人只能定居城市東西側類似貧民窟的屋舍，後來他們全力爭取更為人道的待遇，引起該地居民莫大驚慌，先是出現了種族歧視的法規，限制黑人不能搬到白人街區，接著銀行和金融監管機構也拒絕貸款給黑人。可是到了四〇年代末，黑人自南方農業地帶遷移到北方工業地帶導致貧民區迅速膨脹，在這般巨大壓力下，就連用心良苦的種族隔離都抵擋不了。家境較為富裕的黑人家庭，也就是在伯利恆鋼鐵等地有工會工作的黑人，這時便明目張膽搬進全新住宅區。

剎那間引發的逃離潮倒不能說是言過其實。巴爾的摩西南方的埃德蒙遜村（Edmondson Village）是一座擁有三萬居民的德國天主教徒村莊[197]，可是到了五〇年代末、六〇年代初期，卻幾乎一夕由白轉黑。位在該城西側猶太區的格溫富斯小學[198]，原本學生全是白人，後來一九五四年布朗案（Brown v. Board）裁決校內採取種族隔離屬於違法行為，而巴爾的摩官員尊重裁決、撤消種族隔離，於是九月學校開學時，共有44.5％的學生是黑人，兩年後黑人比例增加至93％，三年後幾乎完全翻黑。

對於這種現象，當年是青少年的阿波一無所知，他剛進入巴爾的摩東南方的新學校派特森高中，而東南方的白人工人階級數量超越其他地區。儘管他有氣喘，面對各種運動仍是來者不拒：美式足球、棒球、長曲棍球，還參加游泳隊。高中時期的暑假，他會到布婁寧高速公路旁的通用工廠打工，幫雪佛蘭肌肉車裝保險桿。

畢業後，在麻雀角有薪水更優渥召喚阿波，當時伯利恆鋼鐵正在招聘員工，而他身為義大利裔的背景，加上父親也是伯利恆鋼鐵的員工，讓他找工作的過程一帆風順。他在一九六七年受雇成為機械保養工，公司付薪資時，有時還會將他和從事火車頭保養的父親威廉·波達尼混淆。他的父親是老波，而他在工廠裡則叫阿波。

阿波即將邁向徵兵入伍的年齡，於是他主動選擇從軍，加入海軍行列。他在軍中服務六年，在海軍建設營待了兩年，於年輕中尉約翰・凱瑞（John Kerry）的麾下服務，另外四年則是在海豹部隊服務，幾十年過後他仍然無法透露服務據點。每逢探親假，他就會回到麻雀角的家裡，度過幾週或幾個月的假期。

一九七五年，他總算結束軍旅生活，卻罹患嚴重的創傷後壓力症候群。麻雀角的工作仍在等他，但這時的麻雀角景色依舊，人事已非，再也不是他所認識的城市。

一九六七年，阿波剛開始到工廠工作的某天不小心走錯廁所。「哇！那裡不是你進去的地方，看清楚標誌。」有個人大聲嚷嚷。

種族隔離政策仍存在麻雀角的廁所[199]，更衣室、自助食堂、飲水間也是。工作亦實施種族隔離[200]：大多黑人男性仍只是勞工，時薪不超過兩美元，從事的都是最辛苦的工作，也就是操作煉焦爐的「熱公牛作業」。工人必須在夏天套上隔熱套裝，保護自己不被熱氣燙傷——由於汗流浹背所以需要補充鹽錠——抑或在剛從線材輥軋機出爐、紅得發燙的鐵絲上貼標籤。但是工廠有一項突破：許多黑人職員現在開始操作起重機[201]，然而三百多人的單位中，僅有一位黑人電氣技師[202]。

工會偶爾也會挑戰伯利恆鋼鐵毫無遮掩的種族歧視。一九四九年，公司拒絕幫一名專業卓越的黑人修理工查理・派瑞許（Charlie Parrish）升職[203]，成為該廠首位工廠技師，最後該公司將資歷少了他九年的白人員工升為技師，因此接受法庭仲裁。工會律師說：「派瑞許先生有二十二年的服務資歷，你們孤立派瑞許先生和其他黑人，阻擋他們的升遷之路。」對此工廠督導回應：「我們已經指派符合他個人能力的工作。」

最後，有兩名員工在一九六六年昂首闊步，踏進東巴爾的摩的種族平等協會（Congress of Racial Equality）辦公室[204]，正式投訴麻雀角氾濫猖獗的種族歧視。於是種族平等協會派出兩名白人義工調查，後來派出滿滿四輛公車的員工前往位於伯利恆的公司總部抗議，甚至派遣代表團前進華盛頓的勞工部。他們提到，由於公司內部種族歧視盛行，違反一九六四年詹森總統簽署的行政命令，導致伯利恆鋼鐵與聯邦政府簽訂的合約可能因此泡湯，包括近期剛簽訂的、與美國在越南的戰爭有關的合約。

施壓多少奏效了[205]。一九六七年，政府對伯利恆鋼鐵下達指令，要他們遵守一系列改革，否則合約將會取消。接下來幾年間，黑人領班的數量多達一百人，黑人員工亦可參與技藝實習課程。一九七四年一月，黑人勞工發起一場沒有工會領導的自發性罷工，熱心的年輕白人勞工到場支持，其中不乏剛從越戰退役的軍人，而該罷工活動最後幫煉焦爐勞工爭取到更好的工作條件。

最後在一九七四年，美國司法部終結了伯利恆鋼鐵和其他公司的種族歧視訴訟案[206]，提出一項擴及全鋼鐵產業的法令，要求各公司同意年資制度改頭換面，轉至新單位的員工可以將先前單位的資歷算進年薪，保證黑人員工的升遷更暢行無阻。和解的另一個條件則是各公司必須向所有先前遭受歧視的弱勢員工支付賠償金，但他們很小器，每人大約只收到六百美元，許多員工拒收這筆錢。

抗爭未完待續[207]，法令頒布之後工廠到處可見廣告傳單，宣傳三K黨的地方支部。一位勇於祕密訓練部門第一名黑人實習生的白人電器技師率先遭殃，打開午餐盒時發現被放了人類糞便。但隨著時間過去，情況漸漸出現轉變，這對巴爾的摩黑人來說是可喜可賀的發展，在伯利恆鋼鐵，就連黑人勞工都享受得到其他地區的黑人享受不到的財務穩定。「身為勞工，我們的工作或許不是最高階，至少十分穩定，之前麻雀角沒有社會福利[208]。」其中一名勞工派特森說。如今他們獲准參與技術工作，有機會爬到更高位階，總算能夠真正力爭上游。

詹姆斯・德雷頓（James Drayton）是在一九六五年十八歲那年加入早期的工廠勞工行列，時薪二・三美元。他追隨二次大戰和越戰退役軍人的父親腳步，而當時更衣室依舊實施種族隔離制度，但後來改革漸漸追上腳步。他曾親眼目睹許多白人同事一開始為此大動肝火，不過後來也慢慢調適接受。（其實對於被科技進步一腳踹出技術業而轉任新單位的老一輩白人員工，全新登場的年資制度也有好處，對他們的利益並無損害。）「他們終於看懂了，我猜他們明白了，情況就是如此，他們必須接受這種想法。」德雷頓說。

德雷頓成為首批起重機黑人操作員之一，後來他在工廠擔任其他職務的年資也總算計入年資，於是他在新進員工面前深具前輩權威。他的薪資穩定成長，九〇年代退休前，他的薪水已超越四萬美元，他在西巴爾的摩環境良好的偏遠地段買了一棟房子，五個孩子全上了大學，其中一個兒子還成為黑人律師組織「全國律師學會」（National Bar Association）會長。

「我是中產階級人士。」德雷頓說。

時機實在不巧。德雷頓和工廠成千上萬名黑人員工的地位才剛獲得保障，麻雀角的世界卻開始分崩離析。

其實在繁榮年代早有警訊，公司過於沾沾自喜，懶得探索全新的生意門路，也不肯為市場轉型做準備。除了高層建築的寬緣梁，一九〇九年有幾項寶貴創新技術崛起[209]，對摩天大樓來說是一大轉捩點。二〇年代，小型煉鋼業者阿姆科（Armco）主動邀約伯利恆鋼鐵，想要分享他們的鋼鐵寬軋突破技術，伯利恆鋼鐵卻輕蔑地拒絕對方。伯利恆鋼鐵的研發近乎零，該公司偏好正直坦率、為公司赴湯蹈火的人，而不是思想自由開放的員工（在四〇年代的全盛時期，該公司強調他們重視的是「體格健康」的員工[210]）。在五〇年代末的擴展中，他們仍然停滯不前，死守著幾十年前的老套，興建長約兩座美式足球場、世上最大規模的平爐，而不是嘗試採用歐洲人領先開創的高效技術，譬如可將平爐鋼鐵製造所需的六至八小時縮減至四十五分鐘的鹼性氧氣爐。

執行長尤金．葛雷斯於一九五七年中風後，該企業的執迷不悟爬到驚人巔峰：把公司營運的重責大任轉交給他精挑細選的繼承人後，葛雷斯依舊親自出席主持會議，有時還在會議上打瞌睡，董事會成員則默不吭聲坐著一個鐘頭[211]，等待他醒來再繼續開會。

這種傲慢心態蔓延全鋼鐵業。伯利恆鋼鐵、美國鋼鐵和其他較小規模的鋼鐵巨頭無視反壟斷法，執意聯手漲價，在生意興旺的年代，這般的鋼鐵價格漲幅輕輕鬆鬆就超過工會合約薪資調漲的支出。這筆錢要是沒有拿來調漲薪資，那是上哪去了？在伯利恆鋼鐵，當然是擴大工廠規模，以及變成個人利益，進了主管的口袋。該公司的董事會幾十年來都沒有外人，他們把幾百萬美元花用於伯利恆主管的鄉村俱樂部。以水晶燈裝飾俱樂部會所，擁有三座水池的游泳池、一個與室內水池休息室相連的淡乳白色陽臺，以及主管專用的壁球場。一九五六年，葛雷斯號稱是全美薪資最高的執行長，三年後全美最高薪主管中，十個有七個都在伯利恆。「當時伯利恆最富盛名的就是他們鑲金的走廊[212]。成為公司員工之後，他們會遞給你一支鎬，讓你挖下黃金。」該公司一名法務職員告訴賓州伯利恆記者史特羅梅耶。

如此這般的傲慢態度讓他們成為新競爭對手的攻擊目標[213]。製鋁業製作出更廉價的啤酒罐，塑膠和混凝土也摻一腳，為各式產品提供另類材料選擇。南方和西方的小鋼鐵廠徵用非工會勞工，利用廢鐵和電爐以更低廉成本製作小型鋼鐵產品。一方面多虧低廉勞工成本，另一方面也拜這些大佬看不上眼的創新科技所賜，歐洲人開始以極具競爭力的價格挑戰鋼鐵巨擘，而日本人尤其是箇中翹楚。日本的鋼筋便宜15%，每噸鋼板和鋼捲也足足便宜了六十美元。

美國的進口鋼鐵自一九六〇年的三百三十萬噸，到了一九七八年增加至兩千一百一十萬噸[214]，在年底前超越了美國本土製造的鋼鐵。而該年尾聲，麻雀角的鋼鐵製造較全盛期減少兩百萬噸，整整掉了20%以上。造船業也沒有比較好過——阿拉伯石油禁運重挫產能過剩的油輪事業，到了一九七八年，船塢雇員已降至高峰期的一半不到，員工數字低於四千人，同時麻雀角的整體員工數量降至不到兩萬人。這時伯利恆鋼鐵總算不得不認真看待他們以大煙囪排放廢氣、將廢水放流下水道和人工湖的部分污染成本[215]：每日流放六億四千萬加侖的廢水中，含有腐蝕性酸洗溶劑、油、焦油化學物質，以及鉛、銅、鎳等的重金屬。曾幾何時，麻雀角居民能隨心所欲從海灣打撈起一桶又一桶螃蟹，而今污染卻將清澈海灣變成混濁廢水，年幼的黛博拉．魯達西爾甚至不能將腳趾浸入海灣[216]。

與此同時，小鎮也逐漸消逝，最後一點痕跡在一九七三年徹底抹滅[217]，好為將近九十一．五公尺高的L高爐挪出空間。

無獨有偶，隔壁城鎮也歷經與麻雀角相同的命運轉折。幾十年前暗中進行的巴爾的摩出走潮如今進化為逃難潮。要是先前悄悄逃離新鄰居算是可恥之舉，現在的逃難潮可說是完全合理。馬丁．路德．金恩（Martin Luther King, Jr.）遭到刺殺後那幾天發生暴動，奪走六條人命，最後五千多人遭逮。城裡犯罪和毒品氾濫，海洛因的問題日益猖獗，麻雀角也進入前所未有的去工業化。城市人口在七〇年代減少十一萬九千人，以絕對值和比例來看，都是十年來最嚴重的人口流失，而出走的其實全是白人。一九七〇年，該城的主要居民是白人，經過十年的出走潮洗禮，白人居民的數字已經降至不及一半，逐漸逼近三分之一以下。

麻雀角的工作機會尚未全部流失，要說阿波很滿意工廠作業並非言過其實，儘管三十年來，他從事的只是勞動工作。阿波在一九六七年加入公司時，身邊的同事幾乎全是黑人，隨著改革揭開序幕，部分勞工慢慢升職，但阿波仍然保留勞工身分，只是從一個職務轉換到另一個。雖然這代表他一直沒有跳脫資淺者的身分，卻也象徵他什麼樣的大風大浪都見識過，什麼樣的工作都做過，幾乎沒有他不曾接觸過的鋼鐵製程。

他從機械保養工變成火車頭維修技師，修理專門運送鋼錠到各加工廠的窄軌列車。

然後阿波又轉職，在六十八吋熱軋鋼製造廠擔任捆紮工，工人必須使用套索捆緊從生產線送來的火紅鋼捲，而且絕對不能抬起頭，因為要是你抬頭，熱氣就會竄進工廠要你戴上的塑膠面罩，在你來得及反應前頸部已經三級灼傷。工人每次輪班時，可能得換用多達十二副面罩。

後來他又從熱軋鋼製造廠轉到父親當時仍就職的運輸部門，在工作時巧遇父親，父親很愛拿他的長髮說笑：「這是我女兒。」父親這樣向其他同事介紹。阿波駕駛砂石車，運送來自平爐的「沉澱粉塵」，也就是當初很可能害他罹患氣喘的紅色粉塵。

他也曾負責在熱軋鋼製造廠清空爐渣。先讓平爐停機，工人這時得套上將近四公分厚的木鞋，一半木鞋套在自己的鞋外，以保護不被爐渣熱氣燙傷，接著再運用風鎬鏟起爐渣，之後讓其他人以獨輪車將爐渣運出廠外。爐內溫度極高，工人之間必須輪流工作，四十五分鐘的工作時間結束後，可以休息四十五分鐘。有時溫度高到木鞋還會開始冒煙。

阿波清理過煙道，也就是三號和四號平爐下方三十公尺的小隧道。隧道大約一八三至二一四公分長、九一．五公分高，工人得握著風鎬走進去清理泥渣，約聘員工操作彷如玩具的小推土機推出泥渣，其他人接著把泥渣裝上推車，然後會有一人以起重機吊起泥渣。隧道內要是發生崩塌，裡面的工人都別想活命。

他也曾在表皮輥軋廠工作，處理他們所謂的失敗品，這種時候所有金屬都會堵塞，而你則負責以鉗子拖出金屬，機器才能再次啟動。三十二歲的某天，阿波在表皮輥軋廠走著走著時，十公分左右的蒸汽導管忽然破裂，揮打到他的嘴巴，並將他整個人高高拋甩到半空中，噴飛過整座輥軋廠。他的牙齒和下巴撞碎，造成八處受傷。他的牙醫診療費總共花費三萬多美元，八場手術全由公司買單，並且展開語言療程，學習再次正常說話。

阿波曾在高爐磚部門工作。工作內容是進入高爐移除破裂磚石，並且夷為平地高度，再由推土機移除殘磚，以方便砌磚工在高爐內重新砌磚，砌好之後再往磚頭上方十五公分處噴灑石棉。處理粗糙磚石後，手指上會出現微小疤痕，要是流汗的話便會感到灼痛。他們會派你帶著十公分粗的消防水帶和一副小防塵面罩進去噴灑石棉，一待就是八個鐘頭。

第一次輪班結束後，阿波的衣服上鋪蓋著一層石棉，於是他揭下面罩，指了指衣服問另一位同事：「這該怎麼處理？」

於是同事拿起一根空氣軟管噴他，害他吸進小面罩一整天幫他擋下的粉塵。

「這面罩真是害人不淺。」阿波說。

「噢，這沒什麼啦。」同事答道。

阿波在九〇年代確診石棉肺，成為九千名庭外和解的原告之一，以阿波個人的情況來說，這幾年的職業傷害足以讓他獲得兩萬五千美元的賠償。

他也曾跟著岳父工作，在六十八吋熱軋鋼製造廠當過焊工助手。他在四號平爐工作，後來又轉至鹼性氧氣爐（該公司總算在一九六五年搭起兩座鹼性氧氣爐），將一袋袋化學物質扔進鑄模，以防鑄模爆炸。他也曾在均熱爐工作，清理煙道洞口。他曾在軋鋼板廠工作，裝載拖曳車，還當過起重機操作員。

阿波在鹼性氧氣爐擔任過爐渣鍋運送員，將裝有爐渣的碩大容器送出大街，然後丟進坑內。他曾經處理高爐鐵水主流道——熔鋼流淌下來時，你得將熔鋼導進軌道車，拉開閘門任其流進爐渣鍋，最後再讓軌道車載著爐渣鍋上坡，抵達另一個坑，然後再降低閘門，好在熾熱金屬流出時導入輕便列車：模樣有點類似膨脹熱狗的碩大運輸工具。

有一次他在鹼性氧氣爐工作時，一名起重機駕駛將一缸融熔鋼倒過頭，結果傾瀉而出，熔鋼處理員來不及閃躲，阿波扛著消防水帶朝他俯衝而上，卻眼睜睜望著他的身軀被融熔鋼吞噬溶解。

隨著鋼鐵業逐漸式微，諸如此類的恐怖畫面也成為家常便飯。光是一九七八和七九年的十八個月間，已有十二起致命意外[218]，令人想起鋼鐵業創始年代員工缺乏工會保護傘的景象。如今該公司將大量死亡怪在工會頭上，聲稱全是年資改革的錯，讓太多經驗不足的人接下某些不適任的職務。也許真是如此吧，但說到底，更可能的元凶還是設備老化和企業貪小便宜。

截至九〇年代中，該公司規模已經大幅縮水，並將大多數工程外包給非工會成員的承包商。工會會員人數在一九八一年是一萬一千三百九十三人，到了一九九五年卻降至兩千兩百八十六人。人數減少的現象在八〇年代初期已經開始[220]，當時公司關閉了鋼管廠、鋼桿與鋼線材廠、製釘廠，超過三千名員工遭到無期限解雇，工會在一九八三和八六年同意重大的工資讓步[221]，但競爭對手持續增加：直到一九八八年，美國鋼鐵製造量降低至僅占全球整體的15％[222]。

數年後，實地調查顯示，工會和員工在自家工廠有串通共謀的情況。員工合約增添的好處讓公司漸漸難以負荷，不只是工資，還有退休金和退休人士健保等利益，以及高年資員工享有每五年即可享受十三週的長假[223]。他們在合約中堅持遵守「習俗」條款[224]，也就是五〇年代為了保護成員不受自動化影響而補充的條款，反而讓公司無法用最有效率的方式支配員工。此外，工會太常袒護行事懶散或無效率的員工，諸如躲在貨車駕駛室睡懶覺的人。

以上所言不假，可是比起伯利恆鋼鐵高層管理階級，工會包庇縱容的程度仍然望塵莫及。一九八〇年，資深主管的假期多達七週，白領職員則可享受十二天有薪假，包括聯合國日及彈性放假，他們還有由公司買單的保全人員和司機。超高預算和拓展權力的程度和政府單位有拚[225]：一九八〇年前的那二十五年，公司的副總裁或更高位階的職位雙倍增加，一如史特羅梅耶的描述：「每一位副總裁都要求有自己的助理，助理也要有助理、經理、副理、祕書。」一九八〇年，該公司為所有經理和經理夫人等五百名賓客在博卡拉頓（Boca Raton）舉辦一場派對，慶祝新董事長上任，再以公司私人飛機帶離職和新就職的董事長和董事長太太展開環遊世界之旅[226]，去了新加坡、開羅、倫敦。六年後，這位新董事長為二十多億美元的損失下臺負責後，幫自己加薪11%，再批准發給十三名副總裁一百萬美元遣散費[227]。一名副總裁甚至動用公司專機，送孩子上大學、前往紐約州北部的度假所[228]。

基層員工並沒有瞎眼，看不出他們鋪張自肥的行為，並以此為典範。「工作文化亂七八糟，而這種工作文化始自高層。」前工會代表連・辛德爾（Len Shindel）說。

產業衰敗對員工士氣造成實質影響。吸毒酗酒的問題一直蟄伏在工廠四周[229]，晚間輪班員工時常演變成在酒吧流連忘返，大麻更是盛行。而今有越來越多員工嘗試烈性毒品，除了海洛因，還有年輕員工開始在工廠內向老員工兜售古柯鹼。

阿波對於公司內部這一類的雜亂無章免疫，他具有團隊精神，而且不是隨便說說而已。他多年參加採購部門的棒球隊，在工會裡亦十分活躍，起初他的角色是工會代表，後來加入員工薪酬委員會。

一九九八年工廠邁入後期階段，他最滿意的工作總算上前敲門。為了因應業務數字下滑，該公司創辦了一個嶄新的「多才多藝」團隊，並命名為「重點勞工」（CaPital Workforce），這象徵著時機拮据，可是對阿波來說，獲選為其中一員可說是一大幸事，更是證明了他的多才多藝。需要電器技師的時候，阿波登場；需要誰來更換連鑄機導軌時，阿波登場。他協助建造斥資三億美元、廠房規模如同八家沃爾瑪商場的全新冷軋廠。經過員工多年來催促伯利恆鋼鐵開設一家冷軋廠後，該公司的冷軋廠最後總算在二〇〇〇年開張。

冷軋廠開放才一年多，公司就在二〇〇一年十月十五日申請實行美國破產法第十一章*。

一年後，阿波替換連鑄機的出坯輥輪時，起重機的纜索應聲斷裂，他來不及閃避，雙腿被兩顆碩大輥輪擠壓而動彈不得，他痛到忍不住放聲大叫，其他員工連忙從廠房其他地方趕來，並用救護直升機送他就醫，醫生宣告他日後再也不能走路。

然而經過兩年的手術、金屬骨板固定、復健，他又能走路了，不過他在麻雀角的生涯也隨之劃下句點，被迫帶著殘廢肢體退休。

你可能會心想，他大概覺得休養期來得正好，畢竟他五十多歲了，在麻雀角撞掉牙齒、得了石棉肺，現在又差點丟了兩條腿。自二十年前牙齒遭到擊碎後，因為某些字至今依舊說得口齒不清，現在的阿波仍在接受語言治療。破產協議階段的工廠也不是什麼讓人興高采烈的地方，員工對主管的優渥酬勞相當不滿，總數足足是他們薪資的兩倍半，破產前只為伯利恆鋼鐵服務十六個月的執行長，居然能收到兩百五十萬美元的遣散費。

儘管如此，阿波還是不想離開。「我想要永遠留在工廠，我從來不夢想退休，因為我很喜歡這份工作，也不介意全身弄得多髒，或是環境有多險惡、身體變得多殘敗，我就是喜歡這份工作。」幾年後他說。

工作生涯的尾聲，他的時薪是三十五美元，每份薪資還有兩百美元的紅利。好幾年來，依輪班而

---

*又稱破產保護，適用對象多為公司企業。破產保護之下的公司雖然仍然擁有經營權，卻得接受法院的監督和管轄，並不得在未經法院同意的情況下變賣資產或拓展、縮減公司營運。公司必須於一百二十日之內提出重組計畫，內容包含每項債務的處理方式。

定，他至少有七週假期。經過二十年不間斷的日夜間及大夜輪班後，阿波總算換成全天班。但這不是他想留下的理由，他喜歡的是工作本身，你甚至可以說他從中獲得成就感。

阿波說：「我很喜歡同事，這份工作因為有同事而變得更有趣。黑人也好，白人也罷，我們是一個大家庭，就算你只和他們認識五分鐘，他們也會立刻接納你。同事之間會照應彼此，每個人都知道這份工作很危險，不論我受傷有多嚴重或是情況有多糟糕，永遠都有光明燦爛的一面，身邊永遠有這些同事的陪伴。」

一如許多城鎮，麻雀角的殞落並非一眨眼的功夫，也並不乾淨俐落，而是歹戲拖棚。不切實際的冀望最後證實了，這一切是不可逆的衰退。二〇〇三年，華爾街金融家威爾伯·羅斯（Wilbur Ross）的國際鋼鐵集團（International Steel Group）收購了這家破產公司，導致伯利恆鋼鐵退休勞工的醫療權益縮減，超過四十億美元的退休金欠款則是轉移至退休金擔保公司（Pension Benefit Guaranty Corporation），最後每月薪資大幅縮減，小威廉·波達尼和幾千名員工都受到這股衝擊影響。

十八個月後，羅斯將他的公司脫手賣給印度億萬富翁拉克希米·米塔爾（Lakshmi Mittal）的公司，包括麻雀角在內，總共賺進三億美元。二〇〇八年，安賽樂米塔爾鋼鐵公司（ArcelorMittal）將麻雀角賣給俄羅斯公司北方鋼鐵（Severstal），而這家公司又在二〇一一年轉手將公司賣給紐約市投資基金公司融科控股集團（Renco Group），最後融科將麻雀角和其他兩間工廠合併，組成R.G.鋼鐵公司（R.G. Steel）。

一年後的二〇一二年五月，R.G.鋼鐵宣告破產，麻雀角被賣給公司資產清理人。六月十五日上午七點二十一分，最後一條從六十八吋熱軋鋼製造廠製作的鋼筋出爐。這時麻雀角員工人數已經銳減至兩千人，菲德烈克·伍德於一百二十五年前建造的工廠正式關門大吉。

儘管歹戲拖棚，許多人對工廠結束運作仍然毫無心理準備。當然掌權者會出手干預，挽救最終的關閉，當然也有人把工廠當成尚待贖回的資產。工會代表辛德爾說：「最令人震驚的是，居然沒人想要這間工廠。一般人的想法是，因為我們依傍海灣，『水』能夠永遠保護我們。」但最後證實了水其實是一種負擔：正因為這種地理條件，麻雀角可將製品運輸至遙遠市場，但也因為水，麻雀角格外禁不起國際競爭。與此同時，依傍水灣的他們也得為幾十載的水源污染付出龐大代價。

在長達十年的臨終彌留期，籠罩著揪出代罪羔羊的氛圍，並在帕塔普斯科內克半島上逐漸擴散，凝結成沉重的忿忿不平。自六〇年代起，該半島的政治傾向就轉為右派，但是這個轉折現在更為加劇。待罪羔羊的清單綿長不絕：日本人、中國人、德國人、利用美國稅金資助開發中國家工廠的進出口銀行、無能為力制止外國政府補助廉價進口品的兩黨主席、環保人士、無力貪婪的公司。「今天的我只想抱怨，我想抱怨那些從我和眾人身邊奪走你，並且詛咒你死去的人。我想抱怨那些沒有為你挺身而出的人，那些沒有用肉身熱血犧牲小我、拯救你一命的人。」離職員工克里斯·麥克賴倫（Chris MacLarion）在獻給麻雀角的輓詩*中寫道。

麻雀角垂死掙扎之時，該城的其他工業遺產也逐漸衰退。二〇〇五年，通用汽車關閉了布婁寧高速公路旁的工廠，那間六〇年代阿波打工製造雪佛蘭肌肉車的工廠，不久前仍有兩千五百名員工在那裡製造商務之星旅行車（GMC Safari）和雪佛蘭 Astro 休旅車。

到了二〇一二年，巴爾的摩人口已經降至六十二萬一千人，從半世紀前的第六名跌落至全美第二十六名。巴爾的摩仍有經濟資產，擁有可將煤礦送往歐洲、接收德國進口汽車的港口，也有約翰霍普金斯的生物醫學帝國，擁有東北走廊的地理位置，正因為巴爾的摩的地理位置，該城才免於聖路易、水牛城、克里夫蘭、底特律等後工業同胞與世隔絕的命運。

然而巴爾的摩的地理位置也帶來不光彩的對比，尤其是與其南方某座城市之間的對比。在近期的一九八〇年，巴爾的摩人口仍超過華盛頓十五萬人，而華盛頓在一九五〇年前還打不進全美十大城榜單。九〇年代初期，這兩座城市都在想方設法打擊程度相當的恐怖暴力事件。到了二〇一〇年，華盛頓的謀殺罪發生率已經降低至不及巴爾的摩的一半，接踵而來的幾年間，華盛頓的人口數量更是將巴爾的摩狠甩在後，很快就超越七十萬人。

二〇一五年，年輕黑人弗萊迪．格雷（Freddie Gray）在遭到警察拘留後因傷而亡，因此引發巴爾的摩民眾的不滿情緒，上街抗議。而在暴動發生前的幾個月，一月份時，拆除作業的承包商在麻雀角最龐大的鋼鐵廠僅存架構，一九七八年斥資兩億美元建蓋、高達三十二層樓的L高爐內，埋入九十四枚炸藥。為了避免觸發眾怒，他們決定不公開作業細節，當地居民最後是在聽見帕塔普斯科內克各地的隆隆爆炸聲響才得知這件事。「這就是這座小山城[230]灰飛煙滅的一刻，一座無法被取代的城市。」巴爾的摩郡社區大學的退休勞工研究教授比爾．貝瑞（Bill Barry）告訴《太陽報》。

那年九月，巴爾的摩都會區的民選高官聚在布婁寧高速公路旁的前通用汽車工廠。曾有幾千名男男女女組裝旅行車和 Astro 休旅車的車廠，現在搖身一變，成為一大間寬廣遼闊的倉庫。倉庫占地超過兩萬八千坪，規模相當於十八座美式足球場。這棟格局方正、牆面沒有裝飾的淺灰建築將近五千公尺長，周遭環繞著一千九百個停車位，建築側邊以黑色的斗大字體宣布：

亞馬遜實現倉儲中心

這九個字十分引人側目，以某個層面來說，這幾個字只是倉儲產業的名稱。員工和機器人從貨架上挑選商品，再由員工忙著包裝出貨，而該公司稱呼這棟空間寬闊的建築為「實現倉儲中心」。說實在話，這裡確實是他們實現顧客訂單的所在，該公司也有「分揀中心」，規模和數量相對較小，分揀中心只是包裝完畢、地址貼妥的包裹分類場所。

但是這幾個和公司名稱並列張貼的黑色字體，似乎有意喚醒某種更為重大的意義，意義超越建築本身的功能，宣傳該公司對每個路人，對每個懷有渴望的人的承諾（至於究竟渴望什麼，他們或許還沒決定），而他們現在都知道商品是從哪裡寄送到他們手裡的。

對倉庫裡面的人來說，這個名稱倒沒有承諾可言。布婁寧高速公路旁的通用汽車員工平均時薪是

* 克里斯．麥克賴倫，〈麻雀角輓歌〉（Ode to Sparrows Point），重印於霍爾的《麻雀角工廠》，三三五頁。在巴爾的摩郡馬里蘭大學集結而成的工廠故事歷史中，特別收錄一段麥克賴倫朗誦輓歌的線上影音檔。

二十七美元[231]，員工福利佳，而十年後的今天，同樣場地的員工時薪卻只有十二、十三美元，福利少得可憐。儘管如此，依然沒有打消當地人和州議會領袖的念頭，他們照樣通過該公司在本地開設倉庫的獎勵方案[232]，補助總額高達四千三百萬美元。

布婁寧高速公路中心是該公司第一間開設於巴爾的摩地區的倉儲中心，已經開始運作。民選領袖為了這場盛大開幕儀式在倉庫齊聚一堂時，倉庫員工數量已經多達三千人。領袖們一一起立致詞，不僅讚揚該公司加入巴爾的摩，更提及該公司如何改善他們的生活。

「我再也不需要勞碌奔波到滿身汗才買到體香膏。」巴爾的摩郡的民主黨議員達奇・魯波斯伯格（Dutch Ruppersberger）說。

「你們踏實可靠，確保我的乳液及時送到手中。」巴爾的摩市長史蒂芬妮・蘿琳—布萊克（Stephanie Rawlings-Blake）說。

占地兩萬八千坪的倉庫裡頭，矮矮胖胖、大小形狀和坐墊差不多的橘色機器人，正在大型籠子區忙進忙出，幫員工送來他們為消費者訂單裝箱的商品貨架：這間倉庫是幾十間專為機器人挑貨員而設的倉庫之一，所以員工不用手持掃瞄器在走道上來來回回走動。機器人的製造商是波士頓地區的公司奇娃系統（Kiva Systems），亞馬遜在二〇一二年以七億七千五百萬美元買下該公司，以防競爭對手應用這項科技。

機器人送來貨架，人類員工則從它們手裡接過貨品。減重保健食品、籃球、李斯德霖漱口水、電鑽、旋轉球玩具……

奇娃加入之前，亞馬遜要求倉儲挑貨員每小時揀到大約一百種商品，現在有奇娃幫他們送來小艙匣後，亞馬遜便要求挑貨員每小時揀三百至四百件商品。現在他們不必無止境地在走道上來來回回走動，變成晚上必須泡腳、狂嗑亞馬遜販賣機供應的布洛芬止痛藥的「亞馬遜喪屍」[233]，卻必須頂得住杵在固定崗位的枯燥乏味。員工面前的螢幕一閃一爍，顯示下一件要取出的商品，以及該商品收放在分類箱的哪一格。某些倉庫內的箱子甚至會自動發光，剝奪挑貨員小小的狩獵成就感。正如《紐約時報》的商業記者諾安姆．薛布（Noam Scheiber）所言，機器人其實沒有取代員工，只是讓他們變得更像機器人[234]。自動化可以讓我們以更有效率的方式自由用腦，但也可能像亞馬遜實現倉儲中心一樣，讓我們完全不再思考自己的行動。

消毒噴霧拖把、烘焙工具組、Smarter Rest 舒適安眠枕、嬰兒背巾、純淨無過濾的蜂蜜、驅鼠器……

倉庫內共有一千四百萬件商品，二十二．五公里的輸送帶每分鐘以一百八十三公尺的速率移動，共有四萬個黃色塑膠托特袋在輸送帶上運送等待包裝的商品，每分鐘運輸一百件包裹，每小時共六千件。接著包裹會被拋下輸送帶，由輸送帶側邊的小旋鈕（有的人稱之為「小腳」）踢下包裹，抵達貨車揀貨區，準備送往目的地。如果在輸送帶上的包裹未整齊擺放，無法讓掃瞄器讀到資料、送到正確貨車前方，貨品就會被丟下輸送帶，再繞一圈。

儘管過程看似流暢，該公司仍在找辦法減少怠惰偷懶的情況。亞馬遜已經確定申請到兩個腕帶的專利[235]，可以用來追蹤員工的一舉一動，腕帶甚至會在偵查到他們沒認真工作時發出震動警示。

然而踏出這棟建築後，交替輪班的效率就沒那麼高了，幾百部車輛試圖進出停車場，巴爾的摩差點建造一條橫跨整座城市的全新輕軌[236]，從巴爾的摩西邊出發，最終站距離倉庫僅不到一．六公里，這段差距再以接駁巴士填補，但弗雷迪・格雷死亡抗議事件發生後幾個月，州長賴瑞・荷岡（Larry Hogan）取消了這項計畫，歸還九億美元的聯邦基金，並把該計畫的州基金轉用在遠郊高速公路。現在該公司開著接駁巴士進入市中心，十萬美元則是讓全民資助的巴爾的摩開發公司（Baltimore Development Corporation）買單。

小威廉・波達尼在二〇一六年抵達布婁寧高速公路倉庫。他最早期的工作是維修保養，但才過幾個月，他就在這個他五十年前組裝雪佛蘭肌肉車的場地當起堆高機駕駛，負責卸下裝滿大多為國外製品的貨車。

那裡還有其他幾名伯利恆鋼鐵的資深老鳥，但截至目前他還是最資深的員工，年輕員工都叫他「老爹」和「歐吉桑」。

他曾經值了一陣子大夜班，從晚上十一點工作到早晨七點，讓他的身體吃不消，但值大夜班有其他好處，阿波說：「夜班的監督壓力不如日班來得重，值日班時，有太多上司會在旁邊盯場。」你甚至可以稍微在廁所偷閒。

最後，他被指派到日班，因為公司需要他在白天訓練駕駛。值日班時，他得擔心上級、擔心攝影機，還得擔心演算法。這家公司擁有追蹤員工表現的全自動系統，好比工作效率、停下手邊工作的時間，要是動作不夠快，系統就會為你標上停職標籤，意思是你可能會因為演算法而遭到開除[237]，光是二〇一七至一八年的十三個月，就有三百名布婁寧高速公路倉庫員工因為效率不足而遭到解雇。「亞馬遜的系統追蹤每一名同事的效率，而且不需主管的認可，就能根據系統顯示的工作品質或效率，自動發出警告或停職。」該公司的代表律師在為公司辯護解雇案件時如此寫道。

阿波起薪是每小時十二多美元，關於該公司的工資和工作條件，全國各地傳出越來越多質疑聲音。最惡名昭彰的案例就是二〇一一年鄰近賓州亞倫鎮（Allentown）倉庫發生的意外，該公司在倉庫外有駐守醫療團隊，照料在工廠內悶熱到暈厥的員工，卻說什麼都不肯花錢裝設空調。全公司的薪資中位數只有時薪十三美元，年薪兩萬八千美元，低到就算勞工人數迅速增長，依然拉低了全國倉儲員工的平均工資。

相較於只有一名賣家的壟斷，經濟學家質疑有「獨買」情況，也就是一樣商品只有一名買家。以亞馬遜的例子來說，當勞工的好處是亞馬遜的規模越是壯大，並且主宰當地勞工市場，就越沒有搶奪員工的問題，雇聘勞工的薪資也不必太高。直到二〇一二年前，該公司在全世界的職員只有八萬八千人，但之後幾年間，職員數量驚人成長，成為繼沃爾瑪之後全美第二大民營部門雇主，獨買也變成可能發生的情況。二〇一九年末，全球的亞馬遜員工超過七十五萬人，其中四十萬職員都在美國，而絕大多數的人都是在該公司兩百多間倉儲中心、分揀中心和其他寄送設施服務。光是二〇一七年，該公司的全球勞工就增加十三萬人，二〇一九年的夏天，亞馬遜聘用九萬七千名職員，將近谷歌全體員工數量，而且這還是二〇二〇年春天爆發全球疫情、亞馬遜大肆雇聘員工之前的事。

倉庫和配送曾被視為某種高技能工作[238]：員工時薪可能超過二十美元，而且一做就是好幾年。可是這類工作在亞馬遜卻不長久，員工往往較為年輕，職員輪替率高得嚇人，季節性工作通常非常短暫，而為了因應假期高峰期，亞馬遜還會聘雇那些駕駛旅遊車周遊全美的退休人士加入「露營者部隊」（CamperForce）[239]。

這種不長久的工作性質為該公司帶來不少甜頭：如此一來，就更容易排除工會組織接觸倉庫員工的可能性，員工之間還沒培養出關係就離職了。倉庫內部的原子化也能終止團結的情況發生，正如艾蜜莉·關德斯伯格（Emily Guendelsberger）離開其中一間倉庫工作後所說，員工的空間安排和演算法的目的幾乎就是防止職員關係太密切[240]。要是工會組織的人員最後還是成功吸引到員工，該公司便會祭出經過驗證的有效防禦術*：雇請專門阻擋工會的律師事務所，挑起人們對工會貪婪腐敗的恐懼，正因為這類策略，全美私營部門勞工之中只有6％的工會代表。

幾年不到，布婁寧高速公路旁的倉庫在當地顯然已經供不應求，不僅巴爾的摩地區，還有快速竄升、規模更龐大的華盛頓市場。

於是該公司積極尋覓其他場地，也成功在二〇一七年找到了：麻雀角。

二〇一四年，帕塔普斯科內克半島由開發商財團和房地產投資客接管，這片土地則改建為物流重鎮[241]，在濱水區爭取到三千一百畝地，外加深水港和長達一百六十公里的鐵路，得標價為七千兩百萬美元，價格遠遠不及先前麻雀角的十分之一售價，另外亦承諾耗資四千八百萬美元，清理可能是全美四萬七千座「超級基金（清除環境污染的經費）場址」中占地最廣的場地[242]。

目前麻雀角有聯邦快遞（FedEx）倉庫、運動用品品牌安德瑪（Under Armour）倉庫、貨運公司、珀杜（Perdue）穀糧倉庫。開發商獲得巴爾的摩郡七千八百萬美元的資金，堪稱是全郡史上最大型的獎勵方案，運用這筆資金修築馬路和污水管道；外加將港口現代化的兩千萬美元聯邦資金。

為了徹底改頭換面，他們還幫小島更名，現在已經不叫麻雀角，而是大西洋海港物流中心

（Tradepoint Atlantic）。光是亞馬遜就幫他們的全新倉庫爭取到一千九百萬美元的州立和當地租稅抵減獎勵方案，規模和布婁寧高速公路旁的倉庫差不多：兩萬四千坪，擁有長達十七．六公里的輸送帶。

亞馬遜於二〇一八年八月釋出徵才消息，並在該地舉辦了八場活動，應徵者得先填寫線上應徵表格，並且接受線上技能評估測試。

亞馬遜告訴應徵者：「正因為顧客仰賴我們**，亞馬遜聯盟夥伴必須通過所有優良職業道德和積極正向心態的挑戰。套用創辦人傑夫．貝佐斯的話，我們採取的方針是：『認真工作，享受樂趣，創造歷史。』」

亞馬遜聯盟夥伴虛擬工作選拔會的第一關卡，應徵者必須在貨車中堆疊不同尺寸的箱子。第二關卡中，他們得依據訂單資訊在貨架上挑揀商品，跟時間賽跑的同時，應徵者還得小心不能混淆冗長的標籤數字。第三關，他們得聽從指示，將不同類型的進貨商品擺放在特定地點，儲存於貨架上。

接著應徵者會收到指令，參加其中一場徵才活動。二〇一八年九月的最後一個週五，超過十二名應徵者抵達鄧多克的索勒斯角多功能中心（Sollers Point Multi-Purpose Center），也就是距離空無一人的前當地鋼鐵工總部幾公里的地方。該郡勞工部辦公室代表及幾名身著亞馬遜T恤的年輕女性帶領應

---

* 請見二〇一四年德拉瓦州亞馬遜維修設備和維修技師工會組織失敗的探討，第希格（Duhigg），〈亞馬遜是否勢不可擋？〉（Is Amazon Unstoppable?）。

** 作者申請某份工作職缺收到郵件內容，最後並未接受雇用邀請。

徵者步入小型體育場，這些人都不是亞馬遜員工，而是某家名叫誠信（Integrity）的短期職業仲介所。

接著誠信的工作人員則請應徵者自行找一張折疊椅坐下。

最後，其中一名誠信女員工起身，手掌捧著筆記型電腦，走向坐在椅子上的人，通知應徵者接下來會進入另一間辦公室，同時接受藥物測試。

她說：「因為亞馬遜員工的工作關係就像一家人，所以你們以家族成員身分接受藥物測試。」

她吩咐從那一刻起，應徵者嘴裡不能有任何東西：不可以嚼口香糖，口腔裡什麼都不可以有。

這下她才總算說出開場白：「恭喜各位，你們現在正踏上成為亞馬遜人的道路。」

她說，這份工作需要員工舉起重達二十二公斤的物品。

這份工作需要挑揀包裝所有你想像得到的商品，從糖果到獨木舟都有。

這份工作不會有制服，你想穿什麼上班都行，但不能穿印有超越輔導級標語的上衣。

如果你不喜歡走動，那這份工作恐怕不適合你，然而一旦開始工作，身體就會逐漸適應。

這份工作需要你爬上爬下，所以不適合穿漂亮鞋子上班。

她在筆記型電腦上播放一支影片，然後在一整排椅子間走動，好讓所有人都看得見影片內容。螢幕上播放著未來的工作內容，有挑貨員、包裝員、貼標員、裝卸員。「這就是商品送到你家門前的物流流程。」她說。

他們的時薪是十三．七五美元，但如果工作前三十天準點出勤，就會獲得１％的薪資加成，而要是他們的團隊表現達標，就能再加薪１％。「２％的加薪很有幫助，如果你有可能花光你所有積蓄的孩子，更尤其幫上大忙。」她說。

就這樣，開場介紹劃下句點。實在很難想像整場應徵過程能有多隱密臨時，曾幾何時，年輕人都是透過人際網路的層層關卡，經由介紹才能到麻雀角就業：不是高中的企業招聘桌位、工會大廳，就是由爸爸或叔叔介紹新員工：「各位，你們都認識蓋瑞吧？」可是到了現在，卻只有一張貼在走廊牆面、潦草寫著「亞馬遜」的紙，上面的箭頭指向折疊椅和人力仲介。可能有人會以為整場活動只是資金不足的政府方案，而不是準備加入世界最成功的公司之一的重大時刻。

應徵者等候有人喊自己的名字，再進去另一間室內。其中一名現年四十五歲、蓄著山羊鬍的白人用 FaceTime 撥電話給他二十八歲的女友。過去從事保全工作的他時薪幾乎不超過十美元，但由於近期購入新車，所以他需要一份薪資較高的工作。他在女友工作的一元商店美元樹（Dollar Tree）與她相遇，現在她則在維吉尼亞海灘的 Dunkin' Donits 美式甜甜圈店工作，同時處理在那裡捲入的法律糾紛。

「我在員工培訓。」他對她說。

「噢，你被選上了！你拿到工作了！太棒了。」她用現場所有人都聽得見的音量說。

最後應徵者踏入曾是教室的房間，等待拍攝工作證的大頭照，並且接受藥物測試。進行藥物測試時，四人一組站在桌邊，由誠信女員工遞給他們具有吸液墊的小塑膠棒，然後要求他們含在嘴裡。嘴唇含著塑膠棒的樣子，像是含著棒棒糖的小朋友，而他們就這樣站著等待五分鐘，最後再把小塑膠棒丟進塑膠袋內，密封標籤，完成後就能走人了。

幾天後，通過測試的人會收到一封電子郵件：「恭喜各位加入亞馬遜網站服務公司的工作行列。」點選接受工作邀請之前，他們得先在網路上簽署一份協定，答應永不公開任何倉庫內的工作情報：「受雇期間及之後任何時間，職員須嚴格保密所有工作情報，並且不可取得、使用、發表、透露、說明任何機密資訊，除了應雇主作業要求的情況，方不需亞馬遜授權代表的書面認可。」

亞馬遜實現倉儲中心全是以機場命名。第一間位於布妻寧高速公路的巴爾的摩倉庫借用巴爾的摩機場的名字，取名為BWI。麻雀角倉儲中心則是借用雷根華盛頓國家機場（Reagan National Airport），取名DCAI。由於華盛頓沒有倉庫，所以可用這個名字，說到底華盛頓並非倉儲重鎮。

小威廉．波達尼是DCAI的首批員工之一，該公司提供員工遷至麻雀角的機會，於是他接受了這個邀請。你可能以為阿波會想方設法避免每天直視家鄉被迫轉型的痛楚，但這其實正是他想搬遷到麻雀角的理由，至少能在無趣麻痺的工作中仍有些許感受。「回到家的感受，單純就是回到老家的感受，畢竟我這輩子幾乎都在這裡度過，這就是回家的感受。心是很痛沒錯，但這種感覺也很好，我想你應該懂我的意思。」他說。

上班途中跨越鑰匙橋（Key Bridge）看見如今景物依舊、人事已非的時候，他偶爾會感慨落淚：幅員遼闊的工業設施和整座城鎮，這座他和父親成長的城鎮，如今全從寬廣低窪海岸的地表夷平剷除，一點也不剩。

他會告訴年輕同事，他們的所在位置過去曾經佇立什麼。這裡是六十八吋熱軋鋼製造廠的場地，阿波說。這裡是錫廠，那邊是鋼管廠。

遷回故鄉還有一個缺點：新倉庫的老闆比布妻寧高速公路的老闆對他更是百般刁難。阿波在麻雀角倉儲中心的起薪只有當初在鋼鐵廠最後幾年的三分之一，而且還沒算進紅利。他沒有工會代表，事實上經理警告他和同事不准尋找工會代表，否則就等著失業。

一個多世紀前，菲德烈克．伍德強迫員工簽署一份將「煽動」列為解雇條件的「雇員條件」表單。接下來的幾十年，員工為了自身權利，為了更優渥的薪資和更安全的工作條件而戰，最後抗戰成功。幾十年來他們享受工作帶來的好處，工資更為優渥，工作環境也相對安全，同時在中產階級的行列中，讓他們得到養得起全家人的尊嚴，他們知道自己貢獻的勞力並不亞於中產階級，也有爭取協商的尊嚴。

如今一切又歸零，尤金．葛雷斯的標語：「生產、生產、再生產」這下也能輕而易舉套用在如今佇立於往昔熱軋鋼製造廠舊廠址的大型倉庫。一九〇七年，記者赫伯．卡森（Herbert Casson）在周遊鋼鐵國度之後，寫下感想：「對於鋼鐵廠的危害風險，公眾幾乎沒有意見想法[243]，這是因為幾乎沒有外人知道任何鋼鐵業的工作條件。」倉庫的職業風險相對較低，但是看在外人眼底也是同樣晦暗模糊，而倉庫隱匿性高，更是助長了消費者的漠不關心。

貨車一一進站，監視攝影機和督導計算著貨車數量。

膀胱快炸了，可是阿波已經耗光他的指定休息時間，他嘗試忍下來，也成功忍下尿意。

有時他實在忍不住，只好找個無人角落，把堆高機停在前方，希望可以當作小解時的掩護。

第五章 服務：在地產業的戰役

德州・艾爾帕索

德蕾莎・甘德拉（Teresa Gandara）的父親在艾爾帕索（El Paso）南方經營一家小雜貨店，店面的地理位置比鄰墨西哥邊境，自然而然成了諸多偷渡人士的第一個停靠站。艾德蒙多・羅哈斯（Edmundo Rojas）在雜貨店內裝設兩部洗衣機、兩部烘衣機、三間淋浴間。只要付二十五分錢，客人就能獲得一塊肥皂和一條浴巾。這遠遠稱不上是團結友愛的舉動：羅哈斯一家很久以前就跨過河水抵達美國，久到早就沒人記得是何年何月的事。對艾德蒙多而言，他只是日行一善。「他相信人人都值得好好洗頓澡，感覺身心舒暢。」他女兒說。

甘德拉家有七個兄弟姊妹，他們沒有太多物質享受，卻幾乎從不覺得自己缺少什麼，起碼在上高中時發現自己的牛仔褲跟別人不太一樣之前，他們以為自己樣樣不缺。這家人分配給兒女的事物中，有一項是高等教育：父母覺得德蕾莎的姊姊羅莎（Rosa）是讀大學的料，德蕾莎不是。為了證明父母大錯特錯，德蕾莎開始在華盛頓州塔科馬（Tacoma）的社區大學上課，並在那陣子和姊姊羅莎及擔任陸軍上尉的姊夫同住，後來德蕾莎又回到艾爾帕索繼續修課，甚至不惜偽造父母的簽名，申請裴爾聯邦助學金（Pell Grant）。「這就是我犯下的第一條聯邦罪行。」她事後打趣說道。只要配合得了工作時間，她就會盡量在德州大學艾爾帕索分校排課。當時的她要管理校內泳池、粉刷房屋、打掃房屋。幾年後她總算拿到學位，甚至取得碩士學位，成為體育老師後，嫁給從事辦公用品業、目前在倉庫工作的卡洛斯．甘德拉（Carlos Gandara）。

在學校時，德蕾莎堅持教導孩子他們接觸不到的體育項目，好比網球和長曲棍球。她告訴學生：「我不會教你們打籃球，想打籃球，你們可以自己去打。」她還堅持每週一天在教室內上課，傳授他們正在學習的體育項目的知識，例如測量該項運動的場地等知識。

最後她升為副校長，但是德蕾莎對行政事務不感興趣，反而因為花了大把時間協助一群離經叛道的學生，以及規避文書紀錄的義務而遭到責罵。二〇〇〇年，卡洛斯離開了辦公室用品倉庫，這是他青少年時期曾經打工做過清潔工、後來幾乎無所不做的公司，包括內部銷售、外部銷售、管理等工作。目前公司已經遭到收購，而他得遵守長達兩年的競業條款。等到條款終於失效，他開始尋覓新公司，可是德蕾莎有其他想法。

她問：「為何我們墨西哥人總覺得自己只是當員工的料？沒人像你這麼關心顧客感受，我寧可投資在我們自己身上。」

「我們不懂做生意的眉眉角角。」卡洛斯說。

「大不了失敗收場，可是如果不嘗試，我們就註定失敗，嘗試就有機會。」她說。

二〇〇一年，他們開創鉛筆杯辦公用品公司（Pencil Cup Office Products），德蕾莎仍繼續當副校長，並盡可能把薪水投資在創業上，週末也會工作。卡洛斯在週間經營公司，某間工業機械廠的老闆把倉庫借給他們，他們當時十三歲的兒子小卡洛斯則在放學後到公司幫忙。

他們初期只有三個顧客：一名會計、一家工業用品公司，以及基督教女青年會（Young Woman's Christian Association）。到了二〇〇六年，鉛筆杯的生意已經穩定到德蕾莎可以辭去學校職務。二〇一〇年，他們的職員數量增加至十八人，包括日後成為超級銷售員的小卡洛斯。前身是維修廠的倉庫內，有一條連接起重機的粗大鐵鍊，用來吊起公車和有軌電車的引擎，小卡洛斯很喜歡拖拽這條鐵鍊，並把這當成健身運動。他們的女兒克莉絲汀娜（Christina）本來去新墨西哥州攻讀商業學位，誓言絕不會回家幫忙家族事業，後來卻回心轉意。「爸，我的學位是你給的，我們一起拚事業吧。」她說。

公司生意蒸蒸日上，其中至少三分之一業績來自市政府和學區，畢竟這類單位較偏好向當地合法的女性及弱勢賣家採購用品，而鉛筆杯正好就符合標準。可是光是這些資格，仍不足以說明他們的成功。德蕾莎和小卡洛斯認為這全多虧他們堅持完美的顧客服務，他們會幫客人組裝傢俱——鉛筆杯運來的桌椅絕不會是裝在箱子裡，他們還會回訪顧客，收集之前貨運的空紙箱和碳粉匣，送去回收。

此外他們也會兩肋插刀、協助狗急跳牆的顧客。有一次，某學區下訂單時遺漏了八百支螢光筆，於是在上午八點鐘打電話給鉛筆杯，說他們這一天就要螢光筆。掛掉電話後，甘德拉家族和公司職員立刻奔波尋覓，踏遍辦公用品大賣場，甚至詢問他們的競爭對手，竭盡所能搜刮所有他們找得到的螢光筆，就算價格比他們的批發商貴也在所不惜。還有一次，邊境巡邏隊（Border Patrol）經理致電說她買錯東西，本來應該採購五千顆 AAA 電池，卻不小心買成 AA 電池，很怕自己因此遭到開除，而且她之前是向另一間店購買，不是鉛筆杯。但這全都無所謂，鉛筆杯向供應商進貨五千顆AAA電池，跟她交換這批AA電池，即使他們自己虧損也沒關係。「她是我們的顧客，我們想幫她保住工作。」小卡洛斯說。

二〇一七年，甘德拉接到一通來自亞馬遜邀請鉛筆杯在該網站銷售商品的電話，要是加入線上市場，觸角擴及全球，商機潛能無限寬廣。德蕾莎知道她的公司對亞馬遜來說深具吸引力，是因為亞馬遜能夠利用他們的弱勢身分宣傳，而且很多買家都吃這套。

但她還是忍不住心花怒放。「一開始我們很興奮：『噢，是亞馬遜耶！』不過接著我們開始向亞馬遜提出問題。」她說。

桑迪・葛洛丁（Sandy Grodin）的辦公用品之路最早是從牛仔褲開始，而且不是隨便一種牛仔褲，是石洗牛仔褲。尊稱桑迪是石洗界的 Levi's 501 號牛仔褲教父都不為過，至少他不會反對這個美名。

桑迪出生於布魯克林區，一歲時舉家搬遷到艾爾帕索，父母都是猶太人，但父母的家族分別遵循兩條不同路徑來到美國。父親的家族在世紀更迭之時離開東歐，搬到英格蘭，後來又來到布魯克林。桑迪的祖父是當地小販，可是收入不高，於是只好把他父親送到寄養家庭，這種情況在經濟大蕭條時期並非不尋常。母親桃樂絲・卡普蘭（Dorothy Kaplan）的家庭則是在三〇年代逃離波蘭，可是他們搭乘的船卻從艾利斯島（Ellis Island）調頭，前往哈瓦那，接著又在哈瓦那調頭，最後才抵達墨西哥的維拉克斯（Veracruz）。這家人一路挺進華雷斯城（Juarez），桃樂絲七歲那年，他們跨過格蘭河（Rio Grande）抵達艾爾帕索，後來她的父親在當地開了一家二手服飾店。

二次大戰期間，桑迪的父親艾爾文·葛洛丁（Irwin Grodin）駐派艾爾帕索東北邊境的布利斯堡（Fort Bliss），並且在南太平洋部署前與桃樂絲相遇，戰後這對愛侶結婚，搬到布魯克林，後來決定在艾爾帕索成家。葛洛丁全家人跟著他們一起前往艾爾帕索，祖父母、甚至姑姑都跟來了。艾爾文踏入保險業，父親則幫他經營事業。

艾爾文的五個孩子之中排行第二的桑迪留在家鄉就讀大學，並在德州大學艾爾帕索分校拿到商業學位，但一九七五年畢業後，他找到一份李維·史特勞斯（Levi Strauss）公司的工作，後來被派遣到舊金山總部。有天他和推銷團隊的其他成員受召晉見公司的牛仔褲高階主管艾爾·尚吉內蒂（Al Sanguinetti）。

一踏進會議室，桑迪就看見會議桌上擺了幾條牛仔褲。不是Levi's，而是競爭對手塞遜與喬德奇（Sasson and Jordache）的牛仔褲，他們全新的石洗牛仔褲越來越受歡迎，在在威脅Levi's的霸主地位。

「你們覺得李維·史特勞斯公司該如何應對？」尚吉內蒂問。

桑迪的一位同事主動提議：「不妨石洗公司的原色牛仔褲？」

「好主意，請問你要在哪裡石洗牛仔褲？」尚吉內蒂面無表情地反問。

桑迪抬起頭，說：「我在艾爾帕索認識兩個經營商用自助洗衣店的人。」

純屬巧合，該公司的一間主要製造廠正好就位在艾爾帕索，於是尚吉內蒂要桑迪搭機回一趟老家。

桑迪先去找了其中一家他認識的自助洗衣店老闆，葛伯格先生。葛伯格說什麼都不肯讓桑迪將石頭放進他的洗衣機。於是桑迪只好去找另一位他認識的洗衣店老闆高曼先生，高曼先生一口答應了。

現在的問題是應該使用哪種石頭。葛洛丁建議 Levi’s 嘗試軟石，以免刮傷牛仔褲。他腦中浮現一種石頭：園藝造景專用的火山熔岩。他甚至認識一個在新墨西哥岩石臺地研磨熔岩平原石的人，於是訂了一卡車火山熔岩，然後把火山熔岩傾倒在高曼先生的洗衣店外，再找來幾部獨輪小車和幾支鏟子。他們先混合兩支鏟子分量的火山熔岩和三十條牛仔褲，從這個組合開始嘗試各種組合，再將成品寄回舊金山讓高層評估成果。很顯然他們的牛仔褲禁不起石頭磨損，於是 Levi’s 開始製作材質更堅韌硬挺的褲子，再讓高曼先生持續洗牛仔褲，每週高達幾千條。

突破性的成果總算降臨之後，李維．史特勞斯決定在田納西州諾克斯維爾（Knoxville）的大型工廠集中生產牛仔褲，在那裡展開自家石洗牛仔褲作業，並由公司內部專家桑迪出馬。他攀上指揮鏈的最高位，掌握公司商業計畫的內情，並從公司的十年計畫發現 Levi’s 有意將生產線移出美國。

桑迪可不打算乖乖坐等公司踢走他。一九八六年，他要求調回艾爾帕索，並且開始四處尋覓全新出路。他常在艾爾帕索周遭的工業園區開車兜轉，想看看哪家公司有意脫售，有天他開車到市中心附近時，發現仰德街（Yandell Street）有家名為史特吉斯（Sturgis & Co.）的公司。公司外停了一整排墨西哥車牌的貨車，而這個名字頗富復古味道，讓他想起小時候買過的史特吉斯牌學校用品。

經過連日觀察，桑迪看得出來史特吉斯生意興旺，對這家公司興致高昂。於是他致電該公司打聽負責人的名字，得知老闆名叫哈維．喬瑟夫（Harvey Joseph）。故意等了一會兒後再打一通電話，指名要找哈維．喬瑟夫，話筒那端傳來一個粗啞聲音。

「哈維，我叫桑迪．葛洛丁，我想問你是否有興趣……」

喬瑟夫一句話都沒說就直接掛掉電話，桑迪再次撥號。「你是哪來的業務代表嗎？」喬瑟夫問。

「不，我不是，我只是想問你是否有興趣出售這家公司。」桑迪說。

喬瑟夫的反應意外的好。「我從沒想過這件事，讓我考慮一下，明天再打給我。」他說。

翌日，喬瑟夫說他打算以一百萬美元出售史特吉斯：頭期款三十五萬美元，其餘可以日後支付。他說這家公司每年銷售額至少兩百萬美元，雖然根本沒有數字等紀錄可以證明，但桑迪從門庭若市的景象看得出端倪，於是開始籌措三十五萬美元。父親和哥哥分別開了兩萬五千美元的票據，祖父則是開了一張五萬美元票據，幾位朋友分別借他五千美元，利息除了銀行的優惠利率外加三個百分點。當史特吉斯的業務代表某天出現在桑迪的李維．史特勞斯辦公室時，他和她說笑：「我會買下你們公司哦。」她答道：「是啊，最好是。」

桑迪在他一九七六年產的奧茲摩比短彎刀（Oldsmobile Cutlass）汽車上張貼「求售」標誌。就在他把車停在紅綠燈前、準備駛上十號州際公路時，有個人開車上前停在他旁邊，問他打算賣多少。大概七千五百美元，他告訴對方。聞言後對方要他把車停在路邊，接著就把七千五百美元現金交給他，並要桑迪之後把這輛汽車的所有權證書寄給他。桑迪就這樣被丟在加油站，別無選擇的他只好打電話請老婆茱蒂（Judy）來接他回家。她百思不解他為何突然賣出汽車，其實是因為他至今尚未向她提及買下史特吉斯一事。

向喬瑟夫提出收購要求的九個月後，他致電喬瑟夫，告訴對方他已經籌到資金。兩人會面時，桑迪把二十萬美元的銀行本票扔在桌上。

喬瑟夫望著本票。「這筆錢不夠。」他說。

「我只籌得到這筆錢。」桑迪說，並主動提出一個條件：「收下本票，要是之後我付不出錢，你可以留著本票，公司也還是你的。」

喬瑟夫先是凝視本票，接著抬頭望向桑迪，目光就這麼來來回回，彷彿永恆般漫長，最後他總算開口：「成交。你最好快去找律師。」

現在桑迪必須告訴茱蒂這件事。他在李維・史特勞斯每年帶領數百名職員參加的大學美式足球太陽盃（Sun Bowl）上告訴老婆這回事。「你說什麼？這玩意兒花了你多少錢？」茱蒂問。

「一百萬美元。」他說。

聽完後她的反應不是很好，害他擔心她可能換氣過度。

幾天後桑迪來到史特吉斯，這天業務代表也在場。「還記得我說我要買下這家公司嗎？妳看，我這不是買下了？」他說。

麥可・塔克（Mike Tucker）最早開始的工作是管理吃角子老虎機臺。麥可的父親在馬里蘭州南部是老闆，經營管理好幾間餐廳和酒吧：雞窩（the Chicken House）、半途之屋（the Halfway House）、摩登（the Modern），以及最大規模的黑舵（the Black Steer）。這幾間餐廳和酒吧吸引華盛頓和巴爾的摩居民、帕圖森河海軍基地（Naval Air Station Patuxent River）的軍人，以及依然茂盛生長的菸草田農夫前來度週末。他們有吃角子老虎機臺，而且硬幣常常卡住，於是麥可會扛著一支大橡膠槌四處走動，敲打當機的機身，十次中會有九次奏效。

麥可不必大老遠跑去其他地方上大學——他讀的是馬里蘭大學，還加入棒球校隊。他對讀書興趣缺缺，大約在一九七〇年進入大學，第一次接觸到開闊校園的自由氛圍後，他就把在當地軍校學到的紀律全拋諸腦後。他的成績勉強保持在可以留在棒球隊的及格邊緣，但是最後一學期他發現自己還需要修二十三個學分才能畢業。光是想到學位還沒拿到就要被徵召參與越南戰爭的可能，就讓他憂鬱到決定最後一季離開棒球隊，全力以赴衝刺學業。後來他成功獲得商業學位，卻在被軍隊徵召時抽到較低位階。與其當步兵，他寧可申請海軍飛行學校。而在等待命運女神決定時，他試著加入雪倫多亞河谷（Shenandoah Valley）的小聯盟，彌補他錯過的棒球季。但是他只在那裡待了三週，下一趟到佛州為大聯盟費城費城人隊（Philadelphia Phillies）最低級別的棒球隊效力，也差不多只有三週，不管怎樣他都沒有突破。

麥可從來沒有完整說明後續發展，並未提及他的徵召分類位階是怎麼從 2S 升為 1H，也許是託他那和聖瑪麗斯郡（St. Mary's County）徵召董事會長有交情的祖母的福，也或許只是單純因為戰爭局勢逐漸趨緩。無論如何，都不難察覺麥可人生的成功，全多虧他在大學時期所欠缺的決心，他的決心反映出他想創造美好未來的欲望。

他找到一份三花牌（Carnation）乳製品的銷售員工作，到巴爾的摩和華盛頓地區的雜貨店推銷產品。某次麥可到馬里蘭州大洋城（Ocean City）進行業務拜訪時，遇見了他的真命天女，沒多久她朋友的父親問他是否有意去輝柏嘉文具（Faber-Castell）工作。於是麥克決定把握這個良機，從今以後不賣牛奶，改賣鉛筆。

還有原子筆。八〇年代，輝柏嘉成為原子筆的全國批發商，也就是三菱鉛筆株式會社（Mitsubishi Pencil Company）製作走紅的原子筆。麥可敦促他的老闆將觸角伸向新買家——也就是政府，並且利用新產品獲利。他拉攏專門處理聯邦官僚採購的美國總務署，讓輝柏嘉公司成為供應商。他握有儲存在當區十家倉庫站的產品存貨數量，於是開始在全美各地的軍事基地走跳，甚至遠征至歐洲的美軍基地。「嘿，我有聯邦政府合約，你需要買多少我統統都有。想買原子筆嗎？」他說。

「你大老遠跑來這裡就是為了賣原子筆？」他們會這麼問。

那還用說。人員多達五千的軍事基地需要很多筆，輝柏嘉的政府銷售收益從零竄升至七百萬美元。在輝柏嘉待了十五年後，他跳槽到佛州一家名為全州（All States）的公司，該公司專門批發比百美文具（Paper Mate）。他在這裡耍了同樣的銷售手段，將銷售對象擴展至政府部門。不過後來全州被與史泰博（Staples）並列辦公用品零售商龍頭的歐迪辦公（Office Depot）收購。但這是麥可第一次發現，他其實不喜歡為大公司效力，比較想和重量級選手較勁，而不是和他們攜手合作。

於是他離開歐迪辦公，決定是時候換他小試身手，經營屬於自己的公司。一九九五年，麥克買下喬治艾倫（George W. Allen）一半的經營權，這家位於華盛頓近郊的辦公用品公司生意萎靡不振，麥可將這家公司定位成政府單位的輝柏嘉供應商。不出多久，喬治艾倫的銷售額已從三百五十萬衝至兩千六百萬美元。他和另一家在當地有固定商業顧客群的辦公用品公司聯手，到了二〇一六年，兩家公司的銷售額已成長至六千五百萬美元，這時他和合夥人決定出售公司。

麥可現年六十六歲，家財萬貫，在以馬聞名的馬里蘭州霍華德郡（Howard County）擁有占地三英畝的氣派豪宅，兒孫滿堂，在大洋城還有一棟海邊度假屋，已經可以退休了。

然而他卻決定加入一場他發現近年來逐漸醞釀的戰局。有一個更強勁的對手打趴了大賣場公司，更是激起他強烈的輸家情結。全美的小蝦米，也就是小型辦公用品公司，當時正透過獨立辦公產品和家具商協會（Independent Office Products and Furniture Dealers Association）聯盟，打擊一隻勢力龐大的大鯨魚，而該協會正在尋找會長。

辦公用品屬於幕後默默耕耘的產業，和一般消費者幾乎沒有直接互動，甚至是零互動。辦公用品業者往往隱身在工業園區，再不然就是深藏在難以歸類的街區，人們不需特別前往、徒步絕對走不到的地帶，廣大民眾都是透過某知名度極高的電視節目認識到該產業，這部電視劇講述這個無人知曉的無趣工作引發的各種幽默奇想。

處於另一端對應這個產業的，則是同樣無人知曉的採購王國：負責採購辦公用品的公司或行政機關人員。在政府單位中，採購單位是官僚體系之中的官僚體系。「採購」這兩個字很有意思，一方面帶有不正當的意味，另一方面又平庸無趣。政府購買的是經營政府所需的產品，像是鉛筆、原子筆、紙、電腦、印表機、軟體、辦公桌、椅子、檯燈、沙發、茶几、地毯、洗手乳、紙巾、廁紙等林林總總的商品。

安妮．朗恩（Anne Rung）就是在這個王國成名的，有名到即使大家看不到她的身影，她依舊聲名遠播。

安妮的父親在賓州州立大學教數學，母親則負責養育安妮和她的五個兄弟姊妹。然而她的成長背景並不是賓州州立大學。父親在她小時候接過臨時教職職缺，曾在夏威夷、加拿大、臺灣任教。安妮後來聲稱，這段海外生活外加她在倫敦政治經濟學院（London School of Economics）的求學生涯，就是她想在華盛頓服務的原因[244]。

她先是加入八〇年代組成的民主黨領袖委員會（Democratic Leadership Council），該委員會不但率領民主黨成為國內大黨，更帶動比爾·柯林頓等政治明星的崛起。後來她在國會擔任五年的主任，在國會山莊建立人脈，不過接著又回到賓州，於州長艾德·倫德爾（Ed Rendell）任內的總務署服務。總務署是管理其他政府單位的政府部門，一如其他政府工作，從事這份工作並不會有人感激你，唯獨犯錯才會登上頭條，就好比先前的信件入封機卡紙事件[245]，兩千八百四十五封社會福利更新郵件寄送到錯誤地址，近半數的社會安全碼外洩。

即使捅出這樣的婁子，安妮在州政府內部的仕途依舊通暢無阻。二〇〇六年，她從總務署的總幹事升為倫德爾的行政副祕書長。二〇一〇年八月，安妮搬回華盛頓，擔任商務部的資深行政長，在一個最沒沒無聞的內閣部門，從事一份沒沒無聞的工作。她在這片灰色地帶之中鞏固地位，同年十一月，歐巴馬政府在二〇一〇年期中選舉重挫後不久，她參加一家大型自由智庫美國進步中心（Center for American Progress）的小組，討論聯邦採購改革計畫。她對這個主題有極為強烈的觀點，認為指定一名採購員專門為政府部門採買五花八門的用品十分荒謬：今天買車，明天購買資訊科技產品，而不是指派一名專員為政府大量採購某類型產品。而且某機關購買一樣商品的花費居然高於其他機關，這讓她為之氣結。多年後她仍記得某個案例：「我們向一所州立醫院請款每箱番茄醬二十三美元，但另一間監獄只需付十二美元，就買到同樣一箱番茄醬。」

諸如此類的看法讓安妮成為一名出色的採購專員，她幫賓州省錢，為商務部省錢，用肚皮想也知道，採購界的要塞——聯邦總務署——挖角她也只是遲早的事。聯邦總務署共有一萬兩千名員工，監督超過六百億美元的採購預算、管理五千億美元的聯邦資產。二〇一三年，安妮受命為政府跨部門政策辦公室主任。

她全力以赴做好新職務，掌管重整採購方案，沒多久就驕傲地報告該辦公室已為政府節省兩億美元的辦公用品開銷。

一年後，安妮最後的升遷之路引導她來到最高殿堂：白宮。歐巴馬總統提名她加入美國行政管理和預算局（Office of Management and Budget），擔任聯邦採購政策長。這份職務要她監管所有聯邦採購：總值四千五百億美元、監督全世界三千間採購辦公室、管理十萬名聯邦職員。官職稱謂已經不言而喻：美國首席採購官。

這份工作必須先獲得參議院批准。二〇一四年七月二十四日，安妮出席美國聯邦參議院國土安全和政府事務委員會：父親及其妻子、一名表親、現年八十三歲的母親、哥哥及大嫂、兩名姪子，全部為了這一天，連袂搭乘九小時的夜班長途巴士，從田納西州遠道而來。「我的大家庭成員都是老師、前任軍人、政府職員、小公司老闆，一輩子都是清廉正直的忠誠公僕，十分清楚勤奮工作的價值，我一直以他們為榜樣……而我真正重視的只有一點，那就是讓服務人民的政府運作更完善。」她對參議員們說。

委員會批准肯定了她的官職後，安妮的任職正式開始，她發表了一份備忘錄，呼籲在採購時使用新模式。並告訴記者，她準備打造一組採購的「SWAT團隊」，這會是一組網羅二十名專家的菁英小組，其中一名記者描述：「該團隊在部門承包官之中深具公信力，而她集合這些菁英人士，進行為期六個月的特訓，接著再將他們送回自己的單位部門，協助寫出更簡單、更熟悉市場的聯邦採購詢價條件。」

她督促採購官員革新、與賣家建立關係，不要墨守陳規。「不要違反規定[246]，但是可以帶著負責任的心態去冒險。」她說。

兩年後的二〇一六年九月，她大獲全勝。安妮在一份宣告勝利的備忘錄中寫道，自從她啟動改革重整，政府已經節省二十億美元。第一批SWAT團隊已經功成身退，資訊技術採購專員則分散在各個單位。「我個人非常以這份工作為傲[247]，而且我們不打算放慢節奏。」她說。

備忘錄內容可能讓人誤以為安妮·朗恩將繼續率領聯邦採購，但事實上，兩週前她已通報即將離開政府和華盛頓。

她準備搬到西雅圖，為亞馬遜企業購（Amazon Business）效力，這個該公司在二〇一五年開創的全新部門，主要焦點是向其他公司販賣商品，安妮則將率領全新單位「公共部門」，專門向政府販賣商品。

換言之，這個監督四千五百億美元聯邦採購的人，如今將加入這家決心大撈政府一筆的大公司。

桑迪．葛洛丁沒多久就開始納悶自己是不是被騙了。哈維．喬瑟夫並沒有任何公司盈利的書面紀錄，桑迪也傻傻信了他年收益兩百萬美元的鬼話，以為他投資的一百萬美元能夠輕鬆回本。但就在桑迪接下公司後，他發現盈利數字絕對低於喬瑟夫誤導他相信的兩百萬美元。既然為時已晚，他只能盡自己所能拯救公司業務。首要任務就是著手處理積了一層灰塵、雜亂堆放的存貨。史特吉斯派出幾名員工到倉庫清點——某天桑迪通知這些員工，當週週末要跟他一起進公司盤點庫存。

他們在走道來來回回，由桑迪詢問每一件商品的銷售狀況：這件商品賣嗎？還是不賣？不賣的商品被貼上紅標出清，銷售成績不錯的商品則貼上綠標，桑迪再抄下它們的料號和製造商號碼，最後紅標數量遠遠超過綠標。接著桑迪致電ＩＢＭ，向對方購買一組可以追蹤存貨、分銷、財務的套裝軟體。

史特吉斯公司開始邁入數位年代，事業鴻圖大展。到了一九九四年，公司員工增加至四十人，年銷售額則達一千兩百萬美元，而他們的好成績引起一家名為美國辦公製品（U.S. Office Products）的公司注意，當時他們正在收購小辦公用品公司，由於時逢大賣場合併的年代，桑迪心知肚明他無法跟這個趨勢抗衡，於是不僅將史特吉斯賣給美國辦公製品，甚至待在這家大公司工作，向各個小商家提案，說服對方將公司賣給他們。

五年後，他受夠了這種日子。打電話給不同公司徵求收購的人並不適合企業特使的角色。一九九九年，桑迪辭去工作，決定涉足下一個尚未開拓的疆土：網購。網路泡沫化正臨高峰，他覺得要是網路可以賣花賣寵物，當然也可以賣紙和印表機墨水匣，於是他雇請兩名來自達拉斯的網路天才，幫忙創建網站 coolofficesupplies.com（酷訊辦公用品），並且製作軟體，等到他認真交叉比對自己公司和大賣場的商品號碼後，就能搜尋產品售價，然後為自己的商品決定一個更低價格。進入他的網站時，顧客就能看見幾百種相同商品清單，並發現大公司和酷訊辦公用品折扣價之間的價差，最後訂單則會直接送到桑迪的批發商 S.P. 理查斯公司（S.P. Richards）手裡。

訂單來自最意想不到的地方，中東、澳洲、莫斯科的美國大使館，一般消費者會看到一名帥氣男性或漂亮女性的客服人員頭像（看你怎麼選），並且親切稱呼顧客的名字，當顧客訂單數量達標五百次，系統就會向 1-800-FLOWERS 花店下單，寄出一把感謝花束或植栽。「我們網站真的很有情調。」桑迪說。該公司首年銷售額成長至一百萬美元，桑迪以其他正常淨利率的商品彌補淨利率低到近乎零的折扣商品。「主要用意就是營造我們提供的辦公用品價格最親民的印象。」他說。

購物網站的樂趣並未隨著網路泡沫化告終——畢竟他的公司沒有上市——而是隨著一九九八年創辦的谷歌一路急速成長。兩年不到，谷歌已經攻占網路搜尋，若想要具有競爭力，桑迪就得同意谷歌的點擊付費制廣告條件，每位顧客支付桑迪網站的費用，將有一小部分用來支付給谷歌。「他們開始主宰網路空間，於是我心想，辦不到，我沒有這種財力資源配合他們。」他說。

他在二〇〇一年關閉 coolofficesupplies.com 網站，重新經營起實體店面。這時他和美國辦公產品公司的競業條款已經到期，可以重回戰場。那年秋季，九一一恐怖攻擊後的兩週，他在城東邊緣的輕工業區找到一棟外觀單調的建築，開設艾爾帕索辦公產品公司（El Paso Office Products）。

這一次他從零開始，主動聯繫史特吉斯的老主顧，聘用十幾名前員工。到了二〇一七年，他的銷售額已經超過四百萬美元，半數以上是教育單位：當地學區和他的母校德州大學艾爾帕索分校。他買了一輛二〇〇八年款的淡黃色雪佛蘭 Corvette 犒賞自己，再次像多年前那樣，開車在市區到處搜尋可以收購的公司，再度成為當地的成功企業家。

有天他接到某位大客戶的電話。艾爾帕索獨立學區（El Paso Independent School District）通知他該學區準備將採購轉移至亞馬遜。而大約在同一時間，亞馬遜亦主動聯繫他，邀請他加入第三方賣家平臺亞馬遜市集（Amazon Marketplace）販賣商品。如此一來，艾爾帕索獨立學區和其他大客戶就能透過亞馬遜平臺下單，繼續跟他維持交易關係。而桑迪也能將商品賣給網站其他顧客，全新顧客群遍及世界各地。

但這其中卻包藏一個圈套：每一筆銷售訂單完成，包括艾爾帕索獨立學區等老主顧，他就得支付亞馬遜約莫15%的手續費。

亞馬遜安排了一場電話交談，聽取桑迪的條件，並答應給桑迪三十分鐘的時間。電話那頭的聲音聽起來非常稚嫩年輕。

對方說得天花亂墜的同時，桑迪請他的採購主任海蒂・席爾瓦（Heidi Silva）幫忙查看其中一件最常見的商品「艾維里五一六〇號地址標籤」（Avery 5160）在亞馬遜網站上的售價，結果售價是每箱十五・二五美元，遠遠低於桑迪從批發商取得的十八美元。聽到這個價格讓他相當傻眼，於是請海蒂致電艾維里公司，詢問他們一整架棧板地址標籤在亞馬遜的售價，艾維里的接洽人員雖然困惑，但過了一會兒回來後，卻告訴海蒂亞馬遜上販賣的是假貨。

亞馬遜的提案人詢問桑迪是否還有任何疑問，桑迪請對方推薦另一個加入亞馬遜市集的獨立商家，他想要參考。

但亞馬遜婉拒了這個請求，只說市集成員的身分是私人財產，必須保密到家。

桑迪的下一道問題是關於網站上發現的假貨。亞馬遜人員問桑迪他所指何意，他回答，嗯，好比他在網站上碰巧發現的某件商品，售價遠遠低於正常成本價，他已經洽詢過製造商，對方證實亞馬遜市集販賣的是假貨。

亞馬遜方開始慌了手腳，詢問桑迪是哪件商品，桑迪拒絕回答，只說了：「這是私人財產，必須保密到家。」

談話結束。那之後桑迪要求海蒂在亞馬遜網站上，每小時查看一次艾爾帕索獨立學區下訂的前二十名辦公用品的售價，持續一週，再利用試算表製成清單。最後製成的表單令他咋舌，每個鐘頭的產品價格劇烈浮動。

接下來他要求和學區當局會面，對方原本給他一小時，後來他停留超過四個鐘頭。他向學區公開他們彙整的表單，告訴他們亞馬遜抽成15％的事，另外還讓學區看他平常不會對外公開的二〇一六年損益表。他說：「這是我們公司的銷售額，這是我們的銷售成本，這是減去銷售成本的回扣。我們很幸運有兩個百分點，但要是你從開支扣除15％……」他沒有接著說下去，讓這段話沉澱。「各位，我真的無法經營下去。」

他知道自己已經盡力了，對接下來發生的事卻毫無心理準備。學區的採購主任從辦公桌後方走出來握住他的手，感謝他公開透明地與他們分享資料。

「現在我知道了。」他對桑迪說，他會推薦學校負責人謹慎應對亞馬遜，並且只使用亞馬遜市集採買學區無法在當地買到的物品。

桑迪為了占用對方太多時間道歉。

他們搖搖頭，答道：「我們需要知道這些事。」

安妮．朗恩在亞馬遜企業購公共部門展開新職務後，正式強力推廣亞馬遜。威廉王子郡各大公立學校（Prince William County Public Schools）是擁有九萬名學生、位於維吉尼亞州北部的校區，堪稱全州第二大學區，而該校區在二〇一六年秋季提出辦公用品提案徵求書。可是這份提案徵求書的適用對象不只有威廉王子郡，該系統是一個大型全國性採購網路的主要單位，服務五萬五千個學區、警察部門、當地的公家機關，而管理這五萬五千個單位的則是一個名叫美國社區（U.S. Communities）的營利企業。數年來，該公司替這個網路的成員向商家爭取量販折扣及優惠條件。

威廉王子郡公開的合約標案預計共十一年期，總值五十五億美元，卻幾乎沒人投標，因為這份提案徵求書明顯是專為某家公司而寫，詭異的是，這份徵求書和六年前提出的迥然不同，當時合約最後交給一家獨立辦公產品商合作社，而這一次，他們尋找的是不只有提供辦公用品的投標人，而是廣泛販售「產品和服務採購的線上市集」供應商，不單單是辦公室和教室用品，還有家用品、廚房用品、雜貨、書籍、樂器、視聽和其他電子設備、科學設備、服飾、甚至動物用品和食品。幾乎沒有哪家辦公用品商能提供如此包羅萬象的產品項目，就連上一屆簽約的合作社都不想白費力氣投標[248]。

最明顯的一點是，提案徵求書並未要求投標人提供供應產品的固定預測成本，反而在「定價指示」中要求投標人只需「依據市集模型提供定價」。換句話說，投標人不需要提供任何量販折扣，好讓學區和公家機關運用他們廣泛的採購力，為該網路圖得折扣或好處。

恰巧有一家公司的商業模型就是依照浮動價格而非固定價格創建，而且他們提供的商品應有盡有，從鉛筆到寵物食品都有，甚至稱呼它的子公司為「市集」。有名深感迷惑的未來潛在投標人詢問威廉王子郡：「請問你們是在尋找一個日後會再增添各種商品類別的平臺[249]，還是你們只想和某家特定公司簽約……好比亞馬遜？」

最後只有五個投標人勉強符合條件，遞交提案徵求書。滿分是一百，其中四個的得分介於二．五至三十六．七分。

亞馬遜的提案獲得九十一．三分。該公司在二〇一七年一月贏得這份合約，並成功在簽約前重點修改部分條件。修改過後的條件要求學區和公家機關，要是有人要求公開合約，務必事先警告亞馬遜，好讓該公司有機會阻擋資訊外流。此舉在在反映出該公司協調申請倉庫租稅補助時，要求當地政府祕密行事的鬼祟作風，挪用公帑同時堅持不公開透明。

合約到手後，亞馬遜開始接觸學區[250]和當地政府，鼓勵對方履行合約，開始向亞馬遜訂購所有產品。他們的說詞毫不拐彎抹角：既然許多職員早已使用亞馬遜購物，而不是向當地簽約的供應商採購，那何不將亞馬遜當作正式供應商？如此一來，採購主任就不必煩惱太多合約以外的開銷，若是和亞馬遜簽約，向亞馬遜訂購所有商品不就沒問題了。

要是採購主任表達不願放棄當地供應商的想法，亞馬遜會安撫他們，未來依然可以繼續和這些供應商合作，只是要透過亞馬遜的平臺罷了。

還沒提到亞馬遜會向當地供應商在市集平臺的銷售額抽成15%的事。「亞馬遜的這項策略遵循的是消費產品行之有年的方法[251]：該公司不只是向公家機關販售商品，甚至連他們的競爭對手都得透過該公司平臺才能銷售給原買家。如此一來亞馬遜就能利用向賣家收費，對他們收取銷售稅。」保護社區不受企業控制的研究機構「地方自立機構」（Institute for Local Self-Reliance）的報告解釋道。

亞馬遜不斷對德蕾莎．甘德拉提出的合作提議，在她和家人之間掀起一場激烈爭執。大學畢業的女兒克莉絲汀聽說抽成高達15％後，就對加入亞馬遜市集一事存疑。「12％至18％？這不是我們所有營收利潤嗎！我們付不起這筆錢，加入他們的行列等於賠錢。」她說。

兒子小卡洛斯卻認為應該放手一搏。他問：「要嘛就是只有1％的利潤，要嘛就是什麼都沒有，你寧可要哪個？」事實上，鉛筆杯的公部門銷售業績穩定減少，尤其是艾爾帕索市政府，受到銷售額減少的衝擊，鉛筆杯被迫裁員至只剩十名員工，很難不懷疑亞馬遜是幕後主使者。要是擊敗不了對方，是否應該加入對方的行列？

該公司不斷以電子郵件和打電話騷擾賣家，重點總歸一句話：你們得加入我們。當德蕾莎詢問亞馬遜是否會抽成15％時，他們回覆她，呃，沒錯，確實有此一說。

但這是我們的銷售利潤，她告訴他們。

如果妳不想加入，不會有人逼你，他們回答。沒人逼你簽字畫押。

經過一年折騰，這家人仍然無法達成共識。這時德蕾莎參加了辦公用品批發商S. P.理查斯在聖安東尼奧舉行的二〇一八年度商展，並且在會展行程表上發現一個很有意思的活動：「隱形競爭對手亞馬遜：你的公司是否有應對計畫？」於是她參加了，整場活動座無虛席。

活動開場時，突然有個模樣不像是一般商展主持人的男性走上空蕩蕩的舞臺。他的臉孔包裹著紗布，戴著一副墨鏡和一頂黑色軟呢帽。這是赫伯特・威爾斯（Herbert George Wells）筆下的隱形人。這個隱形人在舞臺上來回奔走，朝人群灑出一百美元的假鈔。

此人正是麥可・塔克，昔日是原子筆銷售員。

曾經加入大學棒球校隊、走遍軍事基地銷售原子筆的他，經過多年的風風雨雨才走到今日。率領獨立辦公用品商協會可說是一種激進的極端經驗，畢竟他們勢單力薄。

二〇一七年年底，安妮・朗恩加入亞馬遜後的那一年，眾議院版的國防授權法案（National Defense Authorization Act）暗示，國防部的定期商品採購將會移往「線上市集」，該修正案授權全政府皆可使用諸如此類的市集[252]，進行總額超過五百億美元的定期採購。

在市場轉移中註定受到嚴重波及的人對該修正案提出抗議：不只是麥可的經銷商，還有長期從聯邦政府採購分到一杯羹的盲人殘障組織，於是這份提案被迫暫停。後來有人發現朗恩在二〇一七年九月，和一位美國總務署高層於西雅圖開會[253]，討論如何將採購轉移至全新的電子商務入口網站。這場會議是在為期一年的「冷靜期」展開，照理說前政府官員不得在這段期間拿他們於政府內部進行的專案向往昔同事進行遊說。

麥可下了個結論：現在時候到了，我們必須敲響警鐘、打破會議廳裡昏昏欲睡的氣氛。他先是以社論漫畫開始：一名男子坐在扶手椅上，閱讀一篇報導亞馬遜收購全食超市（Whole Foods）的報紙文章，這時他的妻子帶著兒子和鼓脹的購物袋滿載而歸，對他說：「巴比在亞馬芙趣買了一件上衣，我買了一件亞馬遜的祕密睡衣，我們在麥馬遜吃午餐，然後我去萊德亞馬遜買你的藥*……」

接下來麥可讓觀眾看一張亞馬遜的營收圖表：前幾年是趨近水平的低線，緊接著卻在過去十年間突飛猛進，從二〇〇七年不到兩百億美元，到了二〇一七年飆升至一千八百億美元。他畫出該公司著名的成功「飛輪策略」圖表**：運用顧客服務和 Prime 付費會員免運費的策略，獲得網路流量，之後再利用高流量迫使其他公司加入亞馬遜市集，藉此擴展該公司的商品選擇、降低該網站的成本結構，因而能夠推出減價、刺激更高銷售額，並且吸引更多賣家加入。他大幅引述地方獨立機構的論點和資料，向觀眾說明該公司是如何利用賣家的專業，從他們的交易資料流量找出賣得最好的產品，再以亞馬遜的自家品牌銷售仿造版本：尿布、電池、維他命、尼古丁口香糖、世紀中葉風格的摩登椅、垃圾袋、凝膠鞋墊……

麥可告訴聽眾，亞馬遜既是入口網站，也是拓展自身市場實力的賣家。他們揀選並推廣自家品牌的暢銷商品，而不是其他商品，讓競爭對手只能販賣較不受歡迎的產品，同時向賣家銷售額索取肥沃的抽成費用。即使銷售總額不高，他們仍能使用自家品牌的仿冒品擠掉競爭對手：亞馬遜削價競爭，逼迫對手產品必須訂出低得離譜的售價，這刺激了網站上的銷售和收費，但賣家卻只賺到微薄利潤。賣家不得和顧客建立關係[254]，亞馬遜強烈建議他們不可在其他網站以更低價出售商品。亞馬遜完全不需要通知警告，便可逕自變更市集賣家的條件和收費。算進手續費、倉儲處理費用、網站廣告費、帳戶管理經營費用後（以上服務部分可供市集賣家選擇，但想要成功的賣家很難避免這類收費），許多商家每花一美元，亞馬遜便可收取三十美分以上的費用[255]。（亞馬遜的廣告收益在二〇一八年衝到一百億美元，瞬間晉級為主宰網路王國的臉書和谷歌的對手。）相較於亞馬遜一般零售銷售的5％利潤，第三方銷售可以獲取20％的利潤[256]。二〇一三年，透過亞馬遜倉庫出售商品的第三方賣家在短短一年內增加三分之二[257]。到了二〇一七年，該公司第三方銷售的抽成總額增加至三百二十億美元，光是抽成的業績就直逼目標百貨（Target）整體銷售額的一半。截至二〇一八年，亞馬遜的第三方銷售抽成[258]增加至四百二十七億美元，足足是全公司整體收益的五分之一，如今將近六成亞馬遜網站供應的商品都是第三方銷售商品。

麥可說，亞馬遜消滅的獨立零售業工作數量，足足是該公司創造的工作職缺兩倍，二〇一四年亞馬遜在伊利諾州賣出價值二十億美元的商品，密蘇里州則是十億美元，但該公司在這兩州卻連一名員工都沒有聘雇。（整體而言，如今僅有四分之一的零售購物是獨立商店[259]，不到八〇年代的一半。）亞馬遜不僅害眾多當地公司關閉，也重挫當地和州立的物業稅收，而這還沒算進亞馬遜收下的幾千萬美元倉庫租稅抵減。其次是亞馬遜取代獨立零售業後付出的無形代價：上街人數、公民參與、社會資本都減少了。麥可對全神貫注的觀眾說：「我們不只是消費者，我們也是鄰居、工作者、製造者、納稅人、市民，我們的需求和願望不是一鍵購買那麼簡單。」

他說，但問題是一般美國人對自己付出的代價不知不覺。「消費者在購物當下幾乎很難察覺亞馬遜帶來的創傷，亞馬遜的表面形象親民，讓人難以戳破他們是壟斷集團的假面。亞馬遜居無定所，可以輕而易舉化為隱形，於是更難攻破他們的堡壘。」

麥可說該協會正竭盡所能動員全美國的力量還擊，然而一切還是要靠在場的經銷商，大家必須在

---

* 指涉這些品牌商家都將被亞馬遜收購，原名分別是服飾零售商艾芙趣（Abercrombie & Fitch）、內睡衣品牌維多莉亞的祕密（Victoria's Secret）、連鎖速食店麥當勞（McDonald's）、美國連鎖藥局萊德艾（Rite Aid）。

** 若想知道更詳盡的飛輪策略概念，請見布萊恩．杜曼的《貝佐斯經濟學》。

自己的城鎮站起來抵抗亞馬遜，他們必須將這件事公諸於世，向當地媒體披露真相。他們需要督促地方民選官員，請地方政府拒絕和美國社區公司簽約，告訴他們多元定價的模式更花錢，並且提醒他們當地稅基有賴於蓬勃發展的小企業，他們得讓不透明化的運作無所遁形。

接下來麥可轉換舞臺，將焦點放在某個獨立辦公用品經銷商，訴說這名商人成功對抗亞馬遜的故事：德州艾爾帕索的桑迪．葛洛丁。

來自艾爾帕索的德蕾莎熱血沸騰地離開活動場地，先前對亞馬遜邀約的遲疑不定剎那間煙消雲散。她想起她那曾是雜貨店老闆、向移民提供洗衣機和淋浴間的父親，以及他最愛掛在嘴邊的一句話：「永遠別讓自己吃虧，要是吃虧了，只能說是你自找的。」他這麼教育自己的孩子。

她蓄勢待發回到家，準備實踐麥可的指令。第一站就是市政廳，然而德蕾莎卻有所不知，在她之前已有許多人投訴亞馬遜。

每年艾爾帕索市政府都會在會議中心為合作的賣家舉辦博覽會，此舉立意良善，也是促進當地經濟發展的手段，而大多賣家都是當地公司，可以在博覽會上建立人脈，並從活動中受益，學習尋覓新客群和合約的門路。

二〇一七年秋季，安妮．朗恩離開政府後的一年，有家公司亦表示有興趣參加這場博覽會。艾爾帕索市採購主任布魯斯．柯林斯（Bruce Collins）發了一封郵件給市政廳同僚，公布這則消息。他說：「亞馬遜的小企業發展部門已同意在我們二〇一七年舉辦的博覽會上演說，亞馬遜將提供該公司運作模式的資訊，並且指導小企業與亞馬遜及其合作夥伴做生意的方法。」該公司也會在展覽廳設攤位。

「多謝分享，時機真是太好了！」艾爾帕索市的執政官湯米・岡薩雷斯（Tommy Gonzalez）回道。這座城市正盡全力將亞馬遜列為採購的認證平臺，而邀請這家公司參加博覽會，可以為這個充滿爭議的動作增添友善無害的光環，讓人覺得亞馬遜不過是跟大家一樣的賣家。

隔年二〇一八年，亞馬遜決定再往前邁出一步，該公司有意在艾爾帕索的博覽會裡舉行一場完整的深度論壇，用意是說服艾爾帕索的小企業加入市集。六月份，亞馬遜的「政府市集領袖」丹尼爾・李（Daniel Lee）寄了一封電子郵件給柯林斯和其他市官員，要求一份可能參與活動的業主名單，並主動建議活動主辦方可用來宣傳亞馬遜論壇的說法：

> 艾爾帕索和亞馬遜的合作活動宗旨是提供艾爾帕索在地的公司一個良好機會，學習亞馬遜企業購市集的銷售要訣，同時讓公家機關發掘該如何將預算用在賣家身上。本方案創造機會，藉由利用亞馬遜企業購市集，在當地進行採購，協助本地公司成長，並且將觸角伸向更廣泛的消費群眾。

這臉皮當真厚得令人肅然起敬：亞馬遜，這家急欲取代地方政府和當地賣家橋梁的公司，居然主動舉辦刺激地方商業發展的活動。

兩個月後的八月底，亞馬遜運用亞馬遜企業購的美國政府銷售主任馬力歐・馬林（Mario Marin）的手段，想方設法完成交易。馬林在洛杉磯市政府待過七年，後來在納許維爾的國家政府採購所（National Institute of Governmental Purchasing）會議上認識布魯斯・柯林斯。他寫信通知柯林斯，接下來很快就會把艾爾帕索舉行的亞馬遜論壇時間表寄給他。「我很感謝可以和你交談，也很開心我們有合作機會。」馬林寫道。

這天稍後，整整三頁的「展覽流程」時程表清楚明列亞馬遜期望的活動進展。亞馬遜希望「至少有一百家企業參與」，聽取亞馬遜的提案，並希望柯林斯提供「目標名單」。他們希望活動可以進行兩個半鐘頭，並將「好幾張桌子留給亞馬遜企業購員工」，以避免「任何一桌遭遇瓶頸」。馬林回道，柯林斯有十分鐘的開場介紹，還有最後十分鐘的收尾時間。馬林寫道：「你可以利用這兩段時間，重申你對本地公司的支持。」他又補充：「我們的目標，就是確保每位參加者了解與亞馬遜企業購合作的眉眉角角。我們相信透明化，也希望（現有和未來）顧客可以帶著正面積極的經驗離開。」

柯林斯幾天後回覆，艾爾帕索市政府接受了所有條件，不僅將列為目標的本地業主名單傳送給馬林，還把規模大於艾爾帕索的姊妹城，跨越墨西哥邊境的華雷斯城業主名單交給他們。

柯林斯也獲得上司凱瑞·威斯丁（Cary Westin）的批准，他是退役陸軍上校，現為艾爾帕索的副執政官。事後威斯丁寄送一封電子郵件，推薦亞馬遜必須會見、釐清活動細節的城市官員。「我們的機會簡直好得不得了。」他寫道。

活動消息開始在艾爾帕索的商家社群傳開來，博覽會也有了一個新名稱：「亞馬遜之日」。

德蕾莎從聖安東尼奧的「覺醒之旅」回來後，馬上捕捉到這場活動的風聲，於是立即要求和柯林斯會面。她和柯林斯的關係向來不錯，於是前往市政廳，給他看她在聖安東尼奧取得的情報，說明亞馬遜對當地公司和租稅收入造成的效應。

柯林斯似乎有些驚訝，只回說他會再深入調查。

很好，德蕾莎說，不過與此同時，他必須取消亞馬遜之日的活動。

柯林斯說這不是他能下的決定，全要看他老闆退役陸軍上校威斯丁的臉色。

於是德蕾莎和威斯丁約好時間見面，試圖打消他舉辦亞馬遜之日的念頭，可是話還沒說到一半就被威斯丁打斷。威斯丁對她說：不好意思，但艾爾帕索市對小企業的貿易保護主義沒興趣，他之後回想當初是這麼說的：「我們也不會禁止公司企業進駐博覽會。」

德蕾莎聽懂了他的意思，於是告訴他，威斯丁先生，看來我是在對牛彈琴，我知道你有更重要的工作要做，我也一樣。

接著立刻起身離去。

亞馬遜之日的前一晚，艾爾帕索會議與表演藝術中心（El Paso Convention and Performing Arts Center）已經準備就緒。這場活動盛大到美國廣播公司的當地頻道ＫＶＩＡ，還特別為十點新聞節目製作預告片段，只是該片段並不是只有報導博覽會。

播報員艾瑞克・埃爾肯（Erik Elken）說：「一位當地公司的老闆對博覽會的其中一場活動很有意見，也就是亞馬遜舉辦的活動。她表示該零售業龍頭對地方企業是一大威脅。美國廣播公司第七頻道的丹妮絲・奧里瓦（Denise Olivas）現在就帶各位了解背後故事。」

就在此時，德蕾莎・甘德拉出現在電視螢幕上，她身穿一件碎花圖樣的絲質襯衫，帶領奧里瓦參觀鉛筆杯的倉庫。「我們心知肚明這家公司有堅強獨立的商業基礎，這就是我們自豪的理由之一。」

她告訴奧里瓦。德蕾莎接著敘述亞馬遜一開始邀約她的經過：從原本的興奮期待，變成發現亞馬遜打算從她的銷售額大筆抽成。

奧里瓦在後續採訪中說明，亞馬遜近期提高了抽成數字，她還留意到一份哈佛商學院的研究，提及亞馬遜有一種傾向，那就是留意哪項商品最熱賣，然後以自有品牌推出商品取而代之。

德蕾莎重新回到螢幕前。「這攸關我們的公家經費，當我們的城市和所有人民都向亞馬遜訂購的同時，等於是從自己的經濟體拱手送出民脂民膏，原本你在本地實際消費的每一分錢都會留在本地，並至少在經濟體內重新循環十遍。」她說。

該節目採訪的反方人士是城市採購主任布魯斯．柯林斯。柯林斯一身西裝筆挺，站在美國新聞第七頻道的攝影棚，說：「我覺得這種合作關係很好。存貨囤積的供應商是可以選擇保留存貨，不去販售，但現在他們有另一個可以選擇的銷售管道。」

畫面又回到德蕾莎身上：「我個人微不足道的意見是，如果我們的城市決定跟隨亞馬遜的腳步，成為他們行銷平臺的一分子，我想這就是對艾爾帕索市最可怕的採購決定。」

柯林斯說：「從一座城市的觀點出發，我們並不是非要所有人都必須加入亞馬遜平臺，只是想告訴各位，還有別種銷售管道。我要處理的問題是，讓我們試試看在地公司是否能夠成長，進而協助艾爾帕索成長，其他的日後再來反思。」

德蕾莎為專題採訪下了最終結論，她聲音顫抖地說：「生為艾爾帕索人，我終生是艾爾帕索人。當我看見公家經費離開自家土地，艾爾帕索的經濟體逐漸衰弱，我很清楚我們還有其他必須做卻尚未完成的事，總要有人去做這些事。」

「早安，艾爾帕索！」布魯斯・柯林斯以這句問候為二〇一八年的合作性採購博覽會（Cooperative Purchasing Expo）揭開序幕。當作會議廳使用的宴客廳座無虛席，可是重頭戲要午餐過後才會登場，而這些細節早在一來一往的電子郵件和電話規劃中確認完畢。這場讓德蕾莎・甘德拉勇敢跳出舒適圈、公然站起來抗議的重頭戲」，即將在僅有一扇門的無窗會議廳上場。

這場活動只有事先報名的人才能參加。幾十人魚貫進入會場後，時間一到，背後的大門旋即關上。亞馬遜並沒有為了這個場合節約開銷，會場內共有四人，其中包括為亞馬遜企業購效命的前任洛杉磯政府官員馬力歐・馬林、電子郵件收件人之一的年輕銷售員丹尼爾・李，以及「當地政府全球解決方案領導人」丹尼爾・亨茲（Danielle Hinz）。直到六個月前，亨茲還是華盛頓州金郡的採購部門主任，而西雅圖也屬於他的管轄地區。

馬林往會場最前方挪動步伐。高大英俊的他說起話來輕聲細語，讓人誤以為今天是互助協會的場合也不奇怪。

「你們今天來到這裡，是為了認識『亞馬遜企業購』的經營模式，更重要的是了解在座各位的公司應該如何運用亞馬遜市集，在我們的平臺上銷售商品，並且利用該平臺支持自己的企業。」他說。

馬林深知若想贏得人心，就得說得一口好故事，於是開始講起亞馬遜企業購多年前發跡的故事。他說：「我們發現許多消費者使用公司的電子郵件，他們買的不再是聖誕節玩具或學校制服，而是一捆捆的紙張、廁紙或是辦公用品，這個現象橫掃全美，於是我們開始心想，也許其中蘊藏商機，既然公司善用網際網路等網站，那我們何不提供可以解決民生需求的方法？我們了解消費者購買的商品和政府不同，也知道奇異公司的員工購物品味跟我兒子不同。」他說這場活動是「開放有趣的對話」，讓今日現場雲集的商人「更了解亞馬遜市集將如何協助他們的公司」。

接下來奇怪的事發生了。馬林介紹艾爾帕索採購部門主任柯林斯上場，彷彿亞馬遜早就舉辦過這場活動，而整場博覽會其實不過是柯林斯的個人秀，用意是宣傳艾爾帕索的繁榮富庶。柯林斯上臺，在活動正式開場前提醒在場的人：「一如馬林剛才所說，這是帶領你們百分之百了解亞馬遜平臺的論壇，這場會議的用意不是討論亞馬遜歷史或其他與市集無關的事，我們必須謹慎遵守這場會議的主旨。」

規範就此建立，馬林隨即又回到場上，輕聲細語地說：「我們想要協助聯邦、州政府、地方、非營利組織正確使用亞馬遜企業購，幫助他們節省時間與金錢，把重心放在對社群真正有意義的事。這就是我們想完成的目標。」

其餘細節則交給馬林的年輕同事丹尼爾．李。他帶著簡報投影登場，解釋亞馬遜的「核心競爭力」在於該公司是「全世界最在乎顧客的公司」。他說「支撐這個信念的三大梁柱分別是價格、篩選、便利。」接著他說起題外話：「你們都是亞馬遜的買家嗎？是嗎？你們是否很常點進亞馬遜市集網站，然後心想：哇，沒想到他們連這個都有賣？」

室內迴盪著心照不宣的笑聲。「屢試不爽。」其中一名女性回道。

「這就是我們的用意。」李說。

他告訴聽眾「飛輪策略」，也就是如何靠便利和低價吸引顧客，進而帶動網路流量，引來更多賣家和產品加入亞馬遜陣線，進而刺激流量和銷售量。他拿著雷射筆照亮螢幕上的數字：一年前，十四萬家中小企業在該網站的銷售額超過十萬美元。「成績挺不賴，可以說這是持續發展的銷售管道。」他觀察這些數字時輕描淡寫地說。

換言之，只有笨蛋才會拒絕這等大好機會。短短三年間，亞馬遜企業購的年銷售額已經從零擴大至一百億美元。「身為其中一分子，看著眼前的數字逐漸增長，這種感受真的很不得了。」李說。現在該公司將商品銷售給將近八十所全美最大學區和大學，客戶囊括財星一百大的五十五家企業、超過一半的大型醫院系統、超過四成人口最稠密的地方政府，換句話說，等於人人都加入了。

這時有人舉手了。是快捷辦公產品（Express Office Products）的朱利安・葛路伯斯（Julian Grubbs）。「本市消費者曾經在我的網站購物，後來我們轉移陣地，在艾爾帕索市的網站銷售，請問我們是否要轉移至亞馬遜平臺，讓亞馬遜取代艾爾帕索市網站？」

這個問題戳破了李的提案迷霧。由於亞馬遜如今是市政府認證的採購管道，城市裡的職員是否只直接從該網站購買？他們沒有道出清楚的弦外之音：要是他們這麼做，有什麼理由不能在亞馬遜網站上向數不清的供應商採購，而不是只侷限於艾爾帕索的在地公司？

柯林斯連忙跳上前，抹除葛路伯斯的含沙射影。沒錯，他說，買家現在是可以直接在亞馬遜網站上購物，可是「身為艾爾帕索市的合作夥伴，我們之間有不成文的協定，」意思是艾爾帕索供應商是當地供應商，因此我們較偏好使用這些供應商的服務與商品。

李進一步安撫他們。亞馬遜企業購給賣家一個窗口，讓他們訴說自我的故事，艾爾帕索的公司可以鼓吹宣揚自己的背景。他說：「你可以說屬於自己的故事。」

但這個回答還是讓葛路伯斯不滿意。一會兒後他又舉起手，提出切中要害的問題：「顧客直接向我訂購，以及顧客透過亞馬遜向我訂購，請問這之中我們能換來什麼？」

李一副沒聽懂葛路伯斯的問題般，重複這個問題：「你是說你能換來什麼？」

「我和顧客能夠換來什麼？」葛路伯斯說。

馬林又跳了起來，開始講亞馬遜是如何引導艾爾帕索買家認識艾爾帕索本地賣家，但葛路伯斯不吃這套，他繼續談起公平公正的問題。「我想問的是，我在艾爾帕索市的網站以十美元出售一捆紙，顧客透過艾爾帕索市的網站向我下單購買，可是當他們透過亞馬遜購買就得妥協，不論是價格、服務、便利都好。而我想知道我們換來什麼？」他幾乎是在跪求解答。

可是亞馬遜的三名代表持續閃爍其詞。

「全球配送，當你加入亞馬遜市集，你就成為全球供應商。」柯林斯說。

「我們無意取代你現在的公司，你的顧客不是艾爾帕索，而是史丹佛大學和奇異，而你會運用我們準備到位的方案。」李說。

馬林則說：「講價的責任由我們接下，這個出色的銷售管道真的很值得你考慮加入。」

這就是亞馬遜觀點的精華，最自由流暢的商業體驗，即使是墨西哥邊境的小公司，都能對世界各地的買家販售商品，甚至不用擔心包裝和運送：難道這樣還不夠好？

葛路伯斯再也忍無可忍，他已經竭盡所能壓抑語氣中的怒意。要是賣家裝得一副提案不存在的模樣，一切全是為了協助艾爾帕索的在地公司成長，怎麼可能蠢到詢問價格。這下他們讓他沒得選了。

「你說得對，聽起來是很棒沒錯，但我還沒聽到我得為了便利而付出的代價。」葛路伯斯說。

提案進行將近四十分鐘時，李總算告訴全場聽眾，為了享受亞馬遜銷售管道的優勢，他們得付三十九．九九美元的月費。「另外，我們會收取一筆介紹費，依照不同產品類別收取6％至15％的費用。」他補充。

由於他說得含糊不清，葛路伯斯再次挑戰他。「6％到15％，我是一名商人，請問如何辨識我的產品屬於哪個類別？」

「這點我們稍後會再向各位說明。」李說。

「在我們接受條件前先講好條件？」

「可以這麼說吧。」李說。

等到真正的條件總算談好，已經沒什麼好說了。一會兒後，馬林盡可能下了一個漂亮總結。他說：「你聽過兩種故事版本，一個是供應商發揮的銷售作用，加入、招商、協助你們在市集銷售。再來則是我的故事版本，這個版本講的是我們怎麼教學、示範、展示使用網站的方式，你可以採信並應用在自己的採購過程，協助你達成自我設定的目標。」

「就是這樣，這就是我們的故事。」他說。

畫面回到鉛筆杯。同一天，小卡洛斯．甘德拉無法壓抑呵欠連連，也許是因為他身兼多職，目前他還待在家族公司工作，還是兩名主要銷售員之一，同時卻也正準備和幾位朋友開立兩家自己的公司，其中一家是百葉窗銷售，另一則是零售業。

事實上，鉛筆杯的確一直讓他綁手綁腳。他明白家族事業的義務，也很感恩多年來能夠參與家族事業，可是他已經三十一歲，該是他展翅高飛的時候了。

事實上，他已經兼職副業多年，他的做法是在網路上搜刮清倉商品，各式各樣的普通商品，低價購入後寄送到鉛筆杯。小卡洛斯什麼都賣，商品應有盡有：但有陣子他的主打商品是嬰幼兒產品——嬰兒床和餐桌搖椅，商品拍完照後就定價出售。

在亞馬遜上出售。

某次他很想學會賺點小外快的訣竅，湊巧看見一支教學影片，得知亞馬遜市集。FBA（亞馬遜物流快遞的縮寫）就是亞馬遜實現倉儲中心，賣家只需要把商品寄給他們，由他們在倉庫理貨，並負責把東西送給買家，甚至代客處理顧客服務和退貨事宜。當然，你要付一小筆費用。FBA是如此輕鬆流暢，充分解釋了該公司如今驚人的規模：截至二〇一九年，隨時都有六億多件待售商品[260]，共有三百萬名賣家。這也解釋了逐漸浮現的問題：亞馬遜允許第三方賣家（如今三分之一都在中國）販售數之不盡的贗品[261]、默許賣家出售製造環境危險而其他零售商已停止進口的孟加拉工廠服飾、玩具、嬰兒睡墊，以及其他不符合法規規範的有害產品。

家人很不諒解，對小卡洛斯的FBA副業百般刁難，可是他從來不像他們，為家族所面臨的威脅深感困擾。有時當然他也會去學校推銷鉛筆杯，可是對方都會告訴他，現在他們都向亞馬遜採購商品。「我不會感到受傷，畢竟這是自由買賣的時代。」他說。

事實上，他偶爾也占了亞馬遜的上風。不久前，一個學區拿著亞馬遜視聽設備的報價，向他致電詢價，後來發現他提供的價格更親民。他很享受這種具備天生優勢的感受，他擁有對手沒有的優勢。他大可親自踏進校園，用他手采迷人的年輕朝氣迷倒對方。「價格確實永遠都是重要要素，可是親自登門拜訪也有優勢。」手卡洛斯說。

可是事情並沒有那麼簡單。他之所以不在乎亞馬遜的威脅，是因為這家公司令他不由得肅然起敬、讚嘆不已。這家公司的創辦人也是。他說：「最慘的是，我很崇拜傑夫．貝佐斯，我視他為我的偶像。」

「說到底，是因為我很想像他一樣事業有成。」他說。

第六章　電力：疑雲重重的數據中心

維吉尼亞州北部—俄亥俄州・哥倫布市—華盛頓哥倫比亞特區

經過好些年，納森・格雷森（Nathan Grayson）才漸漸愛上他的褐色肌膚。「不管我做什麼，永遠都有一身漂亮的古銅膚色，不管我做什麼都一樣。」語畢他就爆出既傷感又歡樂的大笑。

他最初大概是在一年級時發現這件事。當時他抵達維吉尼亞州北部的安蒂歐奇邁克雷小學（Antioch-McCrae），不久後該校就關閉了。傳言是小學的地主相當不滿該校近來實施的種族融合制度，於是關閉學校。無論如何，這所學校最後改裝成鳥類保護區，格雷森和他絕大多數是黑人的同學則轉學至蓋恩斯維爾小學（Gainesville Elementary）。

他再次有這種深刻感受已是多年後的事，指望追隨父親腳步、嘗試自行開業。他父親經營一家小型垃圾收集公司，生意昌盛的時刻由格雷森負責銷售，但這家公司敵不過對手大公司「廢物管理和布朗渡輪工業」（Browning-Ferris Industries），最後淘汰關門。格雷森後來在維吉尼亞州北部的一家高級高爾夫球場從事保養維修工。他以這份工作為傲，不厭其煩地將草地打理得蓊綠蒼翠、修理俱樂部會所的每一件物品，公司待他也不薄，偏偏他怎樣都甩不掉自行創業的渴望，他想成為某晚他在購物中心停車場駕駛清掃車時碰巧撞見的那個男人。他告訴格雷森，去年他光是從弗蘭特羅亞維（Front Royal）到馬納薩斯（Manassas）掃了三處停車場，就賺進十萬美元，而且每晚只需要掃幾個小時。

於是格雷森前往銀行，起先想要貸款七萬美元，購買大型割草機和傾洩拖車。銀行告訴格雷森，他的信用良好，具有申請抵押貸款或汽機車貸款的資格，但是割草機和拖車是商業用途，基於某些因素，格雷森不能申請商業貸款：「十分抱歉，格雷森先生，但基於某些複雜的因素，我們無法幫你申請貸款。」貸款專員對他說。幾年後他再次嘗試，這次是想申請四萬美元的貸款，購買兩部清掃車，卻再次碰壁。於是他留在鄉村俱樂部工作，設定草坪灑水器、修理飲水機、修剪樹木、更換斷裂的帶子或腐朽輪胎或推車的轉向節，修理憤怒客人用手肘撞擊損壞的俱樂部會所大門。「該怎麼突破現狀？」他事後提出之前有人向他拋出的比喻性問題，然後自問自答：「要是你不開門，我也走不進去。」

但至少格雷森還有卡佛路（Carver Road）。卡佛路和所有關於卡佛路的事物，這塊幾乎無人承認的特殊飛地，由於幾世紀以來居民不得接受教育，使得這塊土地的歷史紀錄模糊不清。唯一可以確定的是，美國內戰結束後那幾年，曾經隸屬歡樂山（Mount Pleasant）種植地的其中一塊土地，開放給居住當地的、已經擺脫奴隸身份的黑人購買。他們是可以購買土地，但規定只能買這塊。根據郡的土地紀錄，其中一位買家是莉維妮亞．強森（Livinia Blackburn Johnson）[262]，她在一八九九年以三十美元的售價，從原地主的女兒珍．泰勒（Jane C. Tyler）手中購得三畝地，原地主則是在一八六二年逝世。

後來當年三十多歲的利維妮亞．強森陸續購入周遭土地。幾十年後，她成為人人眼中的社區先驅：該社區共有七十多人，居民生活在李高速公路（Lee Highway）和老卡羅萊納路（Old Carolina Road）中央延綿數公里的卡佛路，那片參天松樹聳立的十五畝地。強森家族、摩爾家族、格雷森家族，所有遠親的背景皆可追溯回莉維妮亞及其他幾名擺脫奴隸身分的前輩，這些人則是向原東家買下這片土地。社區的名稱很簡單，就叫「殖民地」。

數十年來，他們都在鄰近莊園從事農耕或家務，騎馬和駕駛輕便馬車前往祖先曾在鞭子抽打下賣力工作的同一座大農場。漸漸地，他們開始拓展自我人生：查爾斯．摩爾（Charles Moore）最早從事景觀和庭園造景，後來駕駛著他的道奇（Dodge）貨車，通勤長達五十六公里，身邊擺放一袋午餐，前往華盛頓的西爾斯百貨公司（Sears, Roebuck）上班。另一位鄰居約翰．派（John Pye）則在羅斯福總統任期下的白宮擔任男管家和私人司機。

殖民地社區的生活圍繞著一八七七年創立的歡樂山浸信教會，居民在薛蒂客棧舞廳（Shady Inn Dance Hall）舉辦舞會、於菲爾市場（Phil's Market）和葛森五金行（Gossen's Hardware）購物，不同於奧恩多夫（Orndoff）的貨車休息站，市場和五金行並不會逼客人只能從後門進出。

諸如此類的輕蔑歧視隨著時間慢慢瓦解，殖民地的與世隔絕也一樣。華盛頓哥倫比亞特區開始往西拓展，全集中在卡佛路社區的四周。建商在附近蓋了一個住宅區，名為霍普威斯臺（Hopewell's Landing），李高速公路則拓寬至四線道，早晨的東向交通擠得水洩不通，交通繁忙到上午八點後你都別想左轉。

然而殖民地社區卻得以保存。一九九〇年代，格雷森繼承了他成長時期居住的房屋，這棟房屋共有兩房一衛浴，還有四畝多的地，他曾在這裡和父親使用西爾斯百貨販售的四一〇口徑單發槍獵捕松鼠。如今他可以在這片土地進行他長大後的熱血活動：訓練米格魯犬，一次訓練四、五隻，並帶牠們到美國東部參加田野搜尋競賽。

該社區的許多老住戶都已經邁入七旬、八旬，甚至是九旬老人家，而他們的孩子也早就不住在這裡。根據格雷森在自家大黑板上畫出的家譜樹，即便已經五十出頭，他依舊是碩果僅存的居民中最年輕的一員。格雷森會幫他們耙理私人車道、修理排水溝、為草坪除草。「我是這個社區養大的，當初是因為他們才會有今日的我，他們從我小時候一路照顧我，當我需要二十美元時，查爾斯・摩爾先生就會給我零用錢，把我當自家人般地照顧我。」他說。

現在是他回過頭來照顧他們的時候了，因為卡佛路正面臨雲端籠罩的危機。

雲端。如此輕柔而虛無飄渺的名詞，讓人想起一顆飛越外野的高飛球、一個慵懶躺在大草原上的夏季週日。

事實上，這片雲是離不開地球表面的物質，正好跟輕飄飄和散發微弱冷光的印象相反。這片雲就活在數據中心——這種巨大無邊的無窗建築始於二十世紀末美國景觀的某些角落，並且擴散繁增，而溝通和商業生活也開始移往線上。不久前數百萬種還屬於日常生活的交易、互動、活動，好比寄信、遞出一美元紙鈔、閱讀一份報紙、播送一卷錄音帶、放映一部電影，這些原本司空見慣、隨處可見的存在，現在幾乎都成了隱形王國的一部分。數據中心內部只有巨大伺服器，而所有活動都要透過伺服器：商業交易、政府機密、電子情書。截至二〇一八年，我們每日創造出二・五萬兆位元組的資料

[263]，數字迅速成長，速度快到世界的九成資料都是在這一、兩年產生。平均每一分鐘，全世界就有多達兩百四十萬次的谷歌搜尋，YouTube 的觀看影片多達四百一十萬支，IG 上張貼的貼文則有四萬七千則。

雲端設施可說是自給自足，一座占地五千六百坪的數據中心，擁有價值四億美元的伺服器和設備，僅需二十名工程師和技師即可正常運作。數據中心只需要電力和水，前者可以讓機器運作，後者的用途則是冷卻機器。

再來就是安全。數據中心乃是國家的神經中樞，於是也必須受到相同的保護，它們的牆壁是其他建築的兩倍之厚，能夠抵擋每小時兩百四十公里的風速，混凝土地板每平方公尺能耐受一百五十九公斤的重量。伺服器被鎖在機房區，並以防火牆圍起，有些數據中心裝設混凝土天花板，可以容納大型備用發電機。這樣的建物很可能被誤認為防空洞，空間大到足以裝下整座小鎮的偏執狂。

理論上，數據中心可能存在於任何鄰近光纖網路設施、充足水源、廉價電力的地區。事實上，數據中心都群聚在同樣地點，近乎無極限的人類商業和溝通活動全集中在這幾個地點的寥寥幾棟建物之中，集中程度更甚其他數位景象，且數據中心可能被那些最具有區位優勢和網路技術能力的地區和公司掌控。

目前最大規模的數據中心群聚在維吉尼亞州北部，早在很久以前，由於軍事承包商和高科技公司集中，這個地區就是眾多商業網路供應商的據點。該區也擁有無邊無際的廣闊土地，溫柔起伏的農地朝皮埃蒙特（Piedmont）方向的波多馬克西南方綿延，遠方則是藍嶺山脈（Blue Ridge）的山峰，還有可以供應低廉電力的阿帕拉契山煤礦。一九九二年，一群網路供應商在維吉尼亞州赫恩登（Herndon）

的玉米餅工廠（Tortilla Factory）聚首[264]，爭取他們在該區可想到的優勢：準備將他們的網路設備實際聚集在一個全新的主機託管據點，大幅進化他們和顧客之間的往來和價值。這個名為都會區東部交流（Metropolitan Area Exchange-East）的中心位於一間地下停車場的煤渣磚房內，地點則是橫跨首都環城公路的衛星城泰森角。

維吉尼亞州和地方政府額外加碼的數據中心減稅方案更是吸引人，特別是勞登郡（Loudoun）和威廉王子郡。對華盛頓遠郊地區而言，數據中心是理想鄰居：既可以衍生租稅收入，幫助那些搬進煥新偽豪宅的居民支付高級學校的學費，同時不會為堵塞交通增添車流量。如此一來，套一句科技術語，數據中心帶來少得可憐的工作量只屬於一種功能，而不是程式錯誤。

每座數據中心的成本介於五千萬至七千萬美金之間，從外觀看不出是數據中心，任何行經這些建物的人都不會曉得它們隸屬哪個機構。「不論是真實或假想的計畫案，我們都不予置評[265]。」二○○○年，威廉王子郡的經濟發展部門主任這麼回應記者。

那年在科技泡沫化重挫之下，許多數據中心都變得空蕩蕩，巨大外殼投射出令人不安的永恆衰敗，而且不適合為了其他用途改裝建物。但是挫折並非永恆，九一一事件後，反恐怖主義的設備亟需高資安儲存。於是這些建物開始裝置「防盜門」，也就是只容許一個人進出的大門，並裝設讀取指紋、掌紋、視網膜的生物特徵辨識掃描機，另外亦有假入口、防彈玻璃、掛有擋箭布的牆壁。其中一些數據中心甚至刻意設於山丘背面，以阻擋視聽、防止裝滿炸藥的車輛衝擊，至於地形較不具防護功能的數據中心，周圍則立有混凝土柱。

然後雲端就這麼翩然降臨了。

這個名詞的功能，也就是不需要自己的伺服器便可使用應用程式，最初源自二〇〇〇年代初期的西雅圖。當時亞馬遜正在創建一家名為 Merchant.com 的公司，該公司向其他公司的電子商務網站提供科技，他們發現外部使用者可以輕鬆透過設計良好的介面應用亞馬遜的技術。就在那時，該公司發現了他們有不少軟體研發團隊耗費無數個月，反覆為自己的專案重製同樣的軟體基礎架構。既然如此，何不打造一個基礎架構平臺，好讓亞馬遜的軟體研發更具效率，同時能夠供應給其他公司？而這些公司也能設計可在該基礎架構使用的應用程式，從運算乃至付費和寄送訊息皆可，這樣就不必自行建立基礎架構，也省去自行經營伺服器和數據中心的經費和麻煩[266]。

二〇〇三年，亞馬遜發明了自家雲端運算分部：亞馬遜雲端運算服務（Amazon Web Services, AWS），並於二〇〇六年展開最早的數據儲存服務。到了二〇一七年，AWS 已為許多公司提供雲端服務，包括奇異、第一資本（CaPital One）、新聞集團（News Corp）、威訊通訊（Verizon）、出租住宿民宿網 Airbnb、Slack 軟體開發公司、可口可樂，甚至是蘋果和網飛（Netflix）等死對頭，該年就進帳一百七十億美元以上[267]，占了亞馬遜營收的十分之一。「AWS 創造出我這輩子見過功能最強大的顛覆性技術平臺[268]。」AWS 的全球企業策略總經理史蒂芬．歐本（Stephen Orban）說。

介於雲端龍頭和線上銷售龍頭的亞馬遜，將自我形象定位成索取費用的守門人，向商業活動、資料儲存、電子商務等數位領域收取經濟學家所謂的「租金」。你幾乎可以將此形容成一種稅金，差別只在於這裡可是一家企業徵收稅金，而不是民選政府。你也可以說他們像是公共事業公司，事實上亞馬遜是在向國家的數據中心收費，只是少了公共事業公司必須面對的法規限制。

又或者你可以將它比喻成二〇〇八年金融危機前，銀行和避險基金的詐財手法，最後變成「正面你輸，反面我贏」的局面。不論如何，該收的費用亞馬遜可不會忘了索取。《金融時報》（*Financial Times*）專欄記者拉娜・弗魯哈爾（Rana Foroohar）寫道：「我覺得亞馬遜的行為，其實很像二〇〇八年金融危機前某些金融集團的貸款。[269]他們利用動態定價，也就是浮動利率次級貸款，藉由龐大的資訊落差，向不設防的投資者（好比底特律和其他城市）推銷不動產抵押貸款證券及錯綜複雜的借款交易。至於亞馬遜所擁有的市場資訊，遠遠超過該公司有意串連的供應商和公部門採購部。我也確實漸漸看見線上公司和大型金融機構的相似處。他們分別坐在資訊和商業的沙漏正中央，凡是從中流過的都難逃被揩油的命運。猶如一家大型投資銀行，亞馬遜可以創造市場，也可以在市場摻一腳。」

這也讓人忍不住想起十九世紀末的鐵路巨頭*，他們掌控鐵軌，也掌控了絕大多數以鐵路運輸的石油煤礦，並藉機向小型石油公司揩油。

隨著越來越多公司移至雲端，試圖跟著亞馬遜的腳步提供儲存空間的企業也越來越多，於是數據中心的範圍前所未有地擴張。在維吉尼亞州北部，數據中心占地超過二十五萬坪[270]，該州極度仰賴煤礦能源的主要電力公司道明尼維吉尼亞州電力（Dominion Virginia Power），曾在二〇一三年預測數據中心的電力需求量在未來四年將會增加四成[271]，每座數據中心的電力消耗高達五千戶家庭的總用量[272]。

空地逐漸被填滿，尤其是勞登郡。截至二〇一三年，勞登郡已經蓋了四十座數據中心，占地總面

＊更多詳情，請見艾妲・塔貝爾（Ida Tarbell）的經典著作《標準石油公司的歷史》（*History of the Standard Oil Company*, 1904）。

積十四萬坪，等同於二十五家沃爾瑪大賣場，並預估下一個十年內美國的數據中心將會增加兩倍。光是二〇一一至一二年這兩年，美國的數據中心空間就增加近兩萬兩千坪，卻沒有一塊地用於傳統辦公室[273]。而在美國「數據中心巷」的心臟地帶，每畝土地售價超過一百萬美元[274]。

該郡驕傲的聲稱他們的數據中心每日產生七成網路流量。華盛頓杜勒斯國際機場外的遠郊阿什本（Ashburn）是美國最早的數據中心聚落，足以與世界其他重要的網路中心——倫敦、法蘭克福——相提並論。「若說數據中心已成了西方文化社會的組織架構，絕對不是誇大其詞[275]。」勞登郡經濟發展部主任巴迪．瑞瑟（Buddy Rizer）說。該郡也很自豪他們的數據中心每年有超過兩億美元的稅收流進國庫。勞登郡是全美最富裕的郡，可以提供無法全天照顧孩子的族群亟需的全天候幼稚園服務。

亞馬遜在維吉尼亞州北部已經有好幾座數據中心，皆是以數據中心子公司 Vadata 之名經營管理。可是該公司需要更大空間，而且是非常大的，畢竟他們的目標是將觸角伸向嶄新的商業場域。二〇一三年，該公司爭取到六億美元的中央情報局雲端合約，軍事部門也開始探索轉移至雲端的選擇。

二〇一四年，一家保密到家的公司申請在威廉王子郡乾草市場鎮（Haymarket）附近，蓋一座十四萬坪的數據中心，場地就在約翰馬歇爾高速公路（John Marshall Highway）旁，對這一帶的數據中心群來說，算是位於非常遙遠的西方，而且更具隱密性。這個地點就在馬納薩斯國家戰場遺址公園（Manassas National Battlefield Park）外，緊鄰長期不得開發的保護區鄉村新月社區（Rural Crescent）。

可是這家不具名的公司卻獲得威廉王子郡的首肯，威廉王子郡對數據中心並無行使分區規劃法[276]，該郡的經濟發展團隊在二〇一三年二度造訪該公司位在西雅圖的總部，大概也不會有損失，其中一次就連維吉尼亞州的道明尼電力公司（Dominon Energy）也去了。

現在全新中心只剩下電力供應的事要操心了。

這時的維吉尼亞州北部已無法應付迅速擴張的亞馬遜。該公司需要第二個位於美東的數據中心據點，後來選定俄亥俄州的首府哥倫布市。

哥倫布不像俄亥俄州其他城鎮，沒有克里夫蘭、辛辛那提、阿克倫、托雷多、代頓、揚斯頓的工業背景，哥倫布的經濟主力是州政府、俄亥俄州立大學、交通運輸、健保。一九六〇年，該城人口為四十七萬人，依舊遠遠落後辛辛那提和克里夫蘭，而近年來哥倫布的成長多半歸於土地兼併：五〇年代中期該城通過決議，將排水管道延伸至同意合併的郊區，最後該城總共拓寬五百七十七平方公里，是克里夫蘭和辛辛那提的近三倍之多。

半個世紀之後，哥倫布正式稱王稱霸。這座城市缺乏工業基礎，而這代表它不必經歷其他俄亥俄州大城面臨的製造業蕭條衰退。（曾是該州首要雇員公司的通用汽車，當時逐漸跌至七十二名。）土地兼併的意思是，儘管都市中心的居民逃往郊區，邊境以內的居民人數依舊超過該州其他大城：一個家庭可以搬離市中心二十四公里外，住進該州首都環線二七〇號州際公路外圍的帶車庫平房建築，卻仍然落在哥倫布的範圍，也依舊是該城稅基的一分子。由於該州一流的公立大學位在哥倫布，於是這座城市自然而然成為許多窮苦的俄亥俄州小城鎮莘莘學子的目的地，這些年輕人前往哥倫布就讀大學，之後就沒再回到老家。

截至二〇一四年，哥倫布已經徹底擺脫其他同州城市的命運[277]。自二〇〇〇年起，哥倫布人口已經成長14%，增加至逾八十萬人，克里夫蘭和辛辛那提則在同期流失15%人口。哥倫布成為南部和西部之外全美成長最為迅速的城市。在該州穩坐第一名的哥倫布，每戶所得中位數大約超越該州後面七名大城的三分之一，房地產中間價則是比代頓、托雷多、阿克倫等中型城市多出七成。自二〇一〇年起，哥倫布坐擁將近全俄亥俄州三分之一的職缺，亦是蘋果和特斯拉等公司的前哨基地，宰制中西部新創公司的成長。與此同時，揚斯頓、阿克倫、托雷多的排名吊車尾，掉到全國就業機會成長城市的最後十名。更知名的美國東西岸受益於贏家通吃、有錢者恆有錢的效應，並藉此搭起富裕堡壘，哥倫布亦受到同樣效應的加持，但這種效應屬於區域性，而非全國規模。成功可以推動成功，即使是在中西部也一樣，但勝利並不會平均分散在各個地點。

當亞馬遜選擇俄亥俄州[278]作為AWS在美國東部的第二大據點時，其實沒人感到詫異，這次擴增將斥資十億美元以上，瞄準哥倫布都會區，而不是俄亥俄州更亟需投資的地區。哥倫布受過高等教育、年輕有為的勞動人口也很適合加入數據中心。（AWS的歐本直言他們偏好雇聘剛離開大學的社會新鮮人：「我喜歡他們沒有累積多年經驗的沉重包袱，不會抱懷『其他公司都這樣做』的偏見[279]。」）這一帶也有他們可以瞄準的遠郊社群：富有到足以供應職員孩子教育的好學校，然而市政基礎架構和身分卻不穩到易於擺布。

該公司著眼哥倫布城市外，沿著二七〇號州際公路首都環線的弧形向北方綿延，更富裕的三座小鎮：希里亞德（Hilliard，「真居民，真機會」）、都柏林（Dublin，「昨日與今日的交會點」）、新奧爾巴尼（New Albany，「全美最佳郊區」）。在某個神祕顧問——教唆賣淫的性罪犯傑佛里・艾普斯汀（Jeffrey Epstein）——的協助下，億萬富翁李斯・維斯納（Les Wexner）讓新奧爾巴尼的大豆田華麗變身[280]。

亞馬遜提出條件，一如他們在俄亥俄州等地尋覓倉庫場地時運用的手法，獅子大開口要求獎勵方案：十五年免除土地收入稅——對一座標準的數據中心來說，價值約為五百四十萬美元。「Vadata竭盡所能，以有效節約的方式運作。」該公司如此聲明，合理化他們向新奧爾巴尼提出的要求。該公司亦在每一個步驟中，堅持要求特殊待遇：加快通過建築許可證、免除常規收費。

他們還要求全程保密。這些社區必須簽訂保密協定，才能和該公司進行協商，他們得同意只以暗號名稱提及該公司。（在都柏林是「花崗岩專案」，希里亞德則是「大理石專案」）。該公司要民選官員只能以閉門會議的形式討論專案事宜，並不得在公開會議中進行討論。甚至要求這三座小鎮，若是有關數據中心的公開資訊要求，務必知會該公司，並且盡可能不透露情報，即使是專案地點等非常基本的細節也不行。

這三座郊區小鎮急著點頭答應，免除亞馬遜為期十五年的土地收入稅，並同意將亞馬遜支付的10%勞工所得稅歸還該公司，而每座數據中心的員工只有二十五人。這還不包含在亞馬遜向俄亥俄州稅收抵免管理局（Ohio Tax Credit Authority）爭取到的高達七千七百萬美元的數據中心銷售稅減免[281]。

都柏林甚至加碼贈送：拱手交給亞馬遜六十九畝、估價六百七十五萬美元的農地，供他們興建數據中心。只要亞馬遜繼續在那裡建築至少二十一萬坪的數據中心，都柏林書面保證「亞馬遜將毋需為土地支付一毛錢」。最後更拋出一個誘餌：「只要建案開始前，花崗岩專案獲得土地所有權，建案便不需和工會勞工簽約。」

這三座小鎮都承諾會加快數據中心的作業核准，希里亞德更是大放送：「希里亞德城鎮內的區域劃分、申請、許可、用水和排水等相關費用皆全免。」這三座小鎮承諾會竭盡所能，保護專案不暴露於公眾目光、不受媒體審視。

三座小鎮幾乎語帶歉意地表示，小鎮必須遵守俄亥俄州公共紀錄法（Ohio Public Records Act），於是租稅獎勵方案的官方投票必須公開舉行。但是他們向亞馬遜擔保，除了法律要求，他們會盡可能不透露其他關於數據中心的情報。都柏林和希里亞德雙雙向該公司提出同樣保證：「若非法庭命令，本城鎮拒絕提供相關情報。」

工作職缺是在二〇一四年十二月刊登於網站上。亞馬遜正在為他們維吉尼亞州北部的數據中心尋覓一名「活力充沛的數據中心經理」，當然這不是唯一職缺。經理的職務描述是「數據中心的一級主管，負責記錄並監管數據中心，確保整體運作流暢及重要支援裝備」。很少聽說建築也要確保其安好，不過數據中心就是具備這樣的價值。「我們的資料已成為我們身分的一面鏡子[282]，真實呈現出我們最私人的感受和事實，一座數據中心就是數位靈魂的倉庫。」記者安德魯·布魯姆（Andrew Blum）寫道。

工作職缺的地點是維吉尼亞州乾草市場鎮，也就是不具名公司已申請建蓋數據中心的據點。這項細節讓當地居民艾蓮娜·斯洛斯伯格（Elena Schlossberg）更加起疑，畢竟在二〇一四年底即將邁進二〇一五年的時刻，亞馬遜、道明尼電力公司以及簽署保密約定的郡官員，都異口同聲拒絕承認提議在約翰馬歇爾高速公路旁興建造一萬四千坪數據中心的幕後主使者是誰[283]。

乾草市場鎮是一座歷史中心小鎮，附近房屋及住宅區擁有幾千名居民，而艾蓮娜和該小鎮的居民是在二〇一四年夏天聽說這座數據中心的消息，當時道明尼已開始申請許可證，準備牽起二三〇千伏特的電力線，從蓋恩斯維爾一路蔓延十公里，接上乾草市場鎮西側的全新變電所。活力充沛、兩個孩子的母親，艾蓮娜不想蹚這池渾水，畢竟她有多發性硬化症，而且已經在二〇〇五年為了另一條輸電線浴血奮戰，深知諸如此類的戰役有多難打。關於企業勢力她倒也不是那麼無知：她正是多年前協助華盛頓遊說產業崛起的說客凱尼斯．斯洛斯伯格的女兒。

後來她又聽說這條新輸電線並不是為了隨便一家公司而牽，而是世界最大公司之一。一想到三十公尺高的電線硬生生貫穿乾草市場鎮、三十六公尺寬的公用路線穿越用地，而小鎮狂灑六千五百萬美元的成本，只是為了滿足亞馬遜的需求，就令艾蓮娜火冒三丈。當她得知道明尼的規劃路線直直跨過鄉村新月社區和她家人的土地，更是怒火中燒。（道明尼稍早因為位置太靠近五百二十八戶新房建案，而遭到郡官員阻撓。）

於是她踏上征戰沙場，在自家餐桌上共同創辦了維護威廉王子郡聯盟（Coalition to Protect Prince William County），她發送上千張傳單、組織會議，成功召集到足以塞滿戰場高中（Battlefield High School）的人馬。她不只接下對抗道明尼的挑戰，還向亞馬遜下戰帖，充耳不聞他人說挑戰一家顧客成群的公司是不明智之舉的反對意見。「這場戰役並不是為了輸電線和數據中心而戰，雖然一開始的用意是這樣沒錯，可是真正的重點是我們的社群居然要資助亞馬遜這種壟斷公用事業、讓該企業中飽私囊。『噢，別這樣啦……大家都喜歡亞馬遜耶。』大家都喜歡亞馬遜，我倒想聽聽看要是他們搞砸你的社區，你會怎麼說。」艾蓮娜事後表示。

二〇一五年一月某天清晨的四點五十五分，她寄了一封電子郵件給傑夫・貝佐斯。

親愛的貝佐斯先生：

我的名字是艾蓮娜・斯洛斯伯格，我是維吉尼亞州乾草市場鎮的居民。有件事我不得不告訴您，您提議建造的一萬四千坪數據中心，即將在我的社區形成空前浩劫。為什麼呢？因為貴公司辦公室的某位代表為了這種大規模工業用途，選擇了一個毫無基礎建設的場地。您的數據中心即將蓋在鄉村新月社區邊境，也就是威廉王子郡民最珍惜的保護區。

貴公司的設施需要使用電力，所以將會在貴公司的土地蓋一間變電所，牽一條二三〇千伏特的全新輸電線。而這條電線的碩大電塔可能破壞我們的家園，破壞我們寶貴的文化和歷史資源，以及我們的鄉村景觀。

她要求貝佐斯將數據中心蓋在該郡的特殊預定地，也就是更遙遠的東邊，或至少沿著六十六號州際公路的公用路線穿越用地牽起電線，這條路線可讓部分電線隱沒，所以破壞性不那麼大，卻耗費道明尼更多資金。

她決定動之以情，告訴貝佐斯她選擇讓自己的孩子就讀蒙特梭利學校，部分也是因為貝佐斯常常提及自己如何受益於蒙特梭利教育。「您我皆知，蒙特梭利不只教學生樂於學習，目標更在於培養對社群服務的愛好、對彼此的尊重，以及照顧我們有責任維護的環境。」她寫道。

她的結尾略顯強硬。「我們的社區之戰引起廣大共鳴，貝佐斯先生。我們只是對抗三個歌利亞的大衛……也就是道明尼電力公司、亞馬遜、亞馬遜的『顧客』，我一再重申，貝佐斯先生，我們的社區當然歡迎您，可是我們不能為了滿足您個人的利益，犧牲自己的家園和特有資源。」

她沒有收到回信，也沒有收到同一封信的紙本回覆，抑或後面那一封信的回音。她和社會運動人士將這場戰爭帶進維吉尼亞州首府里奇蒙（Richmond）的州議會，呼籲法院通過議案，鼓勵道明尼改用一條人煙罕見的路線。好幾輛公車的居民身著紅色T恤，抵達首府支持立法。可是道明尼卻反對該議案，道明尼在里奇蒙有強大權勢撐腰[284]，二〇一三和一四年間，除了每年一千五百萬美元精準到位的慈善捐款，道明尼亦提供里奇蒙州議員和州長候選人一百六十萬美元的獻金。該議案最後不了了之收場。

艾蓮娜的活動團體仍繼續在威廉王子郡抗戰，召集反對者參加道明尼的亞馬遜專案接待日，並寫信給該郡的民選領袖，集資籌措資金聘請資深律師，請律師以折扣價在州立公共事業委員會面前代表他們出席。

這陣反對聲浪開始讓道明尼感到緊張，經過再三考量後，他們決定撤銷新月社區的路線。二〇一七年六月，為公共事業委員會審查監督此案的聽證檢察官裁決，這條電線將改設在卡佛路歷史悠久的非裔美國社區「殖民地」。

高中時，納森・格雷森舉辦畢業派對，邀請石牆高中一九八五年班的同期學生到他的家裡，最後共來了四百多人。他的媽媽準備了好幾座山的起司通心粉、馬鈴薯沙拉，他則安排派出一部六

○年代末出產的藍色雪佛蘭魟魚車（Corvette Stingray），去接學校的返校日舞會女王。

三十多年後，格雷森在卡佛路殖民地社區這一帶十分出名，仍然深具號召力。可是當道明尼電力公司、州立公共事業管理者、AWS齊力將卡佛路社區設為輸電線目標，為全新數據中心供電時，他們並無從得知。

該州監管此案的聽證檢察官已經獲准道明尼公司，讓他們在卡佛路居民的主場奪取土地，格雷森的土地則會從正中央被切成一半，近期他才證實他經年累月的感受是真的，原來真有尊卑權勢制度之分，而他和其他膚色相同的人處於該制度的底端。「我們這裡有九十歲老人，請問她該何去何從？查爾斯．摩爾先生沒理由搬離這裡，還有賀伯特．摩爾先生……」他說。

黑奴解放之後，有人告訴他們的祖先只能在本郡的這個角落購置土地，如今卻連這個限制都到期了，這塊土地還有更重要的用途。他說：「我不懂怎麼他們可以隨便指定：『我需要你留在這裡，這裡就是你應該待的地方。這塊土地的價值並不高，不妨清空土地，砍伐樹木，去找個適宜居住的地方，現在你不能住在這一帶了。』」

實在很難不心想，會不會正是卡佛路居民的長壽，導致他們成為無關痛癢的標靶紅心。「『哎，反正他們遲早會死。』大概是這種感覺。」

但偏偏他們還沒死，而保護他們就是格雷森的職責。他四處散播消息，並且即刻獲得迴響，卡佛路和搬離卡佛路的廣大居民都準備就緒、加入這場戰局。「簡直跟家族活動沒兩樣，如果你向一個人提起，接下來就會像滾雪球般的臉書連鎖效應。」格雷森說。

由艾蓮娜領軍、反對上一條牽線路線的社會運動人士，現在大可翹起二郎腿休息，畢竟他們的高檔住宅區和家園已經安全無虞，但他們沒有就此罷手，接著又挺進卡佛路前線，傳授經驗和資源。七十個來自不同種族背景的人出席位於赫恩登（Herndon）的道明尼電力公司地方分部抗議，再前往保全人員站崗、標語警告此地有惡犬的數據中心門口抗議。就連卡佛路老一輩的居民都站出來了——年近八十、再幾年就該決定是否繼續洗腎的艾爾威西亞斯・強森（Alwishias Johnson），也坐著輪椅現身。

這場抗議、格雷森和其他人出席的會議，以及在卡佛路上張貼標語——「拔掉亞馬遜的延長線」，讓他們的抗議對象染上惡名：「亞馬遜數據中心在在威脅百年歷史的維州高齡黑人社區。」一新聞頭條寫道。

與此同時，艾蓮娜和聯盟律師掌握亞馬遜對該場地的企圖心，針對道明尼和亞馬遜不一致的正式輸電線決策持續施壓。艾蓮娜準備以她確實掌握的弱點還擊這兩家公司：在州立法律的規定下，若使用者增設擴展，就得由該使用者自行付費。

壓力持續增加，二〇一七年年底，郡法官否決賦予道明尼在卡佛路路線的土地使用權，州聽證檢察官沒得選，只好重啟該案。道明尼宣布他們願意答應艾蓮娜和她的聯盟一直以來建議的路線，也就是州際公路旁部分隱沒的地下空間，雖然成本較高，但對環境造成的干擾較少。

卡佛路打了一場漂亮的勝戰，然而道明尼電力和亞馬遜卻沒有因此落敗，他們只是更神祕鬼祟，以更具影響力的形式耀武揚威他們的勢力。路線更改的挫敗結束後短短兩個月，維吉尼亞州下議院通過了道明尼電力的提案，地方納稅人的每月稅金不會只是幫亞馬遜買單，還要幫忙支付這條輸電線[285]。

與此同時，亞馬遜向維吉尼亞州各監管機構發出七十八頁的申請表[286]，為該公司數據中心的耗用電力要求特殊折扣費率。至於折扣條件為何，根本無從得知：某版本的申請表單上蓋有各州監管機構的戳章，另一份公開版本則經過大幅編修。

得知電費上漲，好幫亞馬遜支付輸電線的費用時，卡佛路凱旋鬥士的勝利光彩頓時黯淡無光。每當他們開車經過數據中心，看見發出低沉嗡鳴的龐然巨箱時，內心也不由得感到酸澀。格雷森說：「這就像是我們的住宅區有一座白宮，消息封鎖、密不通風，居民一無所知，你明明曉得那裡有一棟建物，卻不知道來來去去的是哪些人，也不知道裡面發生什麼事。你不曉得他們何時開始、何時結束工作，什麼都不知道，也看不出有什麼好處，除了偷走我的納稅錢，他們的付出是零，對道路基礎建設也毫無貢獻，只不過在空地上蓋了一棟建物，自顧自地賺錢。」

事實上，二〇一七年九月維吉尼亞州北部輸電線的戰役打得如火如荼之時，獲利豐碩、發展蓬勃的亞馬遜，宣布他們將在北美某處開設第二總部。亞馬遜在西雅圖占據的大樓即將超過四十五棟，可是他們需要更多空間。全新總部必須容納得下五萬名平均薪資十五萬美元的員工，並獲得五十億美元投資金額。至於哪座城市夠幸運，可以雀屏中選，該公司向所有參與者公開徵選過程，也就是一部大型真人實境秀，城市版本的《鑽石求千金》（*Bachelor*），而為了擄獲這家企業的芳心，各城也不惜互相競爭。

從來沒有一家公司為了總部選點這樣大費周章，不過話說回來，也沒有哪家公司比得上亞馬遜。

二〇一七年，該公司的銷售額成長了三分之一，並進軍保健產業市場；全世界員工人數一年就增加66%，跨過五十萬人的門檻；市場價值在四年內五倍成長，超越谷歌母公司 Alphabet，成為僅次於蘋果公司、世界第二高價值公司。這樣的飆速成長不只反映出該公司的成功，在創辦人眼中，也是一個至關重要的關鍵，可以決定該公司是否存活得了。記者查爾斯．杜希格（Charles Duhigg）說：「貝佐斯堅決不考慮放慢該公司的成長速度[287]，他擔心要是放慢腳步，亞馬遜的公司文化就會瓦解。」美國各地還有其他亞馬遜辦公室：舊金山、華盛頓、紐約、波士頓、洛杉磯、奧斯丁，而這些辦公室至少各有一千名亞馬遜人，但該公司迅速成長，現在需要第二個完整總部，而不只是一家衛星公司。

亞馬遜決定公開選點過程並不令人意外，畢竟該公司在娛樂界也很吃得開。二〇一八年，亞馬遜在影視製作上斥資四十億美元，沒多久就主宰了三分之一的串流影音市場。一年前，亞馬遜成為第一個提名奧斯卡最佳影片獎的串流媒體服務供應商。

同時一家企業也需要有絕對的信心，相信自己的地位夠崇高，才能假定觀眾對全新總部選拔的過程感興趣，並能保持他們在大眾心目中的形象，像是可以跨越國家藩籬的奧運冠軍或色彩中立的流行巨星。亞馬遜有理由相信，他們確實成功打造出這種信譽。二〇一八年六月和七月進行的調查顯示[288]，在全美的民主黨支持者中，亞馬遜躍升最值得信賴機構，聲譽超越政府、大學院所、工會、媒體。在共和黨支持者之間，亞馬遜則是排名第三，僅次於軍、警兩方。為了將金字招牌打磨到發亮，再怎麼狂灑鈔票也不為過：二〇一八年，他們的電視廣告開銷漲至六億七千九百萬美元[289]，幾乎是三年前的兩倍。

將總部選址變成公開選拔競賽的主要動機很快就顯現出來。幾十年來，各城市都向公司、企業拋出租稅獎勵方案，藉此迎頭趕上對方。亞馬遜在倉庫和數據中心的地點挑選上，更是這場競爭的佼佼者。但這並非明爭，而是一場暗鬥，只在用詞委婉的電子郵件和市政廳會議室悄悄進行。將標案變成大眾媒體節目，應該沒有比這更添出價樂趣的做法吧？美國人最喜歡競賽，他們喜歡贏家，民選領袖則會感受到來自基層人民的壓力，來自露天座位區的吶喊，讓整座城市都動了起來。

吶喊幾乎立即傳入耳中——「選我們吧！」地方長官的熱情往往變成令人尷尬的飢渴。土桑（Tucson）不惜派出貨車，大老遠拖運六・四公尺的巨柱仙人掌到西雅圖。堪薩斯城市長在網路上幫一千件亞馬遜產品打了五星評價。達拉斯投其所好，知道亞馬遜難以抗拒小狗，提出為公司職員減免當地寵物認養費用。亞特蘭大主動提議為該城市的地下鐵系統增設亞馬遜專用車廂，以便「將商品配送至城市各個角落」，近郊石峰市（Stonecrest）則說要更名為亞馬遜。

在宛若馬戲團表演的投標過程中，有人發現這場活動的嚴重下場。亞馬遜在尋覓第二個家時，本來有大好機會重新調整國家景觀的平衡，與美國某些被遺忘的角落分享他們從贏家通吃的高科技資本主義獲得的好處。一如部落格作家羅斯・杜塔（Ross Douthat）在二〇一七年九月描述：

> 要是亞馬遜將他們的總部徵選決定當作一種企業社會責任[290]，既是一種公共關係手法，也是誠摯的愛國表現，結果會是怎麼樣？……與其挑選波士頓／華盛頓等再明顯不過的一流大城或創意新興城市，亞馬遜大可選擇在保守州的中型城市建立總部——譬如納許維爾、印第安納波利斯（Indianapolis）、伯明罕，抑或落腳垂死掙扎的東岸城鎮，而不是東北走廊大城——若要挑波士頓，不如挑哈特福（Hartford）；與其找華盛頓特區，不如找巴爾的摩；與其選紐約市，不如選布里奇波

特（Bridgeport）。再不然挑一座破敗衰退的大城市也好，把亞馬遜總部當成一部都市振興引擎，打造出克里夫蘭亞馬遜或底特律亞馬遜。

根據我極其不科學的「怎樣做才對美國好」的度量制，還有一個分外誘人的選項，那就是聖路易——這座曾經偉大、在蕭條衰退中黯淡的首府，川普制霸的大都會中心，既位居美國的地理中心，也是東西岸的歷史橋梁。

這段話實在講得太有道理，偏偏四個月後，亞馬遜還是強烈表明他們無意傾聽民意。二〇一八年一月，亞馬遜宣布總部選拔的前二十強，而該公司還是傾向波士頓／華盛頓等一流大城或創意新興城市，也就是科技人才群聚匯集的所在，恐怕也是各地求職者最感興趣的城市，這份名單包括：波士頓、華盛頓、紐約、奧斯丁。不在名單上的則有：底特律、巴爾的摩、克里夫蘭、聖路易。過關的還有早就在美國中部地區證明自己是贏家通吃的城市，例如哥倫布和納許維爾。眾多沒有雀屏中選的城市中，有一組是代頓和辛辛那提。「我開始看見社群分歧以及東西岸城市與其他城鎮之間的落差，我很擔心人們其實不了解中型城市。」代頓市長南·惠利（Nan Whaley）說。

立刻獲得HQ2暱稱的第二總部不是城市促進專案，也不是凝結美國社會架構的計畫，但我們倒是沒有理由要任何人相信亞馬遜和傑夫·貝佐斯有此用意。這一切全寫在該公司的「領導力準則」：

「領袖具有堅定信念，不輕易退讓，亦不會為了社會凝聚力妥協。」

亞馬遜後來毫不拐彎抹角地告訴記者：「亞馬遜從沒說過HQ2是扶貧濟困的社區專案[291]。」早期帶領貝佐斯來到西雅圖的投資人尼克·漢諾爾，後來毫不留情地批評亞馬遜，對亞馬遜暗示該公司並不打算運用HQ2振興垂死掙扎的城市，他也毫不詫異。「矯正自己造成的社會過錯？你在跟我說笑嗎？傑夫．貝佐斯是百分之百的自由派，這群人相信世上真正重要的只有亞馬遜的發展，其他人怎樣都跟他們無關。他們只會朝對亞馬遜最有益處的方向發展，至於這將對一個地方造成怎麼樣的影響？除了這地方會對亞馬遜造成怎樣的影響之外，其他的他們一概不考慮，他們的腦袋不是這麼運作的。傑夫抱持的是典型的新自由主義觀點：企業公司和股東的唯一目的，就是自己賺大錢，其他事一概不管。這就是他們的最高職責，只要擴大股東價值，就能神奇地創造共同利益。倘若該死的股價是唯一重點，你又何必浪費力氣去做其他事？」他說。

「可以幫我們介紹專題講者嗎？Alexa。」

「榮幸之至。」Alexa用她剛更新的聲音說。新一代Alexa設計得更為人性化，不再那麼機械化，並已在超級盃（Super Bowl）廣告中首度亮相，她的聲音在華盛頓會議中心的寬敞演講廳隆迴蕩。「請讓我們歡迎亞馬遜雲端運算服務（AWS）的全球公部門副總裁德蕾莎．卡森（Teresa Carlson）上臺。」

這是第九屆亞馬遜雲端運算服務年度公部門高峰會（AWS Public Sector Summit），早期活動選在阿靈頓河岸對面的萬豪酒店舉辦，參加人數只有五十人。可是今天，二〇一八年春季，該活動卻吸引一萬四千人湧進華盛頓哥倫比亞特區會議中心的會議廳。高峰會像是打了類固醇般腫脹，任人一看就知道這是亞馬遜雲端服務成功的鐵證：到了這一年尾聲，雲端基礎架構總共帶來一百五十五億美元的利潤，幾乎是所有該產業的競爭對手加總起來的數字。

今日會議的主題，就是制霸全球的亞馬遜雲端踏進全新場域——政府。正如該公司稱霸政府採購辦公用品，亞馬遜也正準備稱霸利潤更肥美的政府資訊科技業。亞馬遜於二〇一三年搶到中央情報局的六億美元雲端合約，也是角逐價值一百億美元五角大廈最大型雲端合約的兩大候選人之一。AWS全球公部門總部位於巴爾斯頓（Ballston）也絕非意外，這座維吉尼亞州阿靈頓（Arlington）的辦公室，距離五角大廈僅有四．八公里，也就是六個地鐵站。

即使在亞馬遜決定第二總部的地點前，該公司對華盛頓的情有獨鍾早就漸漸藏不住，更明顯的是華盛頓的新興繁榮，亞馬遜功不可沒。亞馬遜如今成為各政府的主要雲端服務供應商，儼然就像是召集人，聚集所有想要分到一杯羹的各家小公司，賣家大廳裡全是這些公司，攤位上張貼著各家公司的名稱：賦格（Fugue）、薩科塔（Xacta）、艾爾飛斯科（Alfresco）、歐克塔（Okta）、雪花（Snowflake）、恩吉奇特（Enquizit）、微姆（Veeam）、杜魯瓦（Druva）……

帶著濃濃肯塔基州鼻音的卡森難以克制自己，提醒她的嘉賓該公司是如何領先在座各位。AWS如今掌控將近一半公共雲端服務的經費，從五年前的四十五名員工，增加至今日的兩萬多人，享有整整26%的營業利益率，而該部門的收益甚至超過亞馬遜整體營運盈收的一半。基本上，雲端系統是該公司主要的搖錢樹，多虧雲端系統，亞馬遜才可能讓最早起家的零售業保持低價，繼續以幾乎虧損的價格販售商品，同時踢走眾多競爭對手，讓他們完全無法生存。

雲端成長潛能無極限，正如貝佐斯本人所言，AWS的「潛在市場」可帶來「無數萬億」成長。卡森吹噓著該公司的驚人成長所帶動的效率。「多虧我們的規模經濟，AWS在二〇〇六年初次登場之後，亞馬遜就降價了六十六次，而且毫無壓力。當我們有了規模經濟，就可以回饋給顧客和合作夥伴。」她說。

她指向背後螢幕上一張扎滿圖釘的世界地圖，描述該公司的成長優勢有多麼難以超越，就像某個在戰國風雲（Risk）遊戲中細數領土軍隊的十一歲小孩。卡森說：「我們創造出工業規模的區域，也就是AWS數據中心在世界各地的實際據點，共有十八個地理區，五十五個可用區域，一〇八個端點，並持續在世界各地增長。」

「相信我，我們的速度不會變慢。」她說。

當天稍晚，受邀參加者前往一．六公里外的亞馬遜華盛頓辦公室VIP接待會場，就在國會山莊附近的全新大樓。

進門前，國防承包商巨頭雷神公司的資深資訊科技主架構師傑．丹姆勒（Jay Demmler）對著玻璃門的倒影整理頭髮。

其中一名亞馬遜說客詢問另一位走上前的客人：「今天在國會山莊還好嗎？」

一名身著完整軍裝的男人昂首闊步上前。他步出旅行車後，兩名身穿制服的下屬檢查停車計時器。

一名亞馬遜員工已經在門口等候。「長官好，我帶你進去。」他對指揮官說。卡爾．舒茲（Karl L. Schultz）海軍上將是第二十六任美國海岸防衛隊指揮官，目前才剛上任三週，而他的單位正在考慮移向雲端服務。

亞馬遜的行政主管魚貫而至，其中一人是合作夥伴發展部門（Partner Management）的強恩．派特森（Jon Petersen），他提醒同僚，所有AWS員工都要在這天的活動上穿白色衣服，好讓賓客方便辨識，但根本沒人穿白衣。

「我之前是歐巴馬政府的勞工部代表，已經是兩年半前的事了。」一個男人對另一人說。

接下來走上前的是自由派智庫美國進步中心的約翰・罕里（John Hanly）、國防合約商BAE系統的主科技長曼尼許・帕里科（Manish Parikh）、卡普林與德萊思戴爾律師事務所（Caplin & Drysdale）的稅務律師詹姆斯・阿米塔吉（James Armitage）、另一家中間偏左派的智庫城市研究所（Urban Institute）的科技和數據科學資訊長兼副總裁柯羅得・歐德（Khuloud Odeh）。

在大廳等候搭乘電梯的排隊隊伍越來越長。「天啊。」一名女性看見排隊人龍時忍不住驚呼。

F街轉角處的人行道下水道格柵上，一名年輕黑人女子正枕著一條毛巾呼呼大睡。有人留了一份三明治給她。

前往另一場活動前，歐德給罕里一個擁抱。他告訴他：「雷斯頓那裡還有一場網路活動。」

AWS美東的中西部前線只花了不到兩年時間建造。到了二〇一六年十月，三座位在哥倫布附近、二七〇號州際公路的全新數據中心已經建造完畢，市政官員已經不需再對場地保密，就算還有當地記者在附近挖新聞，他們也不用迴避窺探的目光。這幾棟建物存在的事實已經擺在眼前，從田野中央拔地而起的灰色龐然大物，這還只是頭幾座——亞馬遜宣布還會在俄亥俄州中部蓋十幾棟數據中心。二〇一八年，亞馬遜、微軟、谷歌、臉書花在數據中心的總資本支出[292]，在短短一年內已經飆升五成，高達七百七十億美元。如雨後春筍般冒出的建築，催生出數據中心廢鐵回收[293]的新興行業，畢竟大多機器的壽命僅有短短幾年。

位於哥倫布首都環線公路的十點鐘方向，希里亞德的數據中心散發出蒼白荒涼的冷灰色澤，整棟建築融入俄亥俄州的冬季天空，就像是一隻在雪地裡行偽裝術的雪靴兔。數據中心背後墊著另一色階的灰，一座更晦暗難解的龐然大物：數據中心的變電所。

哥倫布首都環線公路的十一點鐘方向，都柏林數據中心鄰近一座設有好市多（Costco）、T.J. Maxx 折扣店、最大寵物連鎖商店 PetSmart、Aldi 平價連鎖超市、溫蒂漢堡、提姆霍頓斯（Tim Hortons）快餐連鎖店的購物廣場。提姆霍頓斯的年輕店員並不知道路旁那棟巨大建築為何物，事實上他從沒認真想過這個問題。

首都環線公路一點鐘方向左右，新奧爾巴尼的數據中心並不遺世獨立，而是座落於諸多倉庫和物流大樓的邊緣。這裡有 Mast Global 服飾店、塑膠製造商 Axium Plastics、Exhibitpro 展覽行銷策略公司、安姆科（Amcor）包裝公司、凱迪希化妝品公司（KDC/One）。這些公司在窮鄉僻壤地帶一字排開，亞馬遜數據中心正對面的山毛櫸路（Beech Road）上，綿延著一整排搖搖欲墜的房屋和拖車。一扇門上貼著一塊標語：「因為警察太笨重，所以我攜槍。」另一個標誌則寫著「你給和平一個機會，但要是和平無用，讓我用槍保護你。」

「倒也不是初來乍到的企業鄰居可能侵入民宅。」一名居民說。建蓋數據中心時他們還沒越界，一年前原本什麼也沒有，但一年後就有了。

一名披薩外送員把車停在警衛室門外，獲准入內。

同一條路上，道恩．戴爾登（Dawn Dalton）坐在信仰生命教會（Faith Life Church）的迎賓櫃檯，十二年前剛建立教堂時，這附近空無一物，僅有這些民宅、玉米田、大豆田。後來倉庫和數據中心降臨，鮑伯伊文斯連鎖餐廳（Bob Evans）對面、七億五百萬美元打造的臉書全新數據中心規模甚至比亞馬遜龐大：三百四十五畝，占地兩萬七千坪。谷歌也計畫斥資六億美元在此地蓋一棟，後來甚至進展到這些公司在小城鎮都有地區供應鏈，提供零星幾十份管理數據機器的職缺，跟曾經串連的稠密供應商網路有天壤之別。

對位於西雅圖和灣區的亞馬遜、臉書、谷歌、蘋果來說，真正重要的城市絕不是哥倫布、辛辛那提或代頓，而是與他們爭相搶奪人才和資本的全球都市，好比倫敦和東京，抑或可提供製造他們所需產品的遙遠地點，譬如中國深圳。

有時要是風向正好，香氛品牌 Bath & Body Works 配送中心的香氣就會飄過田野而來。「我們被它們團團包圍了。」戴爾登說。

在美國本土，由於進入最終篩選的參賽城市只剩下二十個，第二總部的競爭日益白熱化。時間和手頭緊的市政府不惜浪擲光陰和資金，微調他們的企劃案、聘請顧問，並為了來訪的追求者精心打扮。

不只如此，他們亦祭出條件超級優渥的獎勵方案。大多城市提出的條件不得而知，畢竟「追求者」向投標者下達指令，協商過程務必嚴實保密[294]，否則就不納入考慮。明明是公開過程，卻要求對方全程保密，實在令人感到不可思議。就連最後需要批准計畫案的市議員都暫時不能得知細節。印第安納波利斯要求四百名員工簽署保密協議，位於華盛頓近郊的馬里蘭州蒙哥馬利郡則為了配合資訊自由法的要求，交出一份完全刪減的十頁文件，每一行字都以黑線劃掉，克里夫蘭則是刪除了該文件的標題頁和內容目錄。兩百三十八件標案中，有一百二十四件完全保密。「我們不透露關於亞馬遜第二總部的文件資料，不受資訊自由法限制。」負責邁阿密標案的公私合營主任說。奧斯丁、亞特蘭大、印第安納波利斯也用類似的回答拒絕公開資訊。

偶爾會有數字流出，不小心透露出正在進行的標案規模。哥倫布提供超過二十億美元，芝加哥則承諾將會歸還亞馬遜員工每年支付十三億兩千萬美元的綜合所得稅，馬里蘭通過一份六十五億美元的專案。過了兩年後紐渥克（Newark）才透露，當年他們解決不了飲用水的含鉛問題，卻有錢提供亞馬遜七十億美元。

該公司視察場地的過程也是全程密不通風[295]。可是某些模糊粗略的細節還是不慎洩露出去——有些城市會帶訪客搭輪船導覽，其他則是踩腳踏車參觀。他們已說好過程以簡單方便為上，不需過度奢侈，不要重蹈第一輪被刷下的投標城市賣弄廉價手段、鋪張浪費的覆轍，畢竟現在已進入嚴肅的決定性階段。訪客們想知道當地高中畢業生的大學入學考分數，這也是貝佐斯在亞馬遜面試新進員工時，必會詢問對方分數的癖好。訪客也想要搭公車和輕軌。

由於過程保密到家，投標人只能從線索中找尋答案[296]。阿拉斯加航空（Alaska Airlines）特地為西雅圖和哥倫布開設直航班機！卡內基美隆大學（Carnegie Mellon University）電腦科學學院院長辭職——也許是為了管理匹茲堡的ＨＱ２？

有人在邁阿密看見貝佐斯和暱稱阿紫（Purple）的俱樂部發起人在一起。「不是天天都有機會和世界第一富豪廝混。」阿紫在 IG 上裝腔作勢地說。《邁阿密前鋒報》（*The Miami Herald*）並沒放過這個目擊場面：「難不成這是好消息，象徵 HQ2 標案獎落邁阿密？」

曝光

重返亞馬遜倉庫

賓州．卡萊爾

二〇一四年六月一日，賓州卡萊爾實現倉儲中心的喬蒂．羅德斯死亡後三天，哈里斯堡地區的職業安全與健康管理局（OSHA）主任凱文．克爾普寄出一封慰問信給她的兒子。他寫道：「關於您母親的逝世，我們深感遺憾，我們希望您明白，OSHA正在調查整起事件。」

OSHA調查員向亞馬遜發出傳票，並與倉庫員工訪談，觀察皇冠PC4500型自動裝卸機的操作過程。他們致電喬蒂的兒子，但沒聯絡上。後來拜訪皇冠代理商，一名分公司經理推薦他們直接去公司。他們和倉庫安全經理黛安娜．威廉斯、代表亞馬遜的紐澤西州普林斯頓律師事務所律師約翰．麥克葛倫（John McGahren）交談，該律師要求所有問題以書面呈交，並且要求延期三十日。

二〇一四年九月二十二日，OSHA官員得到喬蒂．羅德斯血液檢測的毒物結果，顯示血液中含有十二種微量物質和藥物，包括尼古丁、既是抗憂鬱藥也是戒菸用藥的安非他酮、大麻的主要活性成分四氫大麻酚、苯海拉明、用於治療神經痛的抗癲癇藥加巴噴丁、類似維可汀和Zohydro的類鴉片藥氫可酮、普遍來自可待因或海洛因的嗎啡、用來治療焦慮症的苯二氮平類藥物去甲羥基安定，以及類似疼始康定的類鴉片藥成分羥考酮，結果亦顯示她的血液含有〇．〇二的酒精濃度。

十一月十四日，凱文．克爾普寄了一封信給黛安娜．威廉斯，說明OSHA在卡萊爾倉庫的調查顯示PIT操作的「潛在危害」，機械駕駛在使用過程中有遭到碾壓的風險。他寫道：「根據我們的調查，倉庫高層置物櫃的最下層水平支撐架高度約離地一百二十五公分，這個高度可能對PC4500型號的機器造成輾壓危害，機械前端可能插進底層支撐架，將機操作員從支撐架和機器背架之間騰空架起。」

克普爾建議調整最下層架子的高度，並將PC4500型號換成其他機種，但他寫道：「本工作傷害並不符合OSHA標準。」結論是「目前不發出傳票」。

經過了兩個月，克普爾才寄信給羅德斯的兒子分享調查結果。「儘管調查顯示雇主並未違反安全和健康標準，我們也明白再多賠償或金錢都無法彌補你們及全家的損失，因為這場悲劇讓你們的人生完全變了樣。」他寫道。

不到三年之後的二〇一七年九月十九日，卡萊爾康伯蘭緊急救援服務人員再次被呼叫前往PHL6，也就是八十一號州際公路和賓州收費公路附近，座落於位置便利的艾倫路亞馬遜倉庫。

當地貨運公司革命運輸（Revolution Transport）的一名駕駛在過了傍晚五點不久抵達倉庫，試圖將他的二〇〇一年款富豪（Volvo）曳引車開去出貨場的一二九號卸貨門，駛入裝滿貨物的拖車。他一直無法成功將拖車的主銷接上曳引車的銷鏈片，也就是「第五輪」牽引裝置。

此時車場操作員戴文・薛馬克（Devan Shoemaker）前來協助，他是在駕駛將拖車開進場地前後，移動拖車進出卸貨區的亞馬遜員工。自從倉庫在二〇一〇年開張後就在此工作的他，當時只是臨時工，剛從杰尼亞塔高中畢業兩年，在校時期，他曾經是當地的美國未來農民會（Future Farmers of America）成員。

薛馬克和駕駛站在曳引車後方討論問題，後來薛馬克找來一把拖車千斤頂的黃色管柄，撬開第五輪的鎖機制，駕駛再次將曳引車倒車，可是第五輪依舊無法裝上主銷。

駕駛再次跳下車，兩人繼續討論可能的問題，猜測是第五輪的油過多。這時駕駛又回到車上，將

開。

曳引車往前開，在拖車和曳引車之間拉出一段空間，好方便他們修理第五輪。

曳引車往前駕駛時，薛馬克仍站在曳引車的後雙輪之間，就在第五輪板旁。「哇！」他大喊。然而駕駛沒有停下來，戴文就這麼硬生生被壓在直徑一百〇六公分、二十七公分寬的輪胎底下，每一條輪胎的重量多達五十三公斤。另一名員工見況時放聲尖叫，駕駛聽見尖叫聲才沒再繼續往前開。

薛馬克臉朝下，趴在地下，倒臥在血泊之中。有人打了一一九，接著亞馬遜的場地安全團隊帶著救護車和州警抵達現場。

康伯蘭郡驗屍官辦公室宣布薛馬克是當場死亡，頭部和軀幹遭到碾壓損傷。二十八歲的薛馬克已婚，育有一子，是米德爾堡（Middleburg）共濟會六一九號會所成員。他平時喜歡和寵物馬克斯和黛西玩，駕駛四輪車、搞搞園藝、烹飪、手工藝創作。

老樣子，OSHA哈里斯堡辦公室寄了一封慰問信給亞馬遜 PHL6 場地的員工家屬。新上任的區域主任大衛．歐拉（David Olah）寫道：「本信主旨是通知您，OSHA正在調查戴文的死因。」十月二日，歐拉和其中一名家屬交談，解釋調查將如何進行。該家屬表示，意外發生當晚亞馬遜並無派人探望他們，也沒有致電通知，他們還是在戴文那晚下班後遲遲沒有從倉庫回到家，致電詢問一名同事才得知情況。

歐拉寫信給倉庫的新任場地安全經理湯瑪斯．浩茲（Thomas Houtz），向他索取文件資料，包括貨品裝卸場地的照片、目擊證詞、訓練課程紀錄、工作規定、車場操作員名單。浩茲在回信中附上幾份文件和一封封面印有「亞馬遜實現倉儲」斗大粗體字和企業微笑標誌的求職信。

可是亞馬遜不准OSHA任意面談員工。二月份，代表亞馬遜處理喬蒂・羅德斯死亡案件的普林斯頓律師事務所，派出律師馬克・費歐雷（Mark Fiore）寫信給OSHA，說明他會出席這場面談。一名OSHA調查員卻反對，寫信給一位同僚說：「我已經解釋過保密權，要是他在場，我就不會面談員工。他聲明是某判例法容許他出席。」

區域主任歐拉回應，此事尚有爭議，關於薛馬克的死亡，該機關傾向「不發出傳票」。

十天後，在亞馬遜費城辦公室的哈羅德・洛蘭（Harold Rowland）致信哈里斯堡OSHA辦公室歐拉的一封電子郵件中，證實了他們並無發現違規跡象。

「我們已經可以結案了。」洛蘭寫道。

第七章　庇護：企業的納稅義務和社會責任

西雅圖——華盛頓哥倫比亞特區

二〇〇四年，兩名年輕人搭乘灰狗巴士離開紐約州賓漢頓（Binghamton），尋覓未來的新家。凱蒂．威爾森（Katie Wilson）和史考特．邁耶斯（Scott Myers）高中時期參加「要食物不要炸彈」（Food Not Bombs）素食組織活動時結識，參加者每週一次運用受捐贈的食材烹煮素食餐點，並在公園為流浪漢和任何前來的訪客供餐。

高中之後，兩人的人生道路南轅北轍。父親是紐約州立大學賓漢頓分校生物學教授的凱蒂，由於深受物理學和哲學這兩個她最喜愛卻最不可能湊成對的雙學位課程吸引，前往牛津大學就讀，英國每上課八週就放假六週的學制也很吸引她。傳統美國大學的道路向來讓她感到矛盾，於是這似乎是個完美的逃避計畫。可是，後來另一種更常見的矛盾心態勝出了，她在畢業前六週輟學，任職於學術界的父母則視此為叛逆的不孝行為，對凱蒂甚是不滿。

史考特倒是從小就叛逆。他十五歲就輟學，取得普通教育發展證書後，在北達科他州的印第安保留區當義工，並在灣區地下鐵車站彈吉他街頭賣藝，住在當地的禪寺。

二〇〇四年，他們搭乘巴士周遊全國，整整兩個月走遍美國大陸，尋覓適合他們落腳的地點，他們的答案卻不是賓漢頓。「當然這地方是很迷人沒錯。」凱蒂後來以她典型的古靈精怪語氣說道。巴士帶他們前往波士頓、費城、多倫多、芝加哥、紐奧良、舊金山、西雅圖。當初傑夫·貝佐斯和妻子麥坎西駕駛雪佛蘭開創者（Chevy Blazer），計畫尋找充滿新創公司氛圍的場地，可是凱蒂和史考特幾乎沒什麼構想，只知道自己想成為一分子，改頭換面，無論他們最後在哪裡落腳。

貝佐斯深受西雅圖的租稅優勢吸引，可是深深吸引凱蒂和史考特的卻是圖書館會員卡：在西雅圖時，他們聽說只需要一百美元就能成為華盛頓大學圖書館之友，讀遍所有圖書館館藏書籍。這對兩名在正統教育中半途而廢的年輕人特別有吸引力，更加強了他們以自己的方式深造的決心。「我們已經試過馬克思主義的教條。」凱蒂笑言。

他們很快就發現尋找屬於自己的城市比尋覓人生目標簡單得多。西雅圖早在一九九九年就見證反對世界貿易組織（World Trade Organization）的熱血抗議，但五年後這對情侶抵達時，地方政治場景平靜無波。他們想要找尋契機，為了個人信念而戰，過程中卻一再換工作。凱蒂做過的工作包括實驗室助理、咖啡吧臺師、法律助理、公寓裝修師、木工。她最喜歡的工作是在聯合湖粉刷小船船底。

史考特在雜貨店熟食區工作，也當過吉他老師。他們兩人合力管理菲尼脊社區一棟磚石建築公寓，也一直住在那棟大樓的公寓裡。擔任大樓經理的老太太維爾娜警告他們，大樓內還有一位更年邁的房東太太。房東太太九十八歲了，後來活到一百〇四歲。「她一毛不拔到連鐵公雞都輸給她。」維爾娜說。維爾娜搬進老人院後，他們倆遂接下她的大樓經理職位，這一做就是五年。

二〇一一年，經濟大衰退的餘震迫使西雅圖公車系統服務大幅縮減，偏偏凱蒂和史考特在西雅圖全靠公車代步。於是凱蒂開始研究西雅圖的大眾運輸經費，結果卻令她為之咋舌。身為全美最先進大城之一的西雅圖，居然是全美稅收制度最倒退的城市，而且華盛頓州並不向人民收取所得稅。二〇一〇年，該州提出向最富裕居民課稅的議案，投票表決是否藉此為教育和社會服務等目的每年徵收二十億美元的經費，儘管該議案一開始廣受熱烈支持，最後卻因為最富有居民資助反對活動而慘敗收場。

該州的科技產業助長了反對派氣焰。「正因為不收取州所得稅，華盛頓州的公司才具有招聘的競爭力，留住全美最優秀的人才。」華盛頓科技產業協會（Washington Technology Industry Association）如是說。該產業承認，西雅圖不只是因為普吉特海灣（Puget Sound）、雷尼爾山（Mount Rainier）、華盛頓大學才成為科技磁鐵，更主要的原因是這座城市的工程師、程式設計師、行政主管不需支付大筆稅金。

二〇一〇年的全民公投結果出爐，儘管西雅圖都會區住著世界兩大首富，眾多基礎服務還是得仰賴累退銷售稅和特種消費稅，而大眾運輸也名列其中。全州最貧困的住戶[297]將17%的收入拿去支付州立和地方稅，最富裕居民卻支付不到3%，再說銷售租稅收益更是禁不起經濟衰退驟跌的挑戰。

凱蒂總算發現她的人生目標了。她和史考特共同成立公車族工會（Transit Riders Union），在幾百名繳費會員和某些當地工會的支持下，他們開始為大眾運輸系統發聲。「這就像是一條陡峭的學習曲線，你會漸漸發現所有異想天開的構想，需要下功夫一步步實踐。」她說。隨著一年年過去，他們卻慢慢察覺真正重要的議題並不是公車路線和輕軌擴建而是稅金——稅收，以及與稅收息息相關、良性競爭的慈善事業。重點是市政基礎建設由誰資助？甚至需要回溯至最基本的問題：市政基礎建設是否

真的需要維持？

一九一三年，聯邦所得稅隨著第十六條修正案誕生。（美國曾經徵收所得稅支付內戰開銷，但僅維持十年。）起初是每三千美元徵收1%，超過五十萬美元則會有6%的附加稅。五年後，一次大戰時期，最高稅率激增至超過一百萬美元的收入得支付77%的所得稅，但美國富人的平均稅率大約是15%。

所得稅徵收啟用不到四年，國會就幫人民找到逃避納稅的門路：慈善捐贈的所得稅減免。減免的理由是所得稅可能讓美國富人不再進行慈善捐款，在一個到處是慷慨闊氣的強盜富豪色彩的國家，這個概念令人坐立難安：大學、博物館、圖書館等不勝枚舉的機構皆背負著這些色彩。

要是政府擁有可預期且穩定的租稅收入，照理說就能建立與維持大學、圖書館、博物館的運作，可是產業大老卻堅稱，只有他們清楚資本主義的豐碩果實，也就是幾百萬美元的金額應該怎麼花用，尤其是蘇格蘭出生的實業家兼美國慈善的精神元老安德魯・卡內基（Andrew Carnegie）。他在《財富的福音》（*The Gospel of Wealth*，一八八九年著）中提到，「依據他個人判斷，富人的義務就是把財富投資在最能為社群產出有利結果」的事物上。重點是卡內基深信自己分配「剩餘收入」的判斷崇高卓越，所以不能理解為何這類收入應該廣泛用在其他方面，好比幫員工加薪。與其將這筆錢分成「微不足道的分量」用於捐獻或加薪，一大筆慈善捐款才是「真正提升人類的強大力量」，畢竟前者可能只是「養大員工胃口而流於浪費」。他還自信滿滿地認為「即便是最清貧的人都可看出他的用意」。

卡內基在一九一九年逝世，但他的道德規範，依然在接踵而來的幾十年間奠定慈善事業的根基：唯獨有錢人才知道什麼才是最正確的做法，因此由他們決定如何花錢，而不是讓普羅大眾決定，才是對大家最好的做法。作家阿南德．吉里達拉達斯（Anand Giridharadas）寫道：「這是不論用的是什麼手段，他們都有權賺錢的極端想法[298]，也是關於義務回饋的極端觀點。」這種說詞亦推翻了「若是收入增加，也許窮人就不需要太多協助」的看法。隨著二十世紀末和二十一世紀的前十年聯邦最高所得稅率降低，以及美國的暴富吹氣球般大規模膨脹，慈善事業的聲望卻只有持續成長。二〇一〇年比爾．蓋茲、梅琳達．蓋茲（Melinda Gates）、巴菲特共同發起成立「樂捐誓約」（Giving Pledge），呼籲富翁同意至少捐贈一半個人財產。多數捐贈最後都去了根本不需要樂捐的機構，好比哈佛大學和史丹佛大學，這兩所大學長久以來每年分別得到十幾億美元。隨著捐款金額上升，政府付出的代價也越高：截至二〇一三年，納稅人每年扣抵四百億美元以上，其中荷包最飽滿的富人受益最多，畢竟他們是最高扣除稅率的族群。

億萬富翁兼卡萊爾集團共同創辦人大衛．魯賓斯坦是簽署樂捐誓約的其中一人，近年來他在華盛頓一連串高調樂捐的舉止，已經完勝眾多慈善家。他慷慨出資兩千一百三十萬美元重金，將七百一十年歷史的〈大憲章〉（Magna Carta）借給國家檔案館（National Archives），之後又為了收藏該重典，砸下一千三百五十萬美元買藝廊，甚至買了兩份由林肯總統簽字的〈解放奴隸宣言〉（Emancipation Proclamation），並將其中一份出借歐巴馬總統在總統辦公室展示。他也慷慨捐款給前總統傑佛遜的蒙蒂賽洛宅邸（Monticello）、位於蒙特佩利爾（Montpelier）的詹姆斯．麥迪遜（James Madison）莊園、羅伯特．李（Robert E. Lee）將軍的宅邸、硫磺島海軍陸戰隊戰爭紀念碑（Iwo Jima Memorial），以及林肯紀念堂（Lincoln Memorial）。

華盛頓紀念碑（Washington Monument）在二〇一一年地震中受到輕微損傷，魯賓斯坦宣布捐贈七百五十萬美元修復紀念碑。他喜歡故作正經拿他享有的特權說笑：他在某次參觀紀念碑的私人行程中說：「我拿出一支筆，然後在紀念碑最上方簽下我的名字縮寫。」

魯賓斯坦甚至為他給華盛頓機構和其他歷史遺址的捐款特別取了一個名字：他說這是「愛國慈善」。二〇一五年，在《六十分鐘》（*60 Minutes*）講述他樂捐的新聞節目片段中，他說他單純是想填補手頭拮据的國庫破洞。「政府已經沒有過去擁有的資源，我們的預算嚴重不足，大幅舉債，我認為人民應該有錢出錢。」他說。

專訪獨漏一件事，也是他提及光鮮亮麗的各種慈善善舉時沒說的一件事：當今政府資源減少，其實魯賓斯坦功不可沒。他和其他私募股權投資經紀人多年來都是靠鑽漏洞賺錢，管理他人投資的酬勞稅收不是以一般收益的高利率計算，而是以資本利得率計算投資利潤。「附帶權益」的漏洞每年幫最有錢的私募股權主管省下的金額是每人將近一億美元，保守估計國庫每年損失二十億美元。一位專家聲稱，這筆錢事實上是這個數字的好幾倍。魯賓斯坦不僅靠這個漏洞賺滿荷包，甚至在國會山莊打通人脈，讓國會在這幾年來的關鍵時刻無法填補起這個漏洞。

儘管如此，他的樂善好施依舊聲名遠播。二〇一五年某天，魯賓斯坦帶著幾百位賓客抵達紐約公共圖書館的布雜藝術風格總部：這棟大樓於二〇〇八年獲得私募股權公司黑石集團（Blackstone）老闆施瓦茨曼一億美元捐款，於是重新命名為施瓦茨曼大樓（Stephen A. Schwarzman Building）。魯賓斯坦和微軟共同創辦人保羅．艾倫等其他人在那裡受領卡內基慈善獎（Carnegie Medal of Philanthropy），在獲獎演說中，魯賓斯坦說當他苦思自己應該怎麼做時，安德魯．卡內基從天堂捎給他一封信。「每一位優良的慈善家都會長壽，當他們壽終正寢，天堂會為他們保留某個特殊殿堂，溫暖迎接他們。」這封「信」這麼告訴他。

西雅圖的房市危機已經醞釀五年之久——也就是亞馬遜開始在南聯合湖區蓋超大總部起算，然而二〇一七年四月六日的《西雅圖時報》（*Seattle Times*）頭條依舊聳動：

西雅圖的房價中位數創下歷史新高：七十萬美元，五年前的兩倍

事實上，過去五個月來，西雅圖地區的房價飆漲速度教全美任何都會區望塵莫及，房價飆升的主因不僅是西雅圖的超級繁榮和飆速成長，西雅圖的小家庭住房劃分更是激化房屋供應短缺，這種情況甚至蔓延至市中心邊緣。某位房地產主管形容房市正「瘋狂失速」[299]。

而且只會越來越瘋狂。包括首府山莊文青陣地在內的市中心東北部地區，目前房價中位數已經快要跨越一百萬美元的門檻[300]，而價格最親民的西雅圖東南部房價自去年起已成長31%。至於華盛頓湖對面的貝爾維，貝佐斯草創亞馬遜公司的樸實房屋，當時售價是十三萬五千美元，二十五年後漲至一百五十三萬美元，仍然低於這一區的中位數。

這是藝術工作者米洛·杜克所認識的第三個西雅圖，他知道這座城市已經不再宜居。他和溫蒂仍住在坦格頓的平房，每月租金依舊不可思議地保持原來的一千美元。可是其他徵兆依然難以輕忽，他想要重溫達摩工程師的情誼，於是二〇一〇年和朋友一起在市中心南方、租金狀似合理的喬治城地區，以一千兩百美元租了一間工作室，可是進駐後不到一年，租金卻迅速飆漲，到了二〇一三年他們已經搬走。

接下來則是藝術展演的空前慘敗。藝術家每月一次在拓荒者廣場和喬治城幾個空間展示藝術作品。米洛和溫蒂有意在城鎮北邊舉行一場活動，後來也找到理想空間，地點選在聯合湖西北部時髦的巴拉德。烏姆夸社區銀行（Umpqua Bank）分部不僅專為該藝術展演打造藝廊空間，甚至通融他們使用銀行大廳，於是他們開始在二〇一四年舉行巴拉德藝術展演，結果卻是災難一場。雖然人來人往，前去拉麵店、夏威夷生魚拌飯餐廳、冰淇淋店的人潮絡繹不絕，都會途經這家銀行，卻幾乎無人停下腳步觀賞藝術品，只是單純路過。「就在此時，我發現科技已經完全攻下這座城市，現在西雅圖的居民已是截然不同的族群。」米洛事後說。

幫忙米洛和溫蒂銷售藝術品、位於華盛頓湖對面的貝爾維藝廊，銷售成績一蹶不振，二〇一六年，米洛費盡心力在一家名為弗里奧（Folio）的私人圖書館策劃裝置藝術展，展覽內容包括他的藝術品及他和其中一名家具師傅兒子組裝的整套家具。他希望西雅圖的億萬富翁慧眼識英雄，買下這套家具，可是這場裝置藝術展卻乏人問津。

同年，他和溫蒂接到房東太太的電話，房東太太目前已經從學校行政單位退休，將更多心力放在管理城裡的三處房產，她認為已經無法將平房以一千美元租給這幾位優秀的藝術家。「妳在 Zillow 線上房地產公司查看過了？」米洛問她。「是的。」她回道。她想提高租金三倍，漲價至三千美元，而為了減輕他們的負擔，她願意逐步提高租金，在十個月的期間每月上漲兩百美元。對米洛和溫蒂來說，現在只看他們何時承受不了而選擇離開。

房地產價格破天荒高漲的故事說不完，但還有一種更高等級的故事。二〇一七年十二月初的《西雅圖時報》報導，金郡無家可歸的人口如今居全美管轄區第三高[301]，僅次於大城紐約市和洛杉磯：根據一項全新聯邦統計，西雅圖及周遭地帶共有一萬一千六百四十三名無家可歸的人，其中近半數五千四百八十五人「居無定所」，不是露宿街頭就是住在帳篷裡，人數較上一年多出21%。西雅圖學校內無家可歸的孩子[302]數字亦創下新高，多達四千二百八十人。該年在街頭死亡的流浪人口也比往年多[303]，截至九月份金郡的死亡數字已經超越去年，十一月底該數字已經突破史上最高紀錄，高達一百三十三人。

西雅圖早期曾是滾木通道（Skid Road）的所在地：上過油的原木會沿著通道送到亨利．耶斯勒的鋸木廠。如今這座城市所經歷的一切是前所未見的，其超級繁榮和自由政治思想最該受譴責，雖然自詡人道關懷和正派，卻讓人很難信服。這座城市的分歧令人難以忽視。在市中心的第三大道和詹姆斯街西南轉角，期望可以排到烏鴉高檔餐廳（Il Corvo）桌位的排隊群眾，和在附近收容所等待當晚空位的群眾交融。要價八十萬美元的美術工藝運動風格平房住宅區的正中央，不偏不倚冒出帳篷營區。有時甚至不管你身在何方，似乎一轉過身都看得見諸如此類的跡象。「我坐在公車上望出去，看見一個人正在脫褲子。下了公車後我的目光掃向小巷，發現有個人正在注射毒品，這兩種畫面我都不想看到。」有名市中心精品店員工告訴《西雅圖時報》。

凱蒂跟許多人一樣，也難以接受這種城市的分裂。公車族工會組成了一個聯盟，並且很快就獲得第一場全面大勝——市議會一致通過決議，將向西雅圖的富人家庭徵收所得稅，而這一波累進稅立法亦包括每小時十五美元最低工資和有薪假的法令。當然會有挑戰等著稅收法案，但這至少是一個開端，是過去這八十年來第一件在華盛頓州通過的所得稅案[304]。

接著該聯盟開始處理流浪人口的問題。二〇一七年九月，他們在「人人有房住」的旗幟下展開集會，新加入的聯盟成員（其中甚至包括一群憂心忡忡、自稱「科技人住房」的科技業員工）呼籲制定政府稅收，打擊這個住房問題。幾週後，市政廳的自由派提出一份「員工工時稅」的提案——也就是向收益超過五百萬美元的企業行號徵收稅金，可望為社會住宅、收容所、流浪人士服務帶來兩千五百萬美元的資金。「這不是要懲罰有錢人，而是要求他們公平分攤這筆經費。」市議會議員德蕾莎·莫斯奎達（Teresa Mosqueda）事後說。

員工工時稅在西雅圖早就行之有年。時光倒轉回二〇〇六年，該城通過了一份每名員工二十五美元的超低價提案，大約是每小時繳納一美分，以振興大眾運輸預算。雖然只是一美分，當地公司的遊說團體還是反對這個他們稱為「人頭稅」的議案，這名稱令人不由得想起西雅圖工人猶如眾多等著被稅收壓榨勒索的牛，於是二〇〇九年西雅圖放棄，撤銷該提案。

面對更高價的員工工時稅，企業遊說團體重提「人頭稅」的老論調，說詞不外乎：這樣會讓人雇聘不了員工、這份提案設計不良。市議會以一票之差否決了這項提案，然而他們的構想並沒有因此化為死灰，市議會指派一組專案小組，設計出思慮更為周全的提案。三月初，包括凱蒂在內的專案小組提出一份報告，建議向大型企業課稅，每年可徵收七千五百萬美元，足足高出最初提出的稅收三倍。

企業譴責這項提案，緊咬不放一個事實：市議會也該向小公司收取幾百美元的費用，大家共同分擔稅收責任。四月二十日，四位市議員推出了每年七千五百萬美元的「公司累進稅」法案：首先會從每名全職員工五百美元的員工工時稅開始，之後再改成薪資稅。年收益低於兩千萬美元的公司免納稅，唯獨3％最高收益的公司需要繳納，總數不到六百家，小公司則不需繳納任何稅金。

即使面對企業遊說團體的強烈反對，凱蒂的草根聯盟依舊可以走到這一步，連她自己都感到不可思議。四月份的投票顯示，大多數人都支持該稅案，她的聯盟最後獲得五位市議員高票支持此項提案。儘管如此，她還是忍不住焦慮緊張。

四月二十三日，首場立法公開聽證會後，她傳訊息給市議會內部提倡該方案的麗莎．赫勃（Lisa Herbold）：「你覺得除了再多三週的喧鬧抗議，反對分子還有其他計畫嗎？」

「這種直覺確實很強烈，只是不確定他們會耍什麼花招。」赫勃回簡訊。

多年來，亞馬遜參與西雅圖政治和市政的次數少得可憐，從該公司大規模拓展的藍圖來看，不禁讓人覺得奇怪。這反映出創辦人的自由派政治理念：政府不僅會扯後腿，甚至是無足輕重。二〇一〇至一三年擔任市長的麥克．麥金（Mike McGinn）稱他在任職期間一次都沒見過貝佐斯。亞馬遜保持冷漠距離，與微軟恰恰相反。微軟長期以來和當地學校關係密切，甚至督促公司裡的工程師進學校教授電腦科學[305]。亞馬遜的做法呼應伯利恆鋼鐵早期的心態，也就是經理人不得參與市政，以防無法專心於公司職責。

這種淡漠也延伸至慈善活動：貝佐斯的捐款次數極少，不管是在當地還是其他地方皆然。他曾經捐錢給母校普林斯頓、當地癌症研究中心、工業博物館，但僅止而已。他和家人加起來的捐款大概是一億美元，只占了他個人淨值的0.1％[306]。二〇一八年四月，他說沒有比投資他的太空公司藍色起源（Blue Origin）更有意義的事業，因此登上新聞頭條。「我認為善用亞馬遜營收，將這份財務資源用在太空旅行，就是唯一值得的投資，事情就是那麼簡單。」他說。

他的政治冷感只有幾個例外。前一年，當流浪問題的活動正蓄勢待發，該公司捐贈三十五萬美元給贏得市長選舉的珍妮．杜肯（Jenny Durkan），也就是當地商會鼎力支持的民主黨溫和派成員。二〇一二年，貝佐斯付出兩百五十萬美元支持華盛頓州的同性婚姻。兩年前，他不支持向華盛頓州富人徵收所得稅的全民公投，於是樂捐十萬美元給反對陣營，讓他和致力推動該所得稅的比爾．蓋茲的父親變成敵人。

貝佐斯最後一次涉政的記憶，使得支持全新大型企業稅、協助社會住宅和流浪服務的提倡者忐忑不安。如果說這家公司多年來斷斷續續的政治參與中有一點會帶來威脅，那就是他們對納稅強烈而潛在的厭惡感：也就是作家富蘭克林．福爾（Franklin Foer）所說的「難以超越的企業執念[307]」。

不少大型企業也想方設法減少稅單上的數字，可是亞馬遜與眾不同的是，他們耍弄的手法相當多元，逃避納稅責任的衝動滲透入該公司的各種行為與決策中。亞馬遜的避稅手段不折不扣的就像是一把瑞士刀，面對任何可能捎來的政府帳單，都能兵來將擋水來土掩。最初亞馬遜決定落腳西雅圖，用意就是避免加州等大州的銷售稅核算。而為了避繳銷售稅，他們甚至決定盡可能不在大州開設倉庫。全美的亞馬遜員工遞出的名片都混淆視聽[308]，用意就是不讓人抓到把柄，指控該公司在某州營運，並且強迫他們在該州納稅。二〇一〇年，當德州官員逼迫亞馬遜支付將近兩億七千萬美元的欠繳銷售稅時，亞馬遜甚至不惜關閉德州唯一一處倉庫[309]，也取消在該州增設其他倉庫的計畫，迫使德州放棄向他們追討欠繳稅款的行動。到了二〇一七年，該公司甚至打造一個祕密內部目標[310]：每年申請並獲准取得十億美元的地方稅津貼。

此外，根據監督機構「優先好工作」（Good Jobs First）的觀察，亞馬遜提出條件，為了在各州和各個城市建造倉庫和數據中心，一再加碼爭取到的稅務抵免及信用貸款，截至二〇一九年，整體數字已達二十七億美元。

當然還有營利事業所得稅的逃漏稅。多年來，該公司都是靠報低利潤壓低稅單上的數字，他們注重的焦點是利用超低售價擴大顧客群，同時消滅競爭對手。可是即使現在該公司總算發大財，依然吝於公益活動。根據美國國稅局的說法，亞馬遜利用盧森堡辦公室輸送利潤，對美國政府逃漏稅的總額高達十五億美元。二〇一八年，儘管利潤雙倍成長，超越一百一十億美元，亞馬遜隔年支付的營利事業所得稅依舊是零元[311]。事實上，亞馬遜玩弄稅務制度於股掌之中，手法熟稔到甚至回收一億兩千九百萬美元的部分退款。整體而言，從二〇〇九至一八年的兩百六十五億美元營收中，亞馬遜只支付了3%的有效稅率[312]。（二〇一九年，該公司辯駁他們已支付十億美元以上的聯邦營利事業所得稅，自從二〇一八年美國最高法院通過立法，讓各州更輕易收取線上購物稅款後，亞馬遜開始核算更多第三方賣家的銷售稅。）這家公司從政府合約中大撈油水，從聯邦機構、軍事機關乃至學區，而他們成功逃漏稅的創舉，更讓亞馬遜不同凡響。好個「不同凡響」。

儘管如此，二〇一八年初西雅圖稅收戰爭的前幾個月，亞馬遜還安於藏身在企業界代表團中。他們加入一個由杜肯市長發起的區域方案，透明公正發想出一系列比市議會專案小組提出的金額更小的解決方案，亞馬遜更是遵從遊說團體的話，也就是商會、西雅圖市中心協會（Downtown Seattle Association）、華盛頓科技產業協會。

率先從眾企業中點名亞馬遜的，其實是推動向大型企業徵稅協助流浪人口的那群支持者，或者可以說是其中一名支持者。莎瑪・薩旺特（Kshama Sawant）是美國政壇的一顆罕見新星：驕傲地貼上社會主義標籤的民選官員。她隨著微軟工程師丈夫從印度來到西雅圖，離婚後再嫁給托洛茨基主義政黨「社會主義替代黨」（Socialist Alternative）的運動人士。她在二〇一三年打贏選戰，成為包括中區在內的第三區市議會代表。薩旺特認為市議會自由派提出的稅金太低，大聲疾呼必須提高市議會向大型企業徵收的稅金：至少一億五百萬美元。她相信必須明確定義出一個稅收對象，對於提倡者的身分，她也毫不遲疑站出來：她本人。

三月底，薩旺特和其他社會主義替代黨成員舉辦了「亞馬遜課稅市民大會」，不久後，她和支持者齊聚在嶄新龐大的亞馬遜地盤舉辦集會，標語寫著「貝佐斯吐出稅金」。薩旺特說：「對亞馬遜這樣的公司而言，我們要求的稅收不過是零頭……對億萬富翁只是小意思。」

這份要求讓本來已對亞馬遜麻痺無感的城市大感震撼。一名觀看集會的軟體工程師形容：「我是不贊同他們逃漏稅[313]，但他們想做什麼是他們的自由。」這場大剌剌的公開對質讓凱蒂和其他要求七千五百萬美元稅額的市議會倡導人士為之錯愕。其實包括金郡勞工議會在內的倡導人士一直在考慮，是否將亞馬遜設為他們的大型目標，身為世界發展最迅速的大公司之一，亞馬遜的風險承擔能力毋庸置疑，而該公司有義務協助這座城市打擊這個問題。

但如此赤裸裸的對質又另當別論，將敵對兩方分別設定為亞馬遜和惡名昭彰的市議會社會主義者，這樣的設局是當地媒體最樂見的結果。凱蒂擔心此舉會偏離真正重要的議題——住房和公平納稅，於是將戰場轉向內部，準備攤牌。她後來表示：「本來可以把焦點有效放在亞馬遜，可是薩旺特在前線的操作手法模糊了策略焦點，反而變成一場不過是一種象徵形式的表演，但事實正好相反，亞馬遜對我們的城市舉足輕重，我們應該減緩他們的影響力道才是。」

亞馬遜察覺到薩旺特的行動對他們十分有利。四月二十六日，該公司宣布連續兩季利潤高達十億美元。一週後，也就是凱蒂和麗莎．赫伯互傳簡訊聊起不祥預感後的九天，亞馬遜終於拋出一顆震撼彈，宣布他們反對七千五百萬美元的稅收立法案，所以決定暫停下一棟大樓建案，也就是擴增七千至八千份工作職缺的十七樓高樓大廈，並重新考慮是否要蓋另一棟供應五千份職缺，以及是否租借近兩萬坪大樓的場地。

用意已經不言而喻：亞馬遜正準備尋覓第二總部，要是西雅圖繼續不知知恩圖報，亞馬遜不敢保證他們還會繼續容忍西雅圖的無理對待。

亞馬遜十分篤定該公司威脅取消西雅圖拓展計畫一事，肯定會引發反對者再度群起行動。他們猜得沒錯。一天後，披著一條修長紅圍巾的薩旺特帶著支持者回到亞馬遜的地盤，對該公司的「敲詐」策略提出抗議。鮮紅色的抗議板上寫著「亞馬遜吐出稅金。資助城市住房與服務」。

可是，這一次，另一頭出現抗議人士，幾十名八六組織（Local 86）的鋼鐵工前來捍衛自己的生計。「不收人頭稅！不收人頭稅！」工人反覆朗誦，他們人多勢眾，呼喊聲淹沒了薩旺特小貓兩三隻的支持者。

先不管西雅圖空中的起重機是否比美國其他城市多，先不管亞馬遜威脅取消興建的大樓是否只停在規劃階段，這種僵持不下的對質畫面對亞馬遜實在太有利，一端是由一名社會主義者率領、三教九流的政治極端分子群眾，而領導者的口音在在道出她印度西部馬哈拉什特拉邦（Maharashtra）的背景。另一端則是揮汗如雨地工作、頭戴安全帽、身穿安全背心的美國人民，他們知道該如何架起鋼筋鐵條，是再也不是藍領城市的西雅圖裡碩果僅存的工人，儘管證據擺在眼前，但他們情願持續想像西雅圖仍存在藍領元素。

建築工會的叛逃不僅代表這一天亞馬遜的公共關係大勝，亞馬遜也單純以一句對《西雅圖時報》專欄作家說的話，對原本全新的稅案構成威脅，讓勞工運動解體，而全新稅收案的支持者也沒有機構撐腰。

然而稅收需求是不可否認的現實，於是活動並未因此停擺。一週後，民眾讀到商會委託管理顧問公司麥肯錫（McKinsey）進行的流浪者危機報告，但因為結果恐怕造成不便，這份報告數月來都未對外公開。值得注意的是，就連由公司遊說團體委託、帶頭反對全新稅案的顧問公司都發現，危機規模確實龐大。該報告說明這將需要金郡每年額外四億美元的稅收，才解決得了問題。

緊接下來的週末，杜肯市長和該法案的市議會支持者、亞馬遜高層等人會面，擬定母親節和解計畫：稅收金額將縮減三分之一以上，變成每名員工兩百七十五美元，每年只收四千七百萬美元，當時亞馬遜的收益超過兩千三百億美元，卻只肯繳納大約一千兩百萬美元。該公司照樣厚臉皮的表達他們的不滿：「市議會充滿敵意的方針和他們對於大型企業的言談，讓我們對他們所規劃的未來十分憂心[314]，也令我們不免質疑我們公司在這座城市是否有未來。」亞馬遜副總裁德魯．赫德納（Drew Herdener）說。然而市議員莫斯奎達事後陳述，達成共識後她鬆了一口氣。「不是說我們需要他們收買，這起碼是個開端，這個起點對我們意義重大。」她說。

和解內容談定後，市議會在五月十四日一致通過贊成全新稅收案。抗爭展開短短八個月，就算流浪人口的議題並非大獲全勝，凱蒂和她的人人有房住聯盟卻也透過民主管道取得佳績，成功向住房問題的罪魁禍首——成功企業巨擘——徵收累進稅。市議員赫勃再次傳簡訊給凱蒂，這次沒再提及不祥預感：「這可是非常不得了的大事，我很難判斷這樣的和解有幫助，但我認為這是市議會這二十年來最清晰的架構轉變。」

慶祝整整持續兩天，投票日是週一，杜肯市長在週三正式簽署通過法案。翌日，反對派宣布他們正在連署，準備把廢除稅收案的公投議題加入當年秋季的不記名投票。公民投票「工作不課稅」（No Tax on Jobs）背後有強大金主贊助：火神材料公司（Vulcan，微軟創辦人保羅．艾倫的私人公司）、星巴克、亞馬遜。

莫斯奎達錯愕不已。「母親節那天他們才和我們談妥，週一投票，結果週二他們就資助反對派。不到四十八個小時你就食言了？」幾個月後，她詢問公司高層，為何他們前幾天才坐在會議室談妥所有條件，隔了幾天卻破壞他們好不容易達成的和解。她憶起當初他們這樣對她說：「沒錯，我們是同意兩百七十五美元很合理，可是妳沒問我們是否會資助反對人士。」（亞馬遜對此存有異議。）他們真的厚顏無恥到令人窒息。「當你坐在立法院大樓大廳裡下承諾，你就得尊重一諾千金的價值。」莫斯奎達說。

亞馬遜的道德貨幣或許貶值了，可是他們擁有數不清的其他貨幣。反對派的財力壓倒性勝出該法案支持者，不到一個月就花費將近五十萬美元，多半開銷都用在三十五萬美元的策略，取得必要的一萬七千六百三十二個簽署[315]，而負責的正是先前為川普競選效勞的保守公司。（與此同時，「工作不課稅」雇請西雅圖女性遊行〔Seattle Womxn's March〕的一位主要活動召集人擔任倡議協調員。）紀錄顯示參與簽署的召集人員[316]散播不實消息，例如宣稱這筆錢會直接從員工薪資扣除，抑或法案已經迫使雜貨店關門。他們主要的反對臺詞很簡單：憑什麼要我們安心再把幾百萬美元交給這座城市？畢竟西雅圖在流浪者問題上已經耗用大筆資金，然而至今仍有成千上萬個無家可歸的人。「這座城市才沒有稅收不足的問題[317]，有的只是支出效率問題，我們對市議會抱持的反商業立場深表懷疑，也不確定他們的支出效率是否真的可能改進。」亞馬遜的赫德納說。

該法案的支持人士幾乎沒有可以擴大支持力量的資金。現有開銷已用在協助無家可歸的家庭，而且成效頗佳，可是長期無家可歸、生活更艱辛的成年人需要這筆額外經費，多數人都有心理疾病，並且有毒品酒精成癮問題，需要所謂的支持性住房。

日漸增加的帳篷營地導致民怨四起，諸如此類的良好論點根本站不住腳。反對派在作風自由的西雅圖選民心目中種下一小顆保守主義的種子，現在他們不屑揮霍無度而山窮水盡的政府。大企業遊說團體找上五花八門的保護家園團體合作，例如：為西雅圖發聲（Speak Out Seattle）、安全西雅圖（Safe

Seattle）、鄰里安全聯盟（Neighborhood Safety Alliance）。在「本區歡迎所有種族」的牌子旁，「終止新建案！」以及「支持興建收容所！不支持建在東側！」等戶外告示牌猶如雨後春筍般冒出。五月初，一名居民在嘈雜刺耳的鎮公所會議上表示：「我覺得市政府不懂也不尊重納稅人的稅金，更不打算擔起責任。」另一人補充：「你們的政策和市民行徑害守法的好公民得生活在混亂和犯罪中。」有人呼籲強制拆除流浪漢帳篷營地時，室內傳出熱烈歡呼聲。這場會議讓一名市議會職員啞口無言：「這場面根本已經不像西雅圖了[318]。」

六月初，少到不能再少的稅收案主要支持者之一服務業雇員國際工會（Service Employees International Union）舉行付費民調，結果是一片壓倒性的負面前景，殘酷現實降臨市議會：倘若保守浪潮不斷上升，這股浪潮也可能在當年秋天一併沖刷走其他事物，包括學校稅款和民主黨州議會候選人。

六月十二日，一致通過稅收案不到一個月，市議會舉行聽證會，投票表決是否撤銷此案。支持稅收案的抗議人士擠進市政廳，人數多到聽證室裝不下，被擋在會議門外的人逗留寬闊大廳，高呼口號，其中一人甚至唯恐天下不亂，敲鑼打鼓起來。

人群之中，其中一個同樣擠不進聽證會的人正是凱蒂，無論聽證會上發生什麼事，她都無能為力阻止。

她想要釐清風向是怎麼轉變的，一座城市是怎麼從原本對企業巨頭在西雅圖壯大成長的喜憂參半，瞬間變成站在對方那邊。一座本來深受超級繁榮副作用所苦的城市，怎麼會突然之間變得沒有安全感，害怕失去他們的金雞母。一座投出92％票數支持川普對手的城市，怎麼會變得對城裡最窮困潦倒的人充滿敵意。「過去九個月該企業大力資助的宣傳基本上可說是相當成功，當地新聞和意識型態皆急轉直下。」她說。

當初帶領亞馬遜進入西雅圖的早期投資人尼克．漢諾爾，也很想搞清楚這段發展的來龍去脈。「西雅圖是全美發展最快速的大城，可是現在人民腦袋已經不清楚了，所有人都親眼目睹，人頭稅逼得這座城市上演一場瘋狂內戰，每個人都有幾位善良、理性、思想進步的朋友，這件事卻突然讓他們變得想法偏差。我的朋友都對某件事忿忿不平，感到無以名狀的憤怒。我認識的富有足球媽媽明明成天什麼都不必做，只需要載兒女上下課，卻對交通感到氣惱，對腳踏車道發脾氣。而我那些事業發展順遂的大公司老闆好友則抱怨他們的社區不斷蓋公寓大樓。再來就是我認識的按摩師，他們的生意空前忙碌，也在抱怨亞馬遜的員工。人們不懂得思考因果關係，他們的大腦並非天生就懂得處理認知失調，很難將自己獲得的利益與利益的連帶損失連上線，於是腦袋就這麼爆炸了。西雅圖的居民明明受益良多，卻無法將事實串連起來，不曉得自己的所作所為正是引發惱火問題的導火線。由於大腦無法處理這些事，最後就在人頭稅這件事上爆炸了。大家都覺得自己是被欺負的那一方，人人都在抱怨交通，沒人買得起住房，但是一聽說『亞馬遜要離開西雅圖嗎？我的老天鵝，這下該如何是好？』，這些人真的很好欺負。」聽證會舉行那週他這麼說。

聽證會最後以七比二的市議會票數撤銷稅收案，反對撤銷該案的兩人是薩旺特和莫斯奎達。一個月後，該城的房價中位數成長至八十萬五千美元，到了該年底，西雅圖的流浪人口成長率居全美之冠。與此同時，投票日後的兩週，亞馬遜的季利潤頭一遭成長至二十億美元，當年的亞馬遜會員日（Prime Day），也就是年度夏日瘋狂購物節的銷售量，甚至超越網路星期一和黑色星期五。再過幾週的九月四日，亞馬遜的市值衝破一兆美元門檻，即使成功擋下稅收案，亞馬遜仍然宣布不會搬進全新大樓的租借空間，當初他們威脅要是不聽亞馬遜的話，他們就不會進駐的其中一棟大樓。

投票過後隔天，華盛頓科技產業協會會長麥可・舒茲勒（Michael Schutzler）坐在辦公室裡，回想他們的勝利。撤銷投票期間他人不在西雅圖，而是參加長達一百一十二公里的立槳競賽，從塔科馬一路划到湯森港（Port Townsend），但他並不需要出席聽證會，「由於公司的做法，我們和該法案內部人士關係密切，所以那天之前就知道會發生什麼事了。」他說。

一想到市議員掙扎著是否該吞下打臉自己的恥辱，在稅收案表決通過還不滿一個月就撤回此案，舒茲勒簡直藏不住嘴角的笑意。「我是否應該一百八十度大逆轉，再來解釋事情是怎麼發生的？」說到這裡他忍俊不住：「還是我應該反對這一百八十度轉彎，然後承擔之後的政治後果？」

他說，觀看市議員裝模作樣擔憂這項法案是否只是政治操作，是一件特別有意思的事。「他們不過是裝腔作勢，聽來像是想裝成有道德原則的樣子。他們才沒有所謂的道德原則，打從一開始就只是一項愚蠢至極的政策，你幾週前還斬釘截鐵地認為這是天大的完美政策，幾週後卻瞬間變成爛政策，這只不過是政治權宜的手法。你嘛幫幫忙。」他說。

舒茲勒再次啞然失笑。「這座城市無能至極，永遠不會長進，西雅圖一直都是守舊小鎮。」他說。

三個月後，賓客在華盛頓希爾頓飯店的宴客廳開動，吃起沙拉，而為貝佐斯準備的華盛頓經濟俱樂部（Economic Club of Washington）大型宴會即將展開。用餐同時，俱樂部主席大衛・魯賓斯坦一一點名晚宴贊助商：波音、摩根大通（JPMorgan Chase）、亞馬遜雲端運算服務等等。「宴客廳內顯然都是傑出人士。」魯賓斯坦說，聽眾席傳出讚賞滿意的笑聲。但接著他說，他可以花點時間指出幾位最傑出人士，他認出在場的十七位大使：「新加坡……印尼……南非……英國……澳洲……愛爾蘭……」他認出郵政局長、美國總務署長、馬里蘭州長賴瑞·霍根（Larry Hogan）、監督維吉尼亞州北部亞馬遜第二總部標案的史蒂芬·莫雷（Stephen Moret）、華盛頓市長穆麗爾·鮑澤、三位前任市長也出席了，還有華盛頓都會區捷運系統主席。

「現場有多少人是搭捷運來的？」魯賓斯坦問。幾乎沒人舉手，「看來大家都不是捷運通車族。」他一臉正經地說。

當晚活動的主贊助商，也就是當地大型房地產公司ＪＢＧ史密斯房地產（JBG Smith Properties）執行長致上幾句歡迎詞，至於貴賓的正式介紹，則是播放一支巴菲特錄製影片。巴菲特把貝佐斯比喻成貝比·魯斯（Babe Ruth）。「傑夫·貝佐斯是一支強棒，這個人翻轉了世界兩大主要產業：零售業和資訊科學產業，而且是深具顛覆性的改變。他讓幾千萬人的生活變得更美好，同時在週末忙著設計登陸月球的太空船。」

巴菲特頓了頓。「在我想像中，第一批登陸月球的乘客大概是一群想要優良產業環境的零售商吧。」

眾人很滿意這段致詞，吃完晚餐後，貝佐斯跟著魯賓斯坦站上舞臺。貝佐斯身著一套深色西裝，口袋裡插著一條白亮方巾，神情一派輕鬆愉快。他的代言人並沒有干擾他，魯賓斯坦劈頭就說亞馬遜的股票較去年成長七成，因此貝佐斯如今多出一個嶄新頭銜。

「你現在是世界首富了，這是你想要的頭銜嗎？」魯賓斯坦說。

「我敢跟你保證，我從沒追求過這個頭銜，世界第二富翁已經很好，我這人很容易滿足的。」貝佐斯說。

宴客廳內一陣哄堂大笑。

貝佐斯繼續道：「我擁有16%的亞馬遜股份，而亞馬遜現在價值大約一兆美元，我們為他人創造了八千四千億美元的財富，從財務觀點來看，這就是我們的成就，這樣很好，本來就該如此。我深信創業資本主義和自由市場能夠解決許多世界問題。」

早期透過卡萊爾投資亞馬遜的魯賓斯坦仍不打算放過財富排名的事。他說：「你住在華盛頓州的西雅圖市區外，大約二十年來的世界首富是一個名叫比爾．蓋茲的男人，而這兩個世界首富不但住在同一個國家、住在同一州、同一座城市，甚至住在同一個社區，你們說能有多巧？那個社區有什麼我們應該知道的事嗎？還有待售房屋嗎？」

觀眾當然聽得如癡如醉，但一般人還是聽不了太多關於兩名億萬富翁多有錢的幽默妙語，一會兒後魯賓斯坦把話題轉回貝佐斯最熟悉的主題，也是別人對他個人財富質疑時，他長久以來用來減輕不安氣氛的方法。選在那天宣布這則消息絕非巧合，貝佐斯鄭重宣布他總算開始大規模的慈善活動，目前已經捐贈二十億美元給流浪家庭收容所和蒙特梭利幼稚園，而樂捐總額不到他淨值的2%。

接著魯賓斯坦改問他，他是怎麼決定將「個人最有意義的捐款」捐獻給誰，問題一出，眾人皆熱烈鼓掌。貝佐斯說他先參考社會大眾的想法，後來他獲得四萬七千個建議，可是最後還是聽從自己的直覺。「我這輩子做過最好的決定，都是聽從內心和直覺，而不是看數字分析。」他說。

他對三個月前西雅圖的流浪者補助稅收之戰隻字未提，亦未提及川普總統簽署的稅金減免法案爭議，該法案降低企業和富人稅率，卻沒有填補附帶權益的漏洞。事實上長達七十分鐘的訪談中，不管是從貝佐斯抑或魯賓斯坦的嘴巴，都沒有吐出「稅金」二字。

魯賓斯坦反而把主題轉向宴客廳觀眾最迫不及待的主題。「既然你是聽從直覺下決定，那請問現在你的直覺告訴你，應該在哪裡蓋第二總部？」這個問題引起觀眾瘋狂鼓掌，甚至有人吹口哨。

這一刻，魯賓斯坦忍不住進一步探聽。「你在這一個華盛頓已經有總部了，何不再創一個華盛頓？」他說。

電影（如果你想這麼稱呼它）開頭空拍一座位於五號州際公路東側、體育場對面的流浪人口營地，帳篷、垃圾堆滿地。攝影機往後運鏡，畫面再往上一拉，露出城市天際線，接著畫面切換至一名坐著的白人男性，脖子上貼著繃帶，面容顯露出吸食鴉片後的恍惚無神。

「要是西雅圖真的正在一點一滴死去，我們卻依舊無視冷感呢？這是關於原本累積醞釀的憤怒情緒、如今沸騰震怒的故事。這是關於具有惻隱之心的人的故事，可是沒錯，現在這些人再也不覺得安全，再也不覺得別人聽得見自己的聲音，再也不覺得自己受到保護。這是關於失落靈魂的故事，這些人沒有家、親人或現實的羈絆，在大街上漫無目的地遊走，成日追逐著毒品，毒品也追逐著他們。這是關於他們自我破壞的故事，但是破壞當然不僅如此，他們帶來的破壞也毀了我們的居住地區。這是關於一顆美麗寶石遭到蹂躪的故事，以及現代西雅圖人不再熱愛故鄉的信仰危機。」旁白描述道。

旁白說話同時，畫面一一閃逝：沉淪海洛因的流浪漢、大字型癱倒在人行道的流浪漢、掙扎著拉起褲子的流浪漢，這就是《消逝的西雅圖》（*Seattle is Dying*）的開場。二〇一九年三月，這支長達一小時的紀錄片訴說該城的流浪人口危機，在辛克萊廣播集團（Sinclair Broadcast Group）旗下保守主義立場的ABC當地頻道KOMO首播。

開場的蒙太奇鏡頭結束後，紀錄片開始與所謂「覺得自己不再受到保護的人」展開一連串訪談：遭到扒手行竊或顧客被隨地便溺的尿騷味嚇跑的小店老闆、一個為墓園遭到流浪漢褻瀆而震驚憤怒的鄰居、一名無法讓該城正視問題而絕望辭職的資深警察。「我再也受不了了。」他說。

另外該紀錄片亦提出數字佐證：數字顯示，如今西雅圖是財產犯罪的第二大城，僅次於反烏托邦色彩更濃郁的舊金山，共有五千名無家可歸的人露宿街頭[319]（二〇一九年六月，一名男性將一桶水潑向某流浪女子而在網路上爆紅），數字顯示該城的犯罪幾乎沒有實際起訴（並特別聚焦於一名自二〇一四年起已被逮捕三十四次的安非他命毒蟲，畫面中只見這名毒蟲拒絕爬出垃圾桶），數字顯示該地區花費在流浪人口的經費：每年十億美元。旁白說：「他們像是動物般生活在骯髒絕望之中，而我們卻默許這一切發生。」

但是有個解決方法！旁白帶領觀眾前往羅德島，提到羅德島監獄改造無家可歸的毒蟲，成就斐然，接著畫面又回到華盛頓州，鳥瞰鏡頭捕捉普吉特海灣迷人小島上的大群建築，表面上看來像是度假中心，事實上卻是州立監獄，這所監獄幾近空無一人，正等待西雅圖幫流浪人口一個大忙，將他們關進監獄。

「城市具有生命，它們擁有脈搏和心跳，是一種靈魂，集合所有市民保護與捍衛的價值思想，新的也好，舊的也罷，但在美麗與思想的背後……在球場和富麗堂皇的建築背後，我們得為了抗戰弄髒雙手，不經一場浴血奮戰，美夢和偉大城市就不可能存活下去。西雅圖正逐漸凋零，也許在生活富足、城市成長之中，我們開始沾沾自喜，抑或忙碌之餘忘了最艱難的部分。也許每天認真工作養家、誠實納稅的人，建造這座城市、讓美夢成真的人，大家都忘了這些美好背後的骯髒。也許我們早已忘了那場戰役。」旁白總結道。

你可能以為這座在二〇一六年只有8%居民支持川普的城市，應該覺得這部立場偏向保守派的宣傳影片令人反感，事實正好相反，這部影片讓市民目不轉睛，不到一年，《消逝的西雅圖》在 YouTube 上的觀看次數已直逼五百萬。

面對這種熱烈迴響，凱蒂並不吃驚，早在紀錄片播出前，她已察覺到西雅圖空氣中飄散著日益濃烈的民怨。與其單純終結眼前的流浪人口爭議、化解誤會，西雅圖市議會選擇撤銷人頭稅法案的舉動，反而助長反對派領導人士的囂張氣焰，讓本來就慘遭訕笑又搞不清楚狀況的市議會，如今變成一副虛有其表的空殼子。市議員以為投票贊成撤銷人頭稅法案就能穩住他們的地位，後來證實這種想法是癡人說夢。人頭稅的反對派有資助推動公民投票的企業撐腰，而這些人當前的目標就是踢走全體市議員，不只是當初投票反對撤銷人頭稅法案的人，還有那些最早舉手贊成法案的人也要一併踢走。

然而造成這股氛圍轉換的不只有二〇一九年的市議會選舉，這座自詡進步的城市也默默接受事實，要是撤銷法案前的民調值得採信，那就表示一大群居民已接受了政府窮苦的說法，認為政府根本無能打擊人民當初投票給他們時，希冀他們能解決的議題。看在外人眼底，這種反政府情緒分外詭異，畢竟相較於眾多城市，西雅圖的發展看似順遂——公車系統範圍廣，使用率也高，市政廳空間遼闊、窗明几淨，幾乎沒有貪污問題，可是不知為何，身為最自由城市之一的西雅圖卻淪為當地版本的茶黨主義，對他者散發貪得無厭的強烈恨意，而且並不打算為此道歉（這是重點）。

凱蒂好幾個月來都嘗試釐清這個狀況，對自己的失敗，她寫了一份十頁論文。主要段落如下：

畢竟是因為各種社會動盪與崩垮的趨勢大集合，才形成了流浪人口危機：飆高的房價、停滯不前的工資，數十載的安全網計畫縮減、憂鬱症變成一種流行病、社會孤立、心理疾病、自我藥療和類鴉片處方過量、耗損的社區和家庭支持網絡、集體監禁和結構性種族歧視。而在林蔭大道上搭起的帳篷、在人行道上注射毒品的女性，不過都是社會災難的冰山一角，以令人難以忽視的公然姿態闖入公共空間。

對這種現實景象，千禧世代往往處之泰然，因為這充分解釋了我們的生活現況。在步步逼近的環境災難陰影之中成長、對工作前景搖晃不穩之下步入成年，從未對穩定安全懷抱一絲期望，因此社會基礎需要重整的構想算不上激進極端。從這個觀點來看，流浪人口的問題或許令人心痛，卻不至於困惑難解⋯⋯

但是對許多不具備這種觀點的人，對那些相信美國夢的人，社會解體的感受肯定教人迷惘害怕。他們認真打造人生，可是他們努力想打造人生的城市舞臺迅速改變，這座城市正漸漸變成一個我們認不出來、不適宜居住的環境，他們覺得自己無處可逃，再也不安全。我們該如何去理解世界正在上演如大地震規模般的重大改變？流浪人口的問題出現在他們自家門口，讓市民內心不免充滿怒火和挫折，而把問題全推給當地政府執政不當、個人疏失、執法鬆散，對生活在水深火熱的人來說，肯定是一種安心寧神的解藥吧。

和凱蒂一同捍衛流浪人口問題的一名盟友，西雅圖大學法律系教授莎拉．藍金（Sara Rankin）更是直言不諱：「不少西雅圖居民自詡思想先進，但他們沉浸在極富的泡泡裡，內心產生優越感在所難免。」就這方面而言，該城很類似諸多繁榮發展、逐漸成為民主黨的東西岸大城和分散於內陸的基地前哨。長久以來，民主黨都自稱是弱勢族群黨派，儘管仍有幾百萬名黑人與拉丁民族工人階級選民支持，現在卻深受全美最富有城市高教育程度的職業人士愛戴，而民主黨能夠靠這群人收割大量捐款和勝選票數。在西雅圖這樣的城市，這樣的人群匯集為許多以進步為傲的民主黨員重塑政治。近幾年來，城裡無數的人眼睜睜看著他們平凡無奇的房屋售價攀至天價，而他們得嚴防資產不受眼前可能的威脅影響，無論威脅指的是流浪漢營地，抑或只是街尾的社會住宅建案。

西雅圖已經足以證明，極端區域不平等在贏家通吃的經濟之中，不單是對地區不健康，對逃離他方的贏家也是。極富不只創造出買不起房屋、空間擁擠、流浪人口的副作用，也將政治毒藥注入贏家城市的血管。

起重機不斷升上高空，二〇一九年四月份的西雅圖天空共有五十九架起重機，依然高居全美之冠。亞馬遜曾經威脅要取消的大樓建設目前仍持續進行，與此同時該公司宣布將會採取方針，以慈善捐款的形式，解決他們一手釀成的住房危機。亞馬遜將捐贈五百萬美元給社會住宅建商，並預留新建大樓的其中八層樓，當作可容納兩百張床的流浪家庭收容所，外加一間專屬保健診所。這跟微軟先前宣布投資當地住房所投入的五億美元差多了，卻也不無小補。

凱蒂對亞馬遜的全新慈善創舉不為所動，該城向富有居民徵收所得稅的議案似乎有好預兆，所以她把希望全押在州立上訴法院的裁決[320]，雖然自從二〇一七年通過後就暫時停止，但該稅收案現在卻可能在州立高等法院贊成通過。誰曉得？說不定西雅圖還有機會成功向最富有居民課稅，並能決定如何善用這筆錢。「原則上，我們得經過民主程序決定那筆錢該怎麼使用，應該維持透明和責任，這就是政府的功能。但是慈善捐款才沒有所謂的透明與責任，我們只能仰賴企業大老，由他們決定什麼對我們最好。」她說。

二〇一九年某個陽光普照的仲夏平日，在第十二大道的法拉利經銷商轉角處，附近一家水療中心廣告招牌後方的人行道上，一名年輕的變性女子不醒人事，她背後的酒吧窗戶張貼著一張大型看板：我們歡迎各個種族、各種宗教、各個國度、各種性取向、各種性別的人，我們與你同在。在這裡，你安全無虞。街上，刺青專賣店的轉角處，一名蓄著鬍子、裹著藍色毛毯的流浪漢正朝一家新開張的蘭姆酒吧內部東張西望，一輛保時捷卡萊拉（Carrera）跑車從他身旁呼嘯而過。儘管日正當中，對面街道空無一人，他仍在窗前屈膝下跪。

在南聯合湖，全食超市外一面紅色大型看板寫著「我們♥本地」。

在狗食餐廳和特斯拉經銷商的同一條街上，有一大群來自南亞的亞馬遜員工正在扁棍酒館（Flatstick Pub）裡打室內迷你高爾夫球。聯合湖畔一整排遊艇經銷商中，有一間間名叫 ADHD 之友

（ADHD Solutions；ADHD是注意力不足過動症）的公司外的停車場，一部賓士轎車小心翼翼駛過一輛捷豹身邊。

那個週五晚間，再四天就是市議會初選，幾十名凱蒂的盟友為民主社會主義者競選市議會募資，在西雅圖天際線和埃利奧特灣（Elliott Bay）美景一覽無遺的兩層樓公寓齊聚一堂。五年前，這棟公寓大樓以一百五十萬美元出售，而募資和場地的落差本來可能讓人忍不住大肆奚落，然而候選人尚恩・史考特（Shaun Scott）卻不打算讓這富麗堂皇的景象干擾他的任務，對抗日益高漲的醜陋。

女主持人致上幾句開場白，講解這棟公寓大樓的位置是曾經屬於原住民杜瓦米西族的「占領地」後，便由史考特接過主場。年輕的史考特身材修長，而且是在場少數沒有白皮膚的黑人。他第一個聽到的問題就是當地政治氛圍的殘酷轉變：「我們要如何改善本市對流浪人口的論述？」

史考特激動回道：「我們得明確讓在住房和流浪人口議題上站對邊的人知道，這真的全看一個人是否殘忍抑或有同情心。我們得明瞭一件事，在西雅圖這樣富有的城市，對露宿街頭的人操縱道德不公的語言，絕對不能放任這種人掌握權力。他們很擅長玩弄語言，像是『我們城裡居然有流浪產業大樓，而他們把錢花在這些寄生蟲身上，簡直不可思議』。他們引發激烈爭執，影響我們的政治探討，將我們推向一個更殘酷的方向，我們得為自身理念激起同樣程度的熱血，因為這種方法真的有效。」

三個月後，史考特的市議員選舉失利，以四個百分點輸給商會和亞馬遜政治行動委員支持的候選人。政治行動委員會在這場市議會競選中花費一百五十萬美元，這是亞馬遜頭一遭大手筆干預地方競選。然而在總共七場亞馬遜涉入的市議會競選中，該公司撐腰的候選人只贏了兩場，也就是只打贏史考特和另一人，其他倖存者包括房屋稅法案通過時傳訊給凱蒂慶祝勝利的麗莎・赫伯，以及亞馬遜社會活動的死對頭莎瑪．薩旺特。為了對付薩旺特，亞馬遜花了四十四萬美元，開銷比對付其他候選人要高，但最後她還是險勝。

她的競選對手伊根．奧里安（Egan Orion）甚至把選戰失利一事怪在亞馬遜的支持上。「這場選舉的焦點已經不是我對手的紀錄和政策，而是亞馬遜[321]以及他們闊氣又不必要的花費。」他說。

薩旺特不由得興高采烈。「顯然我們打贏了這場社會運動[322]，捍衛社會主義者在市議會的席位，繼續為工人階級發聲，對抗世界首富。」她說。

非裔美國遺產節（Umoja Fest Black-heritage）大遊行通常從第二十三大道和聯合街的轉角揭開序幕，也就是中區其中一個主要交叉路口。然而今年，二〇一九年，這場遊行卻移往南方幾條街外的地點，從第二十三大道和櫻桃街轉角處展開遊行。主辦人維金．葛雷特（Wyking Garrett）說明，目前該交叉路口正在進行建案施工，所以才變更場地。但事實上當時交叉路口並沒有大型施工，遊行之所以更換地點，更可能的原因是這個轉角的現況讓許多慶祝中區黑人社群的遊行參加者感覺難受。

先不說你想怎麼定義派翠內兒．萊特的社區幾十年前所在的中間地帶（中區已經不受限於某個地區，卻依舊保持黑人社區的身分），這個社區都早不復在。驚人錢流和新居民從市中心和南聯合湖區翩然降臨，對此中區（往昔定義的中區）毫無勝算。這裡曾經是富有美國光輝年代色彩的木造房屋和住宅平房、凝聚力強的漂亮社區，從市中心開車、搭公車、騎單車一小段就能抵達。這裡向來具有上述特質，但在昔日有諸多限制，基本上是禁止進入的，如今已經沒有限制，可以自由進出，所有人都能夠感受它固有的魅力，或者說凡是出得起錢的人都能盡情感受。到了二〇一八年，短短六年內，中區和周遭鄰區的房價中位數從三十七萬美元，飆漲至超過八十三萬美元。

派翠內兒搬進該區鄰里時，超過七成居民是黑人。可是到了二〇一六年，這數字已降至不足兩成，人口統計學家甚至預測未來十年內將會低於一成[323]。西雅圖的整體黑人人口從一九八〇年將近10%降至7%，這座曾經是昆西．瓊斯和吉米．罕醉克斯故鄉的城市，現今的黑人居民卻沒比安克拉治（Ancjprage）和土桑多到哪裡去。部分原因不脫促成這座城市成長的某公司：在西雅圖亞馬遜工作的專業人士和受薪勞動力[324]，以及其他辦公室中心中，僅有5%非裔美國人，比亞馬遜倉庫勞工超過四分之一是黑人低上許多。截至二〇二〇年初，貝佐斯「資深團隊」（S-Team）的二十一名內部高層人員中，沒有一個非裔美國人[325]。（為了解決顯而易見的多樣化問題，該公司開始在全美幾百個備受冷落的社群，贊助電腦科學課程和大學獎學金。）

差距當然也越擴越大。二〇一九年，西雅圖每戶所得中位數跨越十萬美元的門檻，在短短一年內增加將近10%。但就在西雅圖的財富越攀越高的同時，黑人家庭的經濟地位也持續下滑。儘管西雅圖市榮登最富裕城市之一，黑人家庭的每戶所得中位數仍是五十座大城中倒數第九名，約比全國黑人家庭的中位數低了三分之一，也低於二〇〇〇年西雅圖的黑人所得中位數，而且這還沒算進通貨膨脹。與此同時，自從二〇〇〇年起，黑人屋主率降低將近一半[326]，五戶西雅圖的黑人家庭中，僅有一戶是屋主。

這反映出十年前兩位住房經濟學家觀察到的局勢，在超級繁榮的城市中，漲幅浪潮並不會支撐起所有的船：「在緊縮的房市[327]，窮者恆窮，富人恆富。」這也反映出兩名英國研究員在二〇一九發現的一件事[328]：高科技工作成長確實刺激更多就業機會，但幾乎全是低薪工作。專門研究黑人西雅圖歷史的編年史家昆塔德・泰勒（Quintard Taylor）在一九九四年出版黑人社群史時，提出血淋淋的警告：「若是人們被排除在主要經濟中心外，被貶至都會經濟體的邊緣，就連種族包容也無濟於事[329]。」

貴族化和被迫移居他鄉對西雅圖來說並不稀奇——長久以來，全美各地都有居民被迫遷離贏家通吃的城市街區，好比奧斯丁、波士頓、布魯克林。但是在中區，或許另一個唯一案例舊金山也是，轉型徹底到「貴族化」的說法再也不適合用於描述實際情況。換作是其他城市的貴族化住宅區，我們大概還看得出新與舊的交疊、階級與種族的摩擦，中區卻幾乎抹滅到清潔溜溜：對初來乍到的人來說，很難相信這裡曾是黑人社區的中心，因為幾乎看不出痕跡。

出生西雅圖中區的歌手 Draze 在他的歌曲〈老家不再〉（The Hood Ain't the Same）歌詞這麼唱道：

我們什麼都不多，卻感謝有這麼多
毒品悄悄潛入前這裡是我們的老家……
相信我這句話，這裡遲早是白人的天下
我開車經過老家時並不懷念，我心痛
我不為新建案發展感到驕傲，我羞恥……
我的死黨在酒館打給我，我說一切都在改變
他說老兄你說什麼，我說我無法解釋，這些傢伙把我們當實驗品耍騙……
我們曾經擁有自己的家，現在只能租一個家
我們像是冬季往南遷徙的候鳥
他們要媽媽賣掉她的家，她不要，可是
房地產稅上漲時，我們只能嚇得發抖……
千萬別把我描繪成憤怒的黑人
當你將我的社區開腸破肚，我能留下什麼遺產

曾是西雅圖黑人區的中心交叉點，東聯合街和第二十三大道轉角處的消失，恐怕最為刺眼。

名為中城中心（Midtown Center）、占地遼闊的低樓層商業大樓，曾經擁有一間厄爾男士理髮沙龍（Earl's Cuts & Styles）、一家烈酒專賣店、一間咖啡廳、一家自助洗衣店等數不清的店家，而今店面蕩然無存，大樓以兩千三百三十萬美元賣給建商，現今這塊二．五畝地僅存一塊鏈條圍欄，上頭掛著一面大型招牌，預告接下來這塊地即將出現的改裝建案。從十字路口開始，大部分的地會用來興建一棟擁有四百二十九間住房的龐大建物，房價多半符合市價。

如今十字路口共有六層全新或近新、格局方正的公寓和公寓大樓，只有一個例外：伊克叔叔的店（Uncle's Ike's），一間位於十字路口東北轉角的大型大麻藥房，緊鄰卡瓦利山基督教中心（Mount Calvary Christian Center），對面則是教會的青少年服務中心。當地評論家曾經譴責伊克叔叔的店就開在教會和青少年服務中心附近，但如今這一切都不重要了：教會以兩百八十萬美元將青少年中心放上

市場待售，教會中心則出價四百五十萬美元。

派翠內兒曾經擔任出納員的黑人機構「自由銀行」已經拆除，改以一百一十五間房的公寓建築取代，並以紅、綠、黑三色條紋，以及一顆舉起的拳頭裝飾建築門面，一樓陳列著宣揚並證明該場地歷史意義的紀念匾：

中區——我們的「CD」社區
自一八六〇年起，我們是先鋒和創業人士
從此地遷徙移居至
北、南、東、西
融合信仰、家庭、愛、精神、靈魂
跨越聯合街、櫻桃街、傑佛遜路、
耶斯勒路、傑克遜街、雷尼爾路，
包圍馬丁·路德·金恩路
我們在教會、職業、公司蓬勃發展
彼此照應，人口增長至80%。

「歡迎光臨我們現今所謂的聖地[330]。」在二〇一九年五月底一場於嶄新商業空間舉辦的鄰里會議中，葛雷特這麼說。葛雷特的祖父曾是自由銀行的創始人之一，幾年前葛雷特則創辦了一個名為「非洲鎮」（Africatown）的組織，致力於保存西雅圖中區的黑人遺產，亦負責組織一年一度的非裔美國遺產節。該組織將自己定位為改變這個十字路口的合作發展方，他們持有兩棟建物的股權、組織運作空間、逾一百萬美元的市政府經費。

葛雷特盡可能抱持樂觀心態，看待這個轉角的轉型，自由銀行大樓為厄爾男士理髮沙龍和一間黑人餐廳預留空間，他說，至少將近九成公寓都是出租給與中區有「歷史連結」的人。在先前是購物廣場的空間中，非洲鎮擁有股權的一棟大樓也運用所謂的平權行銷，確保諸多住戶擁有地方根源。「我們基本上是在填補社區帶領的建案空缺，不同公司實體都在努力實踐願景，讓非洲鎮成為活躍的社群，而非裔美國人可以持續在此地茁壯成長。」他說。

聽見成為建案主要盟友的某人嘴裡吐出這番主張，想要假裝聽不出社區轉型的宣傳意味也難——他不僅蓋下同意章，認同這場大改造獲利的建商，他和他的組織也可從中獲利。明眼人都看得出，這個轉角未來的命運肯定和圍欄看板上允諾的大相徑庭。說真的，只要是有眼睛的人都看得出來，這裡每一個住戶都是白人——推著嬰兒車的家庭、光顧墨西哥玉米餅店的顧客、供應早午餐菜單的高檔漢堡店、散步到跳跳車烘焙坊（Lowrider Baking）買餅乾的情侶檔，這就是貴族狂熱美夢的刻板畫面。

「我再也不去聯合街和第二十三大道了，看到就心痛。」黑人女性羅妮卡・海爾斯頓（Ronica Hairston）說。她帶女兒參加遊行，稍後則會前往在賈金斯公園（Judkins Park）登場的非裔美國遺產節，現場有樂團表演，以及販賣窮小子三明治和花生果醬三明治的小販攤商。「他們是粉刷上紅、黑、綠色，但說到底還不是和腳印一樣短暫。」

大遊行從櫻桃街開始，沿著第二十三大道一路往南。現場有眼花撩亂的表演，摩托車特技團、水牛兵黑人牛仔、老車俱樂部、中區黑豹啦啦隊、幾組操槍隊、Kappa Alpha Psi 兄弟會、共濟會、聯合運輸工會。

遊行經過第六消防局、西雅圖公共圖書館道格拉斯—圖斯分館、艾澤爾馳名炸雞（現在換老闆，有人說味道變了）、格爾菲德高中、麥格．艾佛斯泳池、昆西．瓊斯表演藝術中心、柯禮堂衛理公會教會。一如既往，教堂前方階梯上有攤商在販賣熱狗和水（「今年似乎比較小攤」）。遊行經過以八十四萬五千美元出售、「重新改裝、美輪美奐的木匠風格房屋」（「通勤人士的夢想，鄰近市中心、亞馬遜……」），另一棟售價則是六十六萬四千九百九十美元（廣告說是「西雅圖最熱門社區地段」，卻沒提到該社區的名字）。

遊行又經過正在自家前廊觀看遊行的詹姆士．瓊斯（James Edward Jones）面前。瓊斯是在一九六八年二十七歲那年，也就是派翠內兒抵達後的四年，從奧克拉荷馬州搬進這個街區。跟她一樣，他也是跟隨手足的腳步來到西雅圖。「我來這裡不是為了愛上西雅圖，而是為了離開奧克拉荷馬州。」他說。一如派翠內兒，他後來也是透過音樂，融入成為鄰里和城市的一分子，在抵達西雅圖後加入福音四重唱「上帝戰士」（Almighty Warriors）。他一直是出色的男高音，經過幾番功夫才學會彈低音吉他，對他來說低音吉他並不是輕鬆就學得會的樂器，因為他在西爾斯百貨當清潔工，也曾在波音公司當工人，手指因而變得僵硬。上帝戰士在一九七一年到芝加哥巡迴演出，兩年後又去阿拉巴馬州表演，並且在兩屆世界博覽會表演，分別是一九七四年斯波坎尼博覽會，以及一九八六年溫哥華博覽會。他們的主題曲是南方蜂鳥（Dixie Humminbirds）的〈良善如我〉，緊接著演唱〈心懷感恩〉和〈耶穌，請讓我貼近十字架〉等曲目。他們偶爾也會搭渡輪參加演出，和派翠內兒及總經驗福音合唱團協力演出。「音樂是我的生命，一直都是我的生命。」瓊斯說。

而今他坐在房屋前廊，抽著萬寶路一百香菸（Marlboro 100），裝上擴音喇叭聽著他多年來從收音機錄下的音樂。他受夠了總是得打發不停登門拜訪、請他賣掉房子的房屋仲介。他在一九七五年以兩萬美元買下一棟房屋，一九八七年又以五萬美元購置另一棟房屋，現在這兩棟房屋價值大約分別是五十萬和九十萬美元。他是可以出售，但賣掉後他和太太要搬去哪裡？住在另一棟房子裡的他太太的阿姨又該住哪裡？

「我買房子不是為了出售——我的房子是用來住的。」

遊行逼近傑克遜街，另一個昔日中區的主要商業樞紐，嶄新建築在東北角赫然聳立，一樓門面以爵士樂手的剪影妝點，白人住戶從樓上陽臺俯瞰觀賞遊行列隊。

傑克遜街的東南方轉角，另一群占地廣闊的建築豎立於原本是紅蘋果雜貨店的位置。在這間歷史悠久的雜貨店，當地人買得到豬腳和粉腸。人行道旁的鏈條圍欄上，建商張貼了一張由當地學生設計的廣告布條：都是孩子、房屋、樹木的圖片，搭配隨性漂浮在他們四周的噴漆模板文字：

和平。家園。遺產。文化。希望。成長。智慧。

以及一再重複的：

社群。社群。社群。

派翠內兒的街區僅存一個非裔美國鄰居，下一條街區則只剩下兩個。人們一一離去，有些人過世了，後代認為與其一肩扛起房地產稅，不如賣掉房產、分攤收益來得輕鬆簡單。其他人則選擇搬家，搬遷至南邊近郊甚至更遙遠的南方，好比幾十年前在總經驗合唱團創始時期擔任錫安山浸信會的牧師。多年來這位牧師都鼓勵信眾切勿賣房，不要搬家，後來卻被他太太成功說服，搬去雷克瑞奇（Lakeridge）。「當他告訴我他要搬家時，我真想拿一把槍轟了他。」派翠內兒說。搬家後不久，牧師太太不慎踩到自己的浴袍滑跤，就這麼一命嗚呼。

房地產代理人不斷上門。「請問妳有興趣賣房嗎？」他們會這樣問派翠內兒。

「我還穿著浴袍耶，請問我看起來像是有興趣賣房嗎？」她回答。

「噢，太太，不好意思。」他們說。

有天她對這些人絲毫沒有客氣的興致，於是衝口而出：「除非你們可以提出我抗拒不了的價格。」

房地產代理人雙眼一亮，興奮地問：那你希望賣多少？

「一百五十萬美元。」她說，還說只要他們給得出這個價格，她就一口答應並且火速搬離，速度快到「髒內衣褲還放在洗衣籃來不及收」。

那之後，房地產代理人就沒再來煩她。

派翠內兒在這裡度過精采人生。他們的合唱團曾經為柯林頓和歐巴馬總統表演，亦曾為德斯蒙德・圖圖（Demond Tutu）主教和達賴喇嘛演唱。她在九〇年代末開了自己的店舖教會：全一基督中心（Oneness Christian Center），她收留的合唱團女孩現在則在喬治亞州當教授。

然而在二〇一八年年底，派翠內兒的合唱團在創辦四十五年後正式解散，最後以免費演唱會的形式劃下句點。她還是老樣子會上教會，只不過教會朋友越來越少。「要是現在你能在哪間中區教會數得出二十五顆人頭，我就請你吃晚餐。」她說。

至於和新鄰居打交道則進行得不怎麼順遂。其中一些鄰居在那家位在南聯合湖的大公司工作，她會趁鄰居帶著小孩出門遛狗、行經她家門口時走出來（這些鄰居似乎一定有養一隻狗和兩個孩子），然後熱情地向對方打招呼：「早安！」然後鄰居會轉過頭，看了她一眼後又沒事般地繼續走，抑或硬擠出一句敷衍的「嗨」。

有一回，她向某名陌生女子打招呼時，這女人驚訝地抬起頭，彷彿看見門廊上有鬼。

「噢，妳還沒搬走啊。」那女人回道。

米洛・杜克倒是已經搬走。二〇一七年，房租接連幾個月朝三千美元的方向漲價，於是他和溫蒂決定搬家：回到她位在聖路易的老家。

某方面來看，這是一個意想不到的決定。此時此刻的聖路易早已成為遺忘之城的終極典範。人口從一九五〇年代高峰期的八十五萬多人，跌至三十多萬人，大幅衰落的程度絕對不輸底特律。再換一個說法：一九七〇年，聖路易的居民比西雅圖多出將近十萬人，可是半個世紀之後，人口遠遠不及西雅圖的一半。

他們來到一個似乎陌生的國度。從普吉特海灣無時不刻都是車水馬龍的道路，來到一座空曠到令人尷尬的城市——北聖路易荒蕪淒涼、令人屏息心碎的空地，無人居住、裝潢精美的磚房，一條又一條半毀街區。曾幾何時地位重大的市中心如今卻變得惆悵空蕩，十年前萌芽的振興先是在經濟衰退停擺，接著又在二〇一四年遭逢鄰鎮弗格森的麥可布朗命案抗議事件*而衰退。

現在越來越難看出這座城市曾經有過的昔日榮景。聖路易就是一個典型案例，示範一座曾經榮耀的首府，如何淪落為一座小分公司城鎮，銀行、各大機關、飛機製造商麥克唐納．道格拉斯（McDonnell Douglas）全被吸納至在其他城市有總部的大公司。近年來聖路易的機場交通流量銳減，其中一個航站甚至完全停用。

但是米洛和溫蒂很喜歡這裡。他們在中西區買下一間溫蒂的建築師曾曾祖父設計的閣樓，閣樓占地四十七坪，擁有挑高天花板、浴缸、花園、泳池，後側還有一間泳池休息室，總價只要二十六萬九千美元。

不久後，他們發現了在西雅圖找不到的藝術天地，結交認識了一名藝術創業人士，此人不僅將一八九二年的老房子改裝，搖身一變成為現場音樂場地，並管理中城林蔭大道（Grand Boulevard）一個全新藝術區。米洛和溫蒂還與聖路易的當代藝術博物館和普立茲藝術基金會（Pulitzer Arts Foundation）的館長會面，在西雅圖這是做夢都不可能發生的事。後來他們還在全新的格蘭中心藝術區（Grand Center Arts District）爭取到藝廊空間，並在每個月第一個週五開放民眾入內參觀，就像他們在西雅圖姆夸社區銀行舉辦的活動一樣。只不過在這座不是很富有的城市，人們是真的走進藝廊、購買藝術品。光是前三個月，藝廊的藝術家已經完成四十五筆交易。米洛將這件事告訴西雅圖的朋友時，他們都難以置信。

藝廊的租金是每月一百美元，要是房東找到另一名租客，他們就得離開，可是依照這座城市的情況來看，機率微乎其微。

＊二〇一四年八月九日，發生在密蘇里州聖路易郡弗格森的員警殺人命案。十八歲的非裔青少年麥可．布朗（Michael Brown）在未攜槍、未犯罪的情況下，於短短交會的三分鐘內，遭到白人警官戴倫．威爾遜（Darren Wilson）射殺。

第八章　孤立：美國小鎮的危機

俄亥俄州．內爾森維——賓州．約克——俄亥俄州．哥倫布

人們稱這些小鎮為「黑鑽小城」，名字聽起來是很響亮，但實際上從許多方面來看卻是混淆視聽。俄亥俄州東南部的黑鑽幾乎已殆盡——格勞斯特鎮（Glouster）外圍碩果僅存的最大煤礦區，預計不久便會被採個精光，即使是最光輝璀璨的黃金年代，大多城鎮的規模連城市都稱不上。現在只剩幾座城鎮存活下來，要是你造訪這幾個地方，就會發現張貼著一、兩個歷史標示的廢棄磚石建築群，和亞利桑那州及內華達州風滾草飄散的典型銀礦小鎮差不多，同樣飄散著鬼城氛圍。

依據俄亥俄的法律，在這十幾座小鎮中唯一勉強算得上城市的就是內爾森維（Nelsonville）。這座城市在一八一四年創立，不只靠煤礦帶動地方富庶，木材也是當地主要產業，最初經由霍金運河（Hocking Canal）運輸，後來改以鐵路運送。小鎮的煤礦榮景在一九二〇年代走到尾聲，部分歸因於西維吉尼亞州和肯塔基州的同業競爭，對方規模更大，並且採用新穎的機械採礦，加上連接許多俄亥俄大城小鎮、南來北往的客運鐵路式微，更是加速了內爾森維的孤立。

然而在三〇年代的經濟大蕭條正嚴重的時期，內爾森維出現了一種全新產業：威廉．布魯克斯鞋公司（William Brooks Shoe Company）開業後帶動的鞋製造業，於是這座位於阿帕拉契山腳下如詩如畫的小鎮，繼續擔當區域市場中心要角。內爾森維最知名的就是那座漂亮時髦的市中心廣場，廣場上有一間大飯店、歌劇院、三面林立著商店，另外內爾森維用來鋪蓋街道和人行道的磚石也是家喻戶曉。內爾森維磚塊是以當地的豐富黏土層製成的產物，「八角星花朵」「雪花和凱爾特十字架」「魔術方塊牛眼」等五花八門的磚塊設計，甚至在一九〇四年聖路易世界博覽會獲得首獎。

這幾十年來，該城已失去小型商業磁鐵的價值。首先是沃爾瑪賣場進駐阿森斯（Athens）和洛根（Logan），這兩座更大城鎮分別在三十三號國道兩端綿延數十公里，沃爾瑪利用他們的老招術對付小型競爭對手，當內爾森維失去LS等當地折扣店和五金行等支柱後，最後只剩廣場上幾家禮品店、一家連鎖零售商店克羅格（Kroger）、一間家庭經營的藥局，雜貨店的部分貨品空缺全由這些商家試著填補。沒多久，就連這些店家也備受美國鄉村連鎖一元商店的全新指示牌威脅。家庭一元（Family Dollar）和達樂（Dollar General）這兩家店入駐內爾森維，雙雙位在運河街，中間僅隔兩個街區。

不過這座小鎮的鞋公司保留下來了。威廉．布魯克斯在一九五八年將公司賣給另一家位於三十三號國道上四十八公里處的大城[331]蘭開斯特（Lancaster）的鞋公司。威廉的姪子約翰（John）本來有意收購公司，但威廉認為公司前景黯淡，不願讓姪子背負後果。可是十七年後，約翰逮到機會買回布魯克斯公司。公司算是勉強撐了下去。約翰在當地擔任公司老闆可說是如魚得水：他管理一間運河街的三層樓磚石工廠，並與在地一四六針織品、工業、紡織業雇員工會（Local 146 of the Union of Needletrades, Industrial and Textile Employees）協定合約、在市議會服務、駕駛一輛奧斯摩比車、居住於步行即可到達工廠的地方。

約翰的兒子麥克（Mike）也加入製鞋產業[332]，但他的做法南轅北轍。他在義大利米蘭就讀知名的 Arts Sutoria 鞋子包款設計專業學校，回國後任職於美國製鞋公司（U.S.Shoe Corporation）以及兩家鞣製公司。父親購回布魯克斯公司後，他回到內爾森維協助父親的事業，父子倆在八〇年代為這家企業注入新生命，打進特殊鞋市場，譬如專為信差和警官量身訂做的「職業」鞋，買方十分滿意，甚至要求貼上「美國製造」標籤。他們還製作登山客和獵人專用的 Gore-Tex 材質防水靴，Gore-Tex 製造商和麥克是好友。為了搭配全新小眾市場，布魯克斯為公司取了個粗獷的新名字：崎岩鞋靴公司（Rocky Shoes & Boots）。

銷售成績增長迅速，製作鞋子的運河街小工廠都快追不上接單速度。與其擴展公司，麥克決定在八〇年代末在其他場地增加產能：諸如多明尼加共和國、波多黎各，在這些國家還勉強能貼上美國製造的標籤。他父親反對海外擴廠，於是決定在一九九一年以七十歲高齡退出公司。兩年後，麥克決定公司需要更多資金，於是公開上市，募得將近一千四百萬美元。

約翰．哈基森（John Hutchison）在九〇年代中期加入製鞋工廠。他由單親媽媽在內爾森維外附近山區一手拉拔長大，父親在西南方一百二十公里的派克頓（Piketon）鈾濃縮廠工作，在哈基森學步期便離家出走。經濟拮据之下，母親最後只好將第三個孩子，也就是一名新生女嬰交由他人領養，最後改嫁一名職業學校老師。他們住在霍金郡邊界對面，於是哈基森得搭長達一個鐘頭的公車前往洛根上高中。

高中畢業後他交了幾個女友，後來又和高中結識的布里姬（Bridget）交往，當時她已有兩個幼子，接著兩人又生下一個兒子。哈基森需要一份穩定的工作才能養得了全家人，於是他踏入鎮上幾百個人從事的行業：製鞋，擔任前幫機操作員。

這個時期，皮革切割和縫製等繁瑣勞動已經移往海外，而前幫機操作員是內爾森維廠僅存的工作。靴子（或製成靴子的皮革「鞋面」）送到哈基森手中後，他便把靴子插入一部中央裝設大型踏板的巨大機器，一開始先稍微踩下踏板，讓握爪將鞋頭部位的前沿皮革拉到前面，此時要是繼續施壓，就會冒出兩支擋片翻過皮革邊角，完全下壓踏板的話，機器就會吐出膠水、夾鉗皮革，最後皮革從機器另一端蹦出：靴子的鞋頭就這麼做好了。

以上動作全在短短幾秒內完成，操作員得當心別讓機器夾到手指，畢竟現場可沒有安全防護，而唯一能將皮革放進機器的方法，就是操作員親自把手伸進去調整皮革位置，戴厚手套操作可行不通。有些人的手指因此截斷，哈基森只損失一小截左拇指。

八個鐘頭的輪班裡，操作員必須製作出五、六百雙靴子。哈基森是大夜班人員，白天在鎮上的先進汽車零件廠上班。他在崎岩的時薪是十三美元，在九〇年代末其他內爾森維公司都賺不到這樣的薪水，也是波多黎各崎岩員工薪資的雙倍[333]、多明尼加的十倍。

世紀更迭之時，麥克．布魯克斯和他有責任回報的股東再也隱忍不了這巨大差額，於是二〇〇〇年三月，該公司宣布將一百一十二份工廠職缺裁減一半，製造主力移往加勒比海。一年半後，九一一恐怖攻擊事件後的一週，麥克召開會議[334]，宣布工廠永久停業，剩餘的六十七名工廠員工則是遭逢裁員。

崎岩鞋靴仍會繼續留在內爾森維，但再也不是內爾森維製造，而是轉往波多黎各和多明尼加，最後甚至前進中國、約旦、越南。這則消息讓小鎮多年來沉溺在百感交集的情緒中：儘管許多從事這份工作的人似乎其實不想委屈自己住在內爾森維，而是選擇住在阿森斯或蘭開斯特，甚至更遙遠的城鎮，每日通勤往返，但總部尚在的事實還是讓損失工廠工作的傷痛日益發酵。洛根的工廠暢貨店和倉庫也還沒關門：大約尚存一百六十個職缺[335]。

哈基森倒是沒有這麼百感交集：「還不是貪婪造成的。大公司企業的貪婪，事情就是這麼簡單，他們大可保留這座小鎮的製造工作，可是如此一來，工廠賺到的錢也會跟著減少。」多年後他有感而發。

最後一雙崎岩靴[336]是在十一月二十一日下午兩點於生產線製出。白天輪班員工排排站，最後一次打卡下班，同樣遭到革職的經理則沿著排隊隊伍與員工一一擁抱握手，麥克則是待在他的辦公室沒出來。

就這樣，曾經雄霸全國的俄亥俄州製鞋工作，如今最後一間製鞋工廠就這麼黯然歇業。一九六〇年美國銷售的鞋子中，超過95％是在美國製造，到了二〇〇二年卻情勢大逆轉：美國銷售的鞋子中，超過95％都不是美國製造，主要是中國製造[337]。

歇業後三個月，二〇〇二年二月底，麥克與市場分析師進行季盈收會議時，大言不慚該公司的盈虧狀態改善一事：「過去一年我們的營運成本明顯降低，讓我們能在艱辛的零售業環境中獲得財務改善，我們評估近期重新調整的製造作業，將能在二〇〇二年度看見正面影響，這一年我們會全面收割策略性決策的好處。」

哈基森和布里姬在一九九八年結婚，可是工廠關門之時夫妻倆也已經分居。哈基森決定離開這個傷心小鎮，尋覓更好的出路。可是在嶄新世紀的第一個十年，想在俄亥俄州尋到好出路，也只剩哥倫布了。

美國當然一直以來都有孤立無依的窮鄉地帶，本世紀第二個十年，鄉村小鎮雖仍歷經嚴重衰退，卻和一個世紀前農場家庭後裔開始成群逃往都市的情況迥異。二〇一〇至一八年間，美國人口增加6%，大約一千六百五十三個郡人口流失，相較於一千四百八十九個人口成長的郡，流失的人口數量有過之而無不及。在二〇〇八至一七的十年間，人口不足五萬的鄉村地帶及小鎮就業率下滑[338]，可是同一時期，美國最大都市的就業率卻成長9%。原因不勝枚舉，其中包括以自然資源為主的產業倒閉，好比阿帕拉契山區的煤礦，或是鞋業等小鎮製造業的重心移往海外。

但人們經常忽視的卻是貫穿全部產業的趨勢，從農業乃至零售業處處可見的潮流：合併潮。若想理解市場集中在小城鎮扮演的角色，可以先了解這些地方的成長，有多少是靠幾年前反向動態——擴展——的驅使。幾十年來，數不清的商人在自己的小鎮或地區投資做生意，接著拓展商業行為和繁榮富庶，在全美各個角落開花結果。即便成功企業拓展成某個區域的龐大勢力，他們依舊保留地方根源和投資，連鎖百貨邦頓（Bon-Ton）的故事就是一個認識擴展和地方色彩力量的好案例。

一八九七年末，麥克斯·歌朗巴赫（Max Grumbacher）從賓州約克（York）寄了一封信給父親山繆爾（Samuel）。「我認為在這裡經商將會有所發展，大家似乎相信這裡商機無限……我會開始準備並儘早在此開一間店，請您儘管安心。」他寫道。

一八四七年，作物歉收和革命失敗之下，許多中歐人選擇在中世紀移居海外，這就是山繆爾在四歲時跟著家人從德國移居美國的故事。半個世紀之後，他在紐澤西州特倫頓（Trenton）經商有成，接著彷彿童話故事裡的國王，派出兩個兒子和兩名女婿，到其他地方拓展版圖，他們的目標是成長迅速的賓州東部小城，其中一人前往黑澤爾頓（Hazleton），一人前往黎巴嫩（Lebanon），一人往蘭開斯特，至於麥克斯則是被派往位於哈里斯堡和巴爾的摩之間的約克。在幾百家約克當地的製造業公司中，其中有一間鐵器場，以及製造普爾曼汽車（Pullman automobile）的約克汽車公司（York Motor Car Company）。一八八〇至一九〇〇年間，約克人口數多達三萬四千人，成長不只雙倍。

他們的家族企業主力是紡織品，當時成衣尚不多見，歌朗巴赫以匹為數量販賣布料，並由現場店員負責協助裁剪和測量，最後再請送貨員將大批訂單以馬車送至府上。但是麥克斯的商店有一項與眾不同的特色：帽子。他每季會邀請兩名來自紐約的女帽專業製造商，幫忙生產最新流行的設計帽款，之後店家的女帽製造工再採用他們的設計款式製作帽子，麥克斯自然也沒忘了在廣告中宣傳，店家可以免費為顧客修改帽子的優待。

位在約克的商店和其他三家分店一樣，都叫作邦頓，這不算是稀奇的紡織品商店名稱，折扣店也常常取名為蓬馬歇（Bon Marché），意思是划算便宜的好貨，而較高格調的店家則叫邦頓，意指時尚流行款式。當時的約克繁榮發展，對這種夢寐以求的商品魅力反應熱烈，麥克斯在市場街的小店很快就不夠用了。一九一二年，商店遷址至市場街和比佛街的轉角處，一間富麗奢華、四層樓高的煥新赤陶大樓，建築占地總數是一千〇四十坪，共有二十七個部門（寢具和家庭用品、文具、披風和西裝、束腹……），還有衣著簡潔俐落的電梯小姐，電梯內設有可以攤開歇腳的小座椅，為了避免有人將這間邦頓和其他同名店家混淆，屋頂下緣還貼有深色字體的「歌朗巴赫」店名。

那是市中心百貨公司的全盛期：紐約有羅德與泰勒（Lord & Taylor）和布魯明黛（Bloomingdale's）百貨公司，芝加哥有馬歇爾菲爾德（Marshall Field），費城有沃納梅克（Wanamaker's），巴爾的摩有賀區柴德肯恩百貨（Hochschild Kohn & Co.）和赫茲勒（Hutzler's），哥倫布則有拉扎勒斯（F&R Lazarus）。曾有顧客打電話到羅伯特・拉扎勒斯家中[339]，反應他和太太剛在他們店內購買一套優雅茶具組，卻不太知道正確使用茶具組的方法。這些百貨公司既是顧客經驗的目的地和商業中心，也是消費熱點：十九世紀末，顧客在百貨公司的平均停留時間是兩小時[340]，邦頓百貨打著他們固有的大膽宣言，宣稱約克這樣的小城也應該享樂。一九一二年三月二十日，宣告盛大開幕的邦頓看板聲明：「方便你與我——屬於你與我的商店」。

「方便你與我」的宣言不只是浮誇廣告詞，不多久邦頓百貨就成為主要約會場所，商人和上流社會婦人紛紛湧進可以俯瞰主要百貨樓層的夾層茶室，茶室內最受歡迎的位置則是扶手欄杆區。一九二三年，該公司歡慶二十五週年，宴請所有員工一頓晚餐，百貨公司還找來當地管弦樂隊，在週五和週六下午娛樂賓客。每逢聖誕佳節，邦頓還會向紐約購買精緻美觀的二手櫥窗陳設，另外亦會主辦遊行活動，遊行高潮是以雲梯消防車將聖誕老人高舉於人群之上。

麥克斯和他的新太太，來自巴爾的摩的黛西・亞舒爾（Daisy Altshul）及他們逐漸擴張的家族搬到市中心外的四十畝莊園，仍不遺餘力投入小鎮事務。麥克斯共同創辦一所猶太教堂和當地商會，雇員可到他們的莊園參加夏日野餐，他和黛西的孩子也跟著他們在百貨公司內工作，最早從糖果部門開始。

他們盡可能的準備完善，然後麥克斯中風了。兒子湯姆（Tom）決定不上大學，協助邦頓百貨撐過經濟大蕭條的難關，儘管一九二九至三二年間銷售額一落千丈，損失超過一半，他們在一九三〇年仍勉強掏出兩千一百美元的紅利。後來他們又撐過二次大戰，商店找到簡單方法，定量配給顧客襪類商品，並在展示櫥窗陳列販售戰爭債券。

邦頓百貨不僅咬牙撐過動盪不安的時期，依舊屹立不搖，甚至在戰後的繁榮期站穩腳步，持續擴展。一九四六年，邦頓百貨在西南方三十二公里的漢諾威（Hanover）展店。兩年後，他們收購馬里蘭州黑格斯頓（Hagerstown）的艾耶利百貨公司（Everly's）。

湯姆捉住他祖父在半世紀前發現的商機：轉戰偏遠小城，一再證明這些地區的居民也有鑑賞高級商品的能力，都會風格亦能蔓延至大都市以外的地區。

泰勒．薩比恩頓（Taylor Sappington）在內爾森維二十公里外的阿森斯德州客棧牛排館（Texas Roadhouse）值班數個鐘頭後，親眼目睹叉子意外的事發經過。有個男人帶著妻小前來用餐，目測兒子的年齡大約是十三歲，這家人似乎在趕時間，可能是希望快點上菜，於是挑了吧臺區的隔間用餐。可是等到食物上桌，父母早就陷入鴉片吸食後的亢奮狀態，昏厥到不省人事。這在俄亥俄州東南部並非前新鮮事，就算是前往家庭式餐廳用餐的家庭也時有所聞。

接下來發生的事倒是比較不尋常：父親癱倒在餐盤上，手裡朝上抓握的叉子平坦一端，像是帳篷支柱般頂在他的眉頭處，撐起他的頭部，這畫面很好笑，但較接近苦笑。

讓泰勒印象深刻的是這個孩子，雙親在餐桌上暈倒後，男孩彷彿之前早有經驗般主控全場。他和抵達餐廳的警察交談，還要求餐廳給他一個外帶餐盒，裝盛父母尚未享用的晚餐，最後從父親的口袋抽出錢包買單。

對只比這個孩子大不到十歲的泰勒而言，這不過是另一場他在這個地方親眼目睹的小災難。他在這座小鎮長大，運用國家經費離開內爾森維就讀大學，最後還是在違背眾望的情況下回到老家。當然了，這名由單親媽媽一手帶大的年輕人，從小離群索居，生長在森林林地距離祖父母家不遠的組合屋，照理說在獲得全美最昂貴高等教育機構喬治華盛頓大學的獎學金，並且順利脫離這座小鎮後，他不應該再回來才是。

可是泰勒卻在兩年後回來了。在華盛頓求學的他總覺得格格不入：同學們不經意提到父親在跨國企業的主管頭銜，以為泰勒在俱樂部可以輕鬆掏出五十美元小費的心態。除此之外，他也適應不了華盛頓那些身著西裝、瞪著死魚眼的上班族，手裡抓著智慧型手機，再不然就是拿著隨處可見的速食連鎖店沙拉外帶塑膠餐盒，倉促衝過人潮擁擠的人行道。

他試著向老家的朋友解釋那種眼神有多令人意志消沉，卻辦不到。「沒有一個人過得開心，沒人和彼此說話，這座城市是怎麼搞的？」他說。

他們會告訴他是他太敏感了。「不是，你不了解，你親眼看見就懂我的意思了。」泰勒說。

大學第二年結束後他就回到老家，最後在阿森斯的俄亥俄大學完成學業。他搬回家和工作是藥物濫用輔導員的母親同住，加入協助歐巴馬連任的俄亥俄州競選團隊。他愛上一名在俄亥俄大學攻讀物理學的男子傑瑞德（Jared），傑瑞德對自己的學科充滿熱血，筆記本中寫滿各式各樣的理論，最後卻無法取得學位。泰勒和傑瑞德及擔任獄警的哥哥史賓瑟（Spencer）決定同住，三人在內爾森維的白楊樹街租了一棟房子，傑瑞德在那裡運用空閒時間自學製作家具和樂器。

後來泰勒不只決定留在老家，還決定成為老家的一分子。二〇一四年十二月，民主黨在期中選舉又吞下一場慘痛敗仗的一個月後，他宣布參選內爾森維市議員。傑瑞德剪下泰勒宣布參選的《阿森斯通訊報》（*Athens Messenger*）文章，貼在公寓牆上，並以草寫字在字條上寫著：「祝你好運。你辦得到的。」

泰勒不遺餘力競選拉票，竭盡所能去敲遍小鎮每一扇門，有時爬上年久失修的維多利亞式房屋前廊，看見庭院堆積如山的垃圾和歪斜的大門臺階時，泰勒會低頭查看選民名單，然後意外認出某個內爾森維約克高中同學的姓氏。一想到這些孩子來自似乎普通的美國中產階級小鎮的中產階級家庭，而他們居然有親戚住在這種邋遢破舊的所在，不免令他感到吃驚。他知道自己不該驚訝，畢竟他早就曉得這種房子的存在，理所當然有家庭住在這種房屋裡，儘管如此，他還是忍不住驚訝。「畢竟這些熟悉的名字，居然出現在不熟悉的房屋。」他後來陳述。

然而挨家挨戶拜票也在在激勵他、推動他，提醒他大學畢業後旋即踏上這條路的不凡初衷。泰勒仍然相信政府有能力改善人民的生活，卻無法明確說出這種信念的來源，畢竟小時候的他曾經聽見大家族成員將民主黨批得體無完膚。

也許是母親讓他踏上這條與眾不同的道路。她曾經投票給雷根總統，甚至小布希總統。但她向來有叛逆好鬥的基因。她年輕時代在州立雇員工會擔任仲裁人時，曾以煽動鬧事人的身分聲名大噪。當時她常常踩著高筒靴，姍姍來遲走進工會會議，彷彿想告訴在場全員男性，她根本不屑男性為主的會議。

又或許是二〇〇三年三月十九日當晚，十一歲那年，媽媽讓他熬夜看電影《震撼真相》（*Shock and Awe*），與其說劇情令他讚嘆不已，不如說他在看見一個接著一個巴格達郊區遭到轟炸、化為煙塵的畫面後為之震怒。

又或許這可以追溯回他十六歲那年讀到關於甘迺迪總統的書[341]，也就是講述一九六八年他參選時遭到刺殺的事件。如果我們當真相信，身為美國人的我們應該憂國憂民，而這種心情能夠凝聚我們，那為國家服務就是我們的燃眉之急，我們必須終止另一個美國的恥辱。他一口氣讀完這本書，並且當作他的高三論文題材，後來又重頭讀了一遍。可是即使我們消滅物質匱乏，還有另一項重大任務等著我們，那就是正視人人缺乏滿足感的現象——目標和尊嚴的匱乏。長久以來我們看見太多美國人為了滿足物質累積的欲求，選擇捨棄促進社群品質和價值的任務。

無論原因究竟為何，泰勒首次以候選人身分參加競選時，找到了自己日後的綠色新政民主黨聲音，這風格在其他同齡人身上或許如鳳毛麟角，但對一名來自內爾森維的年輕人倒不怎麼稀奇。內爾森維的歷史巔峰期，差不多是小羅斯福總統任期內，公共事業振興署（Works Progress Administration）在小鎮裝設水管道的時期。

泰勒回到內爾森維時，超過三分之一的人口都活在貧窮線下，比例居全俄亥俄州之冠。磚塊尚在，任何碰巧經過小鎮的人可能覺得新奇，而在二〇一三年開放第三十三號國道後，當地訪客更是罕見。泰勒很喜歡其中一些磚塊，尤其是俯拾即是、標著「進步」的磚塊。他站在磚石上拍照，穿著慢跑鞋的兩腳像是括號般圈起這兩個字。若有錢製作競選海報，這肯定就是他的海報主圖。

二〇一五年十一月三日是選舉日，五名候選人的前三強可在市議會占得一席。這是非大選年的地方性選舉，非但不是總統大選年，連期中選舉年都不是。然而這一次市議會競選卻破天荒首度激起市民興致，比起前一年投票率慘澹的州長、眾議院議員、州議員的不記名投票，這一年的市政選舉投票率反而比較高。

泰勒在一八四〇年代起就佇立在廣場對面的礦坑酒吧（Mine），舉辦了一場選舉開票觀看派對。倒也不是真有開票轉播可看，若想得知票數就得前往兩個投票所：圖書館和衛斯理教會。他和傑瑞德一起去看開票，最後愁眉苦臉回到礦坑酒吧。

「怎麼樣？」他母親問。

「我輸了。」他說。

他拐騙她露出氣餒神情，最後還是憋不住：「我開玩笑的啦。」

「多少票？」艾咪問。

「第一名。」

邦頓百貨一點一滴將商業觸角擴展至賓州和鄰州小鎮：一九五七年挺進賓州劉易斯頓（Lewistown）、六一年到了西維吉尼亞州馬丁斯堡（Martinsburg），同年又來到賓州錢伯斯堡（Chambersburg）。那段時期，他們的最大版圖擴張在約克登場。湯姆・歌朗巴赫對折扣零售業十分感興趣，決定小試身手和當地「雜貨」賣家史丹利・梅爾曼（Stanley Mailman）合作，賣的是家電、油漆、電視、工具。一九六二年，雙方聯手開了第一間梅爾曼商店（Mailman's），供應折扣服飾和折扣雜貨產品，但店面地址不是約克市中心，而是小鎮邊緣新開幕的皇后門購物中心（Queensgate Shopping Center）。

商店生意興隆，不僅說服了湯姆拓展他的折扣產品線（一九六四年，他在兒子提姆〔Tim〕退伍後指派他去梅爾曼商店），也將生意成長重點放在郊區。六〇年代中期，雜亂無章的城市擴展和白人遷徙潮如火如荼，即便是約克這樣的小城市也捲入其中，就算再怎麼不捨得位於市場街和比佛街的赤陶總店大樓，湯姆也知道自己抵擋不了這股浪潮。一九六九年，該公司在北購物商場（North Mall）開了一間主力核心店，一九七五年又在小鎮東側的約克購物商場（York Mall）開了分店。一九八一年，市中心的交通前所未有的凝滯死寂，於是他們關閉總店、茶館等所有商店經營。「人們已經不來市中心了，這當真是購物商場的崛起：城市的衰落。」幾年後提姆說。

該公司總算屈服於近郊化，卻改變不了他們想服務美國小城的使命初衷。該公司一名非歌朗巴赫家族的主管說：「小鎮想要人人都想要的東西，現在的差別在於，他們再也不必開車一個半小時，才買到他們想要的東西。」版圖拓展在八〇年代持續穩定進行，大約一年開一家店，到了一九八七年，他們總共有二十五家分店。

此時，湯姆將公司掌控全權交給提姆。不像他那深受經濟大蕭條痛苦影響的父親，提姆不那麼畏懼承擔風險，並且深信避免被五月公司（May Company）等龍頭老大併吞的唯一方法，就是變得比他們更強。一九八七年，邦頓百貨買下位於哈里斯堡、擁有十三間店的波莫羅伊（Pomeroy's）連鎖公司，將公司的一億五千萬美金銷售額提升到兩億五千萬美元。公司背債一事讓湯姆感到憤怒，於是足足兩年都不肯和提姆說話。一九九一年，為了擴張事業版圖，提姆讓公司上市，首次公開發行的成功安撫了湯姆的情緒。「爸又願意和我說話了。」提姆說。

接著才是真正的版圖擴張，邦頓百貨將目標鎖定本部設於賓州艾倫鎮（Allentown）、共有三十家店面的赫氏（Hess's）連鎖商店，以及家族經營的各大百貨公司，包括水牛城的AM&A's、羅徹斯特的麥卡迪（McCurdy's）、雪城的歌佩爾（Chappell's），這些城市的規模都比歌朗巴赫先前進駐的城鎮更大，由於五月公司也同樣瞄準這幾間百貨店家，用意恐怕是消滅周遭的競爭對手、迫使對方關門，等於歌朗巴赫直接槓上此一巨獸。五月共有三百〇二家百貨公司和四千家鞋店，銷售額為一百一十億美元，身為全美最後幾家獨立百貨公司連鎖之一，他們的銷售額是邦頓百貨的三十倍以上。

但是邦頓百貨鬥志昂揚，不惜向五月公司提出反托拉斯訴訟，並成功贏得禁令。截至一九九四年年底，邦頓百貨爭取到好幾家他們設為目標的商店，收購數量雙倍增長至六十九家，後來這幾年就是所謂的過度零售建設現象：遍地開花的百貨商場、公路商業廣場、大型商場，鼓勵都市蔓延發展的租稅法更是火上加油。

以目前的全新規模來看，情況已經不同。提姆再也不能像一九八八年之前那樣，評估每名職員的年度工作表現，公司也不能隨時打烊舉行員工野餐，但他們依舊保留原始精神，維持免費修改帽子的顧客服務，也沒有改變愛護員工的大家長作風、保護當地根源的風格。他們的退貨政策寬容到教人頭痛，隨著折扣競爭越演越烈，邦頓也會舉辦免費時尚專題研討會，更熟稔九〇年代更精緻的時尚氛圍。新產品系列登場時，他們也會舉辦香檳接待會，並讓店員接受密集特訓，其中一名紐約州伊薩卡（Ithaca）的店員甚至幫一位兩個小時後要參加婚禮的女性，從頭到腳精心打扮，因而成為公司的傳奇人物。

全新收購公司的經理人都很清楚他們必須尊重員工，傾聽員工想法等。提姆後來承認，其實這是對公司本身有好處的政策：公司善待店員，店員就會善待顧客，不管公司到了哪座城市，都會套用約克店的公民參與精神，每家分店開幕前都會舉行「慈善日」，當地團體可以販賣觀摩日門票，公司基金會則會要求每座城鎮的分店經理建議值得支持的非營利組織。提姆在九〇年代末說：「如果你的主要競爭對手不捐贈資源，你也很難捐贈[342]，但要是我非得像其他公司那樣才存活得下去，我也不想繼續從商了。」

幾年後，亞馬遜早期的投資人尼克．漢諾爾指出，像邦頓百貨這種公司擁有的企業動力是一種不受賞識的資產。「區域百貨公司，過去區域來、區域去，什麼東西都有『區域』，對吧？其中一些百貨公司的老闆當然也是貪財如命的禿鷹，但起碼賺來的錢都留在辛辛那提等地點，起碼這些老闆還會捐款給地方學校，起碼這些地方的富庶繁榮都在這些地點。但現在什麼都集中在西雅圖、舊金山、洛杉磯，再不然就是芝加哥，一切都被他們吃乾抹淨。」他說。

一九九八年，邦頓百貨一百周年慶時，為了企業未來的成長募資，進行二次發行。公司領導階層推測，他們的銷售額大概很快就會攀上十億美元。二〇〇三年是邦頓史上最大規模的拓展：這家百貨贏得總部在俄亥俄州代頓的艾爾德—比爾曼百貨公司標案。

艾爾德—比爾曼百貨從一八九六年起，自代頓主要大街和第四街的大型店面擴展[343]，變成擁有六千一百名職員、六十八家分店的企業，規模幾乎和擁有八千七百名職員、七十二家分店的邦頓百貨一樣。艾爾德—比爾曼百貨的分店擴及俄亥俄州、密西根州、印第安納州、伊利諾州、肯塔基州、賓州、西維吉尼亞州、威斯康辛州。

其中一家俄亥俄州的分店就在阿森斯郡的州街公路商業區，也就是泰勒．薩比恩頓十年後任職的德州客棧牛排館位置所在的購物廣場。

就某方面而言，贏得市議員選舉後，泰勒的生活並沒有太大轉變，畢竟這不是受薪工作——話雖如此，他每月還是有一百美元薪酬。於是他繼續待在德州客棧牛排館，每週輪五、六次班。雖然這份工作並不輕鬆，可是在這個地區，牛排館提供的薪資已經符合他的期望，要是運氣夠好，週末夜輪班時還能賺進將近兩百美元的小費，再說相較於他發現將成為他畢生職業的工作，餐館的工作經驗其實沒有太大差異。走到一棟陌生房屋前敲門、說服對方投票給自己，其實跟服務五名剛結束週末打獵行的硬漢沒有太大不同。這桌客人發現服務生不是德州客棧牛排館金字招牌的可愛妹妹大失所望，不過泰勒還是很驕傲自己有贏得客人芳心的能耐，甚至逗得對方捧腹大笑，離開前還付給他慷慨小費，因此他有自信可以將這種能力應用在新工作上。

但容忍辛苦的輪班工作並非逼不得已，他也很喜歡志同道合的工作夥伴：喊他泰薩的老闆蒂德拉（Deedra），正值花甲之年、丈夫過世後回到職場的瓊安，以及從俄亥俄州各地來阿森斯就讀大學、對未來充滿期待的年輕女同事。

週六晚間打烊後，大多同事會在州街公路商業區另一頭的「蘋果蜜蜂家」聚餐，因為這間餐廳凌晨一點才打烊。傑瑞德在露比週二餐廳（Ruby Tuesday）工作，而他說什麼都不可能參加他們的員工排舞，或是在兒童夜換上德州客棧牛排館服務生都必穿的超級英雄裝，他連讓泰勒看他演奏自己製作的小提琴都不肯，不過他偶爾也會去蘋果蜜蜂家。

由於每月第二和第四個星期一會舉辦市議會會議，於是泰勒的休假日定為週一，他負責的街道委員會則得召開特別委員會會議。身為市議員的他還得花時間處理大大小小的事，畢竟這是他第一年任職，雜務特別多。市議會雇請了一名新的市經理，並解雇了原本的警察局長。州政府市政援助經費削減，加上城市人口退化導致稅基削弱，市議會預算嚴重不足。

比其他市議員年輕近兩輪的泰勒，沒多久就在市議會上與人起摩擦。在母親和哥哥觀摩他宣誓就職的第一場會議上，他就要市議會解釋，為何他和新任市議員艾德·梅許（Ed Mash）必須應要求為他們從未聽過的預算提案投票。幾個月後，他提議內爾森維應該根據法規平衡市政預算，以防儲備已經緊縮的預算遭到無預警挪用，而此舉惹惱了資深市議員。一位市議員覺得泰勒的提議太武斷專橫，於是在一場閉門會議中，跨過桌子撲向泰勒，只差沒賞他一拳。

爭議更嚴重的是泰勒認為該城應該考慮不再沿用市經理，而是重回民選市長制度，迫使政府擔起更多責任，這個想法頗具顛覆性，畢竟市經理蓋瑞·愛德華（Gary Edwards）來自全城勢力第二龐大的家族，並與權勢最大的布魯克斯家族——現已更名為崎岩牌的崎岩鞋靴公司的老闆——站在同一陣線。即使勞力多半移往遠東和加勒比海，崎岩依舊是鎮上最大雇主，身為老闆的麥克要求他人給予他身為大老闆應得的尊敬。

除了泰勒第一年任職期間在市議會引起的爭執外，美國總統競選的腳步逐漸逼近，周遭的氣壓變化亦讓他感到忐忑不安。

自從小羅斯福年代起，俄亥俄州東南部就一直是民主黨的天下，即使其他阿帕拉契地區早已變天，過去二十年改追隨共和黨，東南部卻始終沒變。二〇〇八年，阿森斯郡將近三分之二的票投給歐巴馬總統，二〇一二年，即使歐巴馬在全國和全州的得票率減少，甚至在其餘阿帕拉契地區慘敗，比第一次選舉更淒慘，但他在阿森斯郡的票倉卻堅定不搖。

歐巴馬在這個地帶的影響力不僅限於阿森斯大學城的自由分子，他在二〇一二年以四十個百分點在內爾森維領先對手，在這座選民幾乎清一色白人的小鎮，照理說應該都是對民主黨早就失去信心的美國勞工階級白人，但比起對手羅姆尼（Willard Mitt Romney），他們反而能在歐巴馬身上看見相同理念。那年歐巴馬競選，泰勒也在市議會見證同樣力量，於是他最後在坎頓（Canton）一帶，也就是阿萊恩斯（Alliance）及密涅瓦（Minerva）網羅支持者。

可是二〇一六年卻發生了一些事，泰勒發現歐巴馬欽點的接任者希拉蕊．柯林頓很明顯讓支持民眾意興闌珊。他在初選階段發現民主黨支持者較傾向伯尼．桑德斯（Bernie Sanders），可是隨著時間推移，越來越多原先投票給歐巴馬的人，現在都難以理解地移向另一個陣營：唐納．川普。

陣營轉移令泰勒氣憤難平，但他其實想像得到事情是怎麼發生的。他看得出川普耍的小手段，也清楚川普是怎麼玩弄人心：某些特定小島豐衣足食的同時，美國其他地區卻民不聊生。自從金融危機，坐擁超越一百萬人口的大城，例如舊金山、波士頓、紐約便一路繁榮發展[344]，這段期間的就業新增占了全美四分之三。二〇一〇至一四年間，全美一半的新興事業都集中在二十個郡[345]，超過44%的數位服務工作[346]則集中在十個大都會區。

某項統計數字顯示，自二〇〇八年起，在沒有城市人口超過五萬的郡，工作和人口僅成長僅占了全美1％[347]，意思是泰勒居住的郡也算在內。與此同時，擁有大學學歷的都市工作年齡人口，比鄉村地帶多出15％，差距超過二〇〇〇年三分之一以上，而目前還看不出諸如此類的趨勢有減緩或逆轉的跡象。一份麥肯錫全球研究所的報告[348]不久後甚至預測，直到二〇三〇年，六成就業成長主要來自二十五個城市和高成長中心，而五十四個吊車尾的城市和鄉村地帶，也就是四分之一美國人的居住地，就業機會將是零成長。

至於讓紐約市、華盛頓特區、灣區的財富滾動的因素為何，雖然各不相同，卻都有一個共通點：越是繁榮發展，他們的政治立場也越趨近民主黨，該黨逐漸成為蓬勃發展的都會富人及中產階級信奉的黨派，所以民主黨全國代表大會在二〇一六年選擇於美國都會區慶祝他們的進步，彷彿內爾森維等地根本不存在，可說是理所當然。而內爾森維等地居民不覺得自己屬於民主黨進步慶祝大會的一分子，反而深受某個言談直接點出衰敗城鎮黑暗面的人所吸引，自然也不意外了。

選舉日當天，川普在內爾森維獲得46％的票數，以一個百分點之差擊敗希拉蕊的45％。他的勝選是既定結果，並不值得歡呼，川普的得票數較四年前歐巴馬在內爾森維獲得的選票少了30％。希拉蕊獲得的選票較二〇一二年民主黨的得票數，則足足下滑了二十二個百分點。以每戶收入中位數來看，在全美二十個最窮州之中，川普總共贏得十八州，而十個最富有的州之中，則有九個投給希拉蕊。川普獲得61％的鄉村選票[349]，成功擄獲大量人口低於二十五萬的都市選民芳心。

泰勒和傑瑞德及另一位朋友一起看開票，由於泰勒在內爾森維見多識廣，早就知道川普可能在俄亥俄州領先，可是對於當晚的情況依舊毫無心理準備。恐懼緩緩爬上心頭的那幾個鐘頭，得知他們輸掉佛羅里達州和威斯康辛州後，他以用戶名稱 @IdealsWin 發了一則推特文，寫道：「十一月八日，今晚別忘了把時鐘往回調至六十年前。」

他和傑瑞德最後在凌晨三點左右離開，開上第三十三號國道回到內爾森維，這段路上他們不僅心灰意冷，氣氛更是緊繃。傑瑞德不像泰勒那麼在乎政治，要是連他自己都覺得難受，他實在不敢想像泰勒的心情有多麼低落，多麼苦惱。

泰勒或許應該多留意傑瑞德的疏離，可是在事發當下及之後那幾天，他的思緒深陷接下來可能發生的結果。顯然美國東西岸經濟中心對川普勝選十分震驚譁然，許多地區的人民表示投票幫助川普勝選的鄉鎮地帶令人反感。與其明白選舉結果的起因就是他們和遺忘地帶之間的差距，並且認真思考對策、矯正問題，許多富饒堡壘的自由派人士反而選擇針鋒相對。

他們說是時候對這些地區釜底抽薪了，政治也好，經濟也罷。他們的黃金時代已成過往雲煙，也早就失去存在的價值，不管是煤礦也好，運河、鐵路也罷，如果這些地區的人不能覺醒，搬到機會更多的地方，大家也愛莫能助。他們在二〇一六年選舉的偏好已經說明，就算智慧啟蒙的民主黨再努力取得他們的支持，都只是枉然。「也許真的是吧，也許他們還會繼續違背個人利益投票[350]，到最後他們支持的政客則是疏於監管工業殘餘的毒害而徹底毀掉他們。不管怎麼樣，民主黨員最好的做法就是尊重他們的選擇權。」《紐約》（*New York*）雜誌的專欄作家法蘭克．瑞奇（Frank Rich）寫道。

泰勒注意到這個社會運動，並將阻止此一活動發展視為己任。他願意不計一切不讓他在華盛頓特區居住過兩年的那個美國——那個「另一個美國」——放棄他的美國，並藉此證明他的城市仍有潛能，可以達到富足繁榮和某種程度的自由公德。他很可能是其中一位改革人士，以該黨派現在最需要的方式重整黨派：打掉重來。

泰勒忙著重整黨派，而選舉日當晚後傑瑞德刻意保持的距離亦沒有消弭。川普勝選後的兩天，傑瑞德沒有回家過夜，甚至隔天晚上也沒回來。當泰勒總算連絡上他，傑瑞德只說他和幾個朋友在一起，這個情況整整維持了數週。

泰勒花了一段時間才明白，問題無關乎他倆的關係，而是他男朋友本身的問題。在他們交往的三年半內，傑瑞德的憂鬱症反反覆覆發作，這或許也是他無法獲得俄亥俄大學學位的原因，但這一次程度不同。

十二月時傑瑞德想要重聚。聖誕節前一週，傑瑞德在午夜過後傳了一則訊息，詢問正在看電視劇《辦公室》（*The Office*）重播的泰勒，他是否可以過來，最後兩人的對話無疾而終，在兩點二十三分草草結束。

翌日早晨起床後，泰勒打電話給媽媽，提議邀請傑瑞德來家裡共度聖誕節，並請她在屋裡為他準備一間空房，接著便開始尋找傑瑞德，從前一晚的對話判斷，他猜想傑瑞德大概在附近不遠處過夜。

屋外天寒地凍，泰勒走過一條街區，在胡桃街口正好瞥見德州客棧牛排館的老闆蒂德拉的車。蒂德拉把車停下，為人親切的服務生阿姨瓊安（Joan）也坐在車內，她們搖下車窗，瓊安欲言又止，最後是蒂德拉打破沉默。

「你在做什麼？」她問泰勒。

「我在找傑瑞德，」他說。

「他昨晚自殺了，」蒂德拉說。

他們上午六點鐘在露比週二餐廳後方發現他，得年二十五歲。

泰勒・薩比恩頓腳步踉蹌，失去重心地倒在人行道的磚石上。

有些時候，在冷清小鎮丟了飯碗的人確實可能在熱鬧大城闖出一片天，但轉運從來沒有經濟學家想的那麼簡單。

約翰・哈基森在哥倫布市找到車行道公司（Roadway）裝卸區的工作，並為了離開裝卸區的工作自學貨車駕駛。後來他通過考試拿到商業駕駛執照，加入全美一百六十七萬名商業貨車駕駛的行列。可是二〇〇三年，耶路運輸公司（Yellow Corporation）卻買下車行道，並在比對兩家公司的資歷名單後，決定開除任何年資低於二十五年的員工。後來哈基森在UPS快遞公司找到一份駕駛聯結車的兼職工作，他們不需要全職員工。

住在哥倫布時，哈基森在網路上認識一名女性，後來兩人結婚，育有一女。

二〇一一年，哈基森總算在密西根西部小鎮霍蘭（Holland）找到一份與小鎮同名的貨運公司工作，這家公司擴增至七千五百名員工、五十三個貨運站、六千五百輛拖車，並於二〇〇五年被耶路貨運和車行道的巨頭耶路全球（YRC Worldwide）控股公司收購。

崎岩鞋靴公司倒閉後的十年，哈基森總算闖出屬於自己的一片天。霍蘭公司的待遇並不如鎮上其他貨運公司優渥，時薪不超過二十美元，但這是國際卡車司機協會（Teamsters）提供的工會職缺，員工的資歷和工作時程安排都有保障。

最主要的問題不在工作本身，而是他不喜歡哥倫布。他不喜歡這裡的交通及沒沒無聞，他懷念的是山巒。開始為霍蘭效力的同時，他和第二任妻子分居，又搬回內爾森維。幾年後他又和布里姬重聚，老菸槍的她患有慢性阻塞性肺病，如今再也無法工作。這對伴侶在二〇一五年新年前夕再婚。

回到內爾森維後，哈基森助長某個讓經濟學家一頭霧水的全國趨勢：儘管區域之間的薪資落差越擴越大，卻越來越少人從貧困地帶搬到富裕地區。流動性在二〇一八年創下史上最低點，那年不到一成的美國人搬家[351]，只有一九五〇年代紀錄的一半，傳統雙親家庭的衰落也是一大主因：相較於不靠媽媽或姊姊幫忙撫養孩子，選擇帶著孩子搬到昂貴都市討生活，因而缺乏外來支柱的單親媽媽，《憤怒的葡萄》（*The Grapes of Wrath*）作者史坦貝克（John Steinbeck）筆下逃離塵暴乾旱地區來到加州的約德家族還比較合理。相較於有學歷的人，不具大學學歷的員工在開銷高昂的大城市較無競爭優勢，高學歷職業人士可預期在都會中心薪資翻倍、甚至三倍成長，可是低薪員工到了都會中心，薪水卻沒有比美國其他地區高多少，住房反而更貴。

其他人也跟哈基森一樣，覺得住在某個世界、再通勤到另一個世界工作，不失為一種可行做法，他會特別選在上午的尖峰時刻結束後離家，離開俄亥俄州東南部某座抑鬱沉悶的小鎮，駛上三十三號國道，塞車時還有錢領是不錯，但要他在不是上班的時候堵車，他才不幹。他開了一百一十二公里的車，並於上午十一點左右，開始哥倫布西部邊界、二七〇號首都環線快速道路外的霍蘭貨運站輪班。他駕駛的貨車型號是二〇〇五國際（2005 International）半掛牽引車，主要在九十五號碼頭裝卸，將任何需要運輸的商品送往他個人負責的地區：哥倫布南方遠郊和小鎮。運送商品內容包羅萬象，某個下午他運送的產品可能有騎馬用品、穀物乾燥機、汽車維修所需的暖通空調零件。對他來說送什麼東西都沒有差別，畢竟全是紙箱。老陶德．史瓦勞斯等卡車司機曾將當地製品運送至中西部供應鏈，每走一步都增加貨品價值，至於哈基森和他的卡車司機同事，則負責其他地區製品的最後運送階段。

有時他會送貨到奇里科斯的州立監獄，也就是泰勒．薩比恩頓的獄警哥哥史賓瑟通勤一小時的監獄。這是哈基森第一次停下貨車，坐在監獄操場等著獄友清空貨運物品，再繼續上路。

「你只需要按喇叭，結束後開走就好。」警衛說。

「你認真的？」哈基森問。

「對啊，他們會自己來搬。」

等他抵達卸貨區，獄友排成一列縱隊，自動自發地將棧板上的貨物搬進監獄。

要是哈基森運氣夠好，就能避開交通尖峰時刻，結束之後開車回到哥倫布，再繼續幾趟運送，通常是送往二七〇號州際公路上的大商場配送點或是電商倉庫。他一般的輪班時數是十至十二小時，晚上十一點鐘打卡下班後，再開個一百一十二公里的車回到內爾森維，光是一年就累積超過五萬六千公里的里程碑，他常常將近凌晨一點左右才到家，開一罐啤酒稍作休息，兩點準時上床睡覺，隔天重複這個行程，早晨九點起床，出門上班。

其他駕駛會嘲笑他瘋狂的通勤時間，但是每當他們笑哈基森時，他偶爾會從口袋掏出手機，讓他們看他和布里姬家背後的山丘美景照片，並忍不住驕傲地說：「看見沒，這我家後院。」

二〇一五年年初，哈基森在臉書上收到一通訊息：「先生，不好意思打擾了，請問可以占用您一小時的時間嗎？」傳訊息的是一名年輕人，哈基森沒聽過他的名字，於是當作沒看到。

可是年輕人沒有退卻，父親節這天也傳了封訊息給布里姬。布里姬呼喚哈基森過來：「你覺得這是怎麼一回事？」她問他。

「我什麼都不知道。」他說，卻仍打電給這個名叫布萊登（Braden）的年輕小伙子。布萊登聲稱他有哈基森的畢業紀念戒，越是發問，哈基森發現布萊登知道的越多，可是他並不記得布萊登告訴他的女人名字。「我不認識她，我不知道你媽媽是誰。」哈基森說。

這時布萊登傳來一張照片。

「我認識你媽媽。」哈基森說。

他一點一滴拼湊起故事。事情發生在高中剛畢業，當時他還沒進崎岩鞋靴公司，而她正在就讀俄亥俄大學，事後她從沒提過這件事。

沒多久，他在布萊登搬到阿拉巴馬州之前和他見面，兩人相處甚歡，雖然感情不算親密，卻像是朋友那樣，偶爾會在生日和聖誕節時問候彼此。

一年後，二〇一六年，哈基森的母親和繼父買了基因檢測組合當作聖誕節禮物，送給全家人。沒多久，哈基森就收到基因檢測公司的通知，說他有一個「該機構偵查到的手足」。是他母親之前給他人領養的妹妹，她就住在距離一小時外的地方，目前在加油站工作，最後他和妹妹相見歡，兩年不到他就尋回一個自己都不知道存在的兒子，以及一個他知道存在的妹妹。

當俄亥俄州前幾座亞馬遜實現倉儲中心在二〇一六年夏季的尾聲開張，泰勒・薩比恩頓很難不去注意到它們的位置。一如數據中心，倉庫是設在哥倫布市，只是不同方位罷了，不是北部邊界較為高檔的遠郊，而是更偏遠更不起眼的東南邊地帶。奧貝茲（Obetz）和艾特納（Etna）的場址鄰近二七〇號首都環線州際公路，距離七〇號州際公路也不遠，為城市東西向交通提供便利性。這兩座倉庫還有一項優勢：儘管對俄亥俄州東南方發展落後的小鎮居民來說是一段路途漫長的通勤之旅，卻也讓近到亟需工作的人仍願意硬著頭皮接下。我們可以說這家公司用盡心思依照不同階級區分員工，讓他們分布在美國各個地域：亞馬遜有程式設計和軟體研發鎮，也有數據中心小鎮，亦有倉庫重鎮。

附近的現場急救人員沒多久就開始接到緊急通報。距離簡稱ＣＭＨ1的艾特納倉庫四．八公里的西利金三號消防局，一開始每天只會收到一通緊急通報，通報量卻在接近節慶時期激增，一天多達好幾通，畢竟為了準時送達包裹，員工每週被迫工作六十小時。通報內容包羅萬象[352]：呼吸困難、胸痛、各式各樣的割傷和骨折，某些情況更嚴重。某名工人被棧板重物砸到腳而連續三週無法工作，另一人則是腿部被前伸式堆高機和護欄夾傷而骨折。

時間來到二〇一七年四月七日，奧貝茲ＣＭＨ2倉庫發生了一場堆高機意外。現場並沒有嚴重受傷的情況，但有一名員工在事發幾週後通報職業安全與健康管理局，按照法律標準判斷，該堆高機操作員算是視障人士。這名員工寫道，結果「許多雇員都很擔心自身安危」。管理局介入調查後，發現亞馬遜確實把堆高機操作工作交給俄亥俄州駕照視力測驗不合格的人——依法判斷，另一名正在做堆高機受訓的也是視障者。

不管是什麼樣的狀況，當地緊急救援服務和消防局都應付得來，但真正令人耿耿於懷的是，這些單位提供的是免費服務。亞馬遜和俄亥俄州的協定交易免除該公司長達十五年的當地房地產稅，而這筆稅金通常都是用於支付當地政府服務，從學校、警察局、乃至消防局服務都在這個範疇內。倉庫位址是利金郡（Licking County）與富蘭克林郡，卻並非真正位處這兩郡。亞馬遜每天為當地道路製造幾百輛汽車和貨車的車流、撥打並使用緊急專線，卻沒為鏟雪機和救護車費用付出一毛錢。基本社會契約[353]只適用在其他人身上，亞馬遜是例外：二〇一七年，當地居民為了繼續享用西利金三號消防局提供的服務，就得批准為期五年、總共六百五十萬美元的房地產稅徵收，而這筆由當地人買單的稅額則彌補亞馬遜拒絕支付的金額。

納稅人還得一肩扛起亞馬遜拒絕配合其他條件促成的下場。二〇一八年，十名俄亥俄州亞馬遜雇員之中，就有一人的薪資微薄到需要食物券補助。在全美至少五州，亞馬遜是獲得最多食物券補助的雇主之一。

然而交易仍然沒有間斷。俄亥俄州通過艾特納和奧貝茲的合約後一年，又給予亞馬遜二十七萬美元的稅額抵減，將俄亥俄州東北部特溫斯堡（Twinsburg）的前克萊斯勒工廠改建成包裹分揀中心，而該中心僅提供十個全職職缺，只在忙碌的節慶時期徵求大量短期兼職員工。此外特溫斯堡提供七年期、高達五成的房地產稅減免[354]，六十萬美元全由自己買單，而這筆錢本來多半是學校的預備經費。

二〇一七年，他們宣布為代頓附近的門羅新倉庫提供補助，同時承諾給予另一座位於克里夫蘭東南部北藍道（North Randall）的實現倉儲中心條件更豐沃的補助。這樣一算，亞馬遜總共從俄亥俄州獲得七百八十萬美元的資助。

北藍道倉庫選在二〇〇九年倒閉、五年後展開拆除工程的北藍道購物商場舊址。消息宣布後三週，亞馬遜透露他們正在克里夫蘭地區蓋另一座倉庫，也是另一間前購物中心的舊址，一年前歇業的歐幾里德購物商場。兩年後亞馬遜又宣布，俄亥俄州阿克倫另一間倒閉商場將用來興建倉庫，除了平時的州補助金，阿克倫甚至提供三十年的部分退稅，償還亞馬遜購置土地、外加收購和拆除等雜費的一千七百多萬美元。

地點挑選絕非巧合。到了二〇一七年年底，零售業實體店面已經踉蹌不穩。該年有將近七千間商店關門，是前一年的兩倍。玩具反斗城（Toys "R" Us）敵不過電子商務革命的殘酷現實，加上私募股權公司老闆管理不良卻在最後幾年從中牟利，該玩具店龍頭宣布破產，三萬三千份工作遭殃。二〇一八年年底，商場面臨經濟衰退期之後的空店率高峰[355]，梅西百貨（Macy's）從二〇〇八年起已經解雇五萬多名員工，華爾街預測情景甚至會更慘澹：截至二〇一八年初，沃爾瑪、好市多、T.J. Maxx、目標百貨、羅斯百貨（Ross）、百思買（Best Buy）、零售美妝連鎖店 Ulta Beauty、柯爾百貨（Kohl's）、諾斯壯百貨、梅西百貨、床單衛浴及廚房用品店（Bed Bath & Beyond）、薩克斯／羅德與泰勒百貨（Saks/Lord & Taylor）、迪拉德百貨（Dillard's）、彭尼百貨（JCPenney）、西爾斯百貨的市場價值全部加起來，還沒有亞馬遜[356]來得高。

在經濟早就一蹶不振的地帶，商場倒閉潮尤其教人煎熬。某些高級商場仍然苦撐下去，譬如紐澤西州和維吉尼亞州近郊的地區，全美大約一千間商場中，近半商場總值僅僅來自其中一百間店家。從某項產業紀錄來看，上一個十年內俄亥俄州大型商場倒閉的數量，遠遠超過全美任何一州[357]。商學院教授史考特・蓋勒威（Scott Galloway）寫道：「支撐不住的並非商店[358]，而是中產階級，因此間接影響到服務往昔繁榮地區及鄰里的公司。」

並沒有太多人為了廣闊無邊的停車場和無窗美食街的逝去落淚，但這一波倒閉潮不只剷平商場和公路商業廣場，甚至延燒至附近的市中心，就連紐約等大城市的時髦郊區都難以倖免。而且倒閉潮可說是自找的——消費者越來越不需要為了滿足個人需求光顧實體商店，或是越不需要在自己的城鎮消費，跟店員面對面進行購物，就越可能開始考慮其他選項：通常是獨自在舒適的家中購物，甚至早在全球流行病毒襲擊、迫使美國人在家購物前，他們已有更好的網購理由：線上購物深具吸引力，而且比外出購物便利。隨著實體商店消失，周遭沒有得選的情況下，線上購物甚至變成一種更方便的選項。

傑瑞德的死令泰勒震驚不已，內疚自責的情緒吞噬了他。他怎麼沒發現男友的驟然疏離並非情侶激烈爭吵後的後果，而是憂鬱症發作？

過去這幾週發生的事猶如跑馬燈，在他腦海中不斷旋轉，尤其是十天前傑瑞德突然出現在德州客棧牛排館的景象。當時泰勒剛下班，他走向自己的車，也看見傑瑞德的車。傑瑞德下車走向他，泰勒立刻發現傑瑞德的步態不太一樣，彷彿已經忘記該怎麼走路。這個景象讓泰勒內心發涼，可是他卻忽略了如此關鍵的徵兆：傑瑞德內心有許多煩惱，煩惱到都不像原本的自己了。

傑瑞德問他是否可以復合，泰勒說他還不確定。

「你想和我一起去看《美女與野獸》嗎？」傑瑞德問，當時電影即將上映。

「好啊，我們可以去看電影，我也想看。」泰勒說。

泰勒還記得他們站在一根電線桿下交談，今後他再也不會把車停在那裡了。

泰勒苛責自己竟然沒有察覺，因為其實他對傑瑞德的處境並不陌生。自殺在泰勒的生活圈如影隨形——自二〇〇〇年起，全美自殺率上升三成，年輕人和鄉村白人的比例尤其高。兩位經濟學家稱自殺是「絕望之死」的主因：不具大學學歷的白人，自殺、酗酒、毒品上癮的死亡率驚人成長[359]，而這個趨勢主要集中在俄亥俄州和鄰居賓州、肯塔基州、印第安納州。五年不到，二〇一二至一七年間，二十五至四十四歲的白人死亡率[360]已經升高五分之一。

泰勒不需要社會科學家向他說明這個趨勢，他的高中好友從阿富汗軍隊退役回到老家後，也開始染上類鴉片癮頭[361]，最後試圖把祖父的傳家寶步槍拿去典當買毒而遭逮。泰勒的母親日日夜夜拯救這些深陷水深火熱的人，在該區最大規模的毒品勒戒中心工作超過十年後，目前她在一家保險公司當電話輔導員，協助意圖自殺的年輕人。泰勒居住的世界是一名年輕人面臨重重危機的世界，標準壽險精算表只適用其他地區的人，對他們不具任何意義。

也許正因為如此這般的失去是這片土地的特色，泰勒才能這麼快就適應創傷。又或者這純粹是一種自我防護機制，下意識不讓自己被傷痛吞噬，不能讓傑瑞德的死使他深陷絕望境地，於是他全心實現自己的使命，試著振興這個生命威脅泛濫成災的地方。傑瑞德過世後一週，聖誕節次日泰勒回到市議會，在聽證會上起身講起傑瑞德，並提及俄亥俄州東南部鄉下需要更完善的心理保健政策。

他說：「這真的是一種流行疾病，一種我過去七天再熟悉不過的病，上週一是我人生中最難熬的一天，也是全美和這個社區司空見慣的一天。為傑瑞德的死哀悼的同時，我常思考這種情況為何令人如此無能為力，彷彿一場無法改變的惡夢。」

他繼續道：「這並非巧合，在我們這樣的小鎮，憂鬱症、自殺、上癮、其他問題嚴重氾濫，但我們提供的心理健康治療協助卻是最低，我們真的需要整個社區動起來。」

接下來幾天，他回想起那個當下時，有一件事特別讓他耿耿於懷：泰勒談及傑瑞德和心理健康時，話才說到一半，該區剛當選的州代表傑伊・愛德華（Jay Edwards）突然起身離席。

這兩人之間早有心結。傑伊出身鎮上第二大權勢家族，也是泰勒想方設法踢掉的市經理蓋瑞・愛德華的姪子。傑伊和泰勒就讀同一所高中，長泰勒幾年的學長傑伊是同一美式足球隊伍的明星四分衛，泰勒則是線衛組的板凳。傑伊後來到俄亥俄大學打線衛，二〇一六年決定代表共和黨競選當地州議會，爭取長達八年由某民主黨紅人霸占但因任期屆滿不得留任的席位。傑伊仗著川普的勝選氣勢，以十六個百分點贏得選戰。

對泰勒而言，民主黨失去席位是政治氣氛轉換的顯著證明，而他要逆轉這個局勢。某個念頭可能早就劃過他的腦海，他可以親自主導矯正這個情勢。但市議會會議上那一刻的記憶卻發酵成私人恩怨，接下來幾年在他腦海中不斷悶燒。

這個使命教人望之卻步，光是財力傑伊就完勝他，傑伊在第一次選舉時已向企業界募得廣大資金，目前甚至已為下一場選舉籌到更高經費。然而泰勒心想，他或許可以依靠傳統民主黨聯盟，向亟欲收復故土的工會勞工和全國進步團體借力。

他能夠全心投入選戰的時間並不多，畢竟他在德州客棧牛排館的工時依舊很長，即使這麼拚命，薪水仍不夠他繳水電瓦斯費——德州客棧牛排館就像其他大型連鎖餐廳，要求服務生在無小費的時間加班（清潔打掃、協助廚房內場），而這種做法其實不合法。再加上泰勒在餐廳的工時不固定，這是美國不少低薪員工必須面對的現況。於是泰勒得另尋工作：與擔任獄警的哥哥共同經營副業，維修破損的智慧型手機螢幕。

他依舊常常在市議會上跟人起衝突，中了對方的詭計陰謀，雖然確實提升他的知名度，卻也樹敵眾多。儘管如此，內爾森維還是在泰勒的督促下東湊西湊到二十萬美元，整修了十幾條坑坑疤疤的街道，他也協助設計兩百一十萬美元的歷史廣場重建案，想辦法吸引遊客來鎮上購物觀光。

泰勒的祖父在泰勒母親那棟預製模塊組合屋的林地旁，有一間森林小屋，青少年時期的泰勒曾和哥哥曾幫森林小屋擴建組合屋，並在高中時和媽媽搬進去住。而八月某天，就在傑瑞德過世後的八個月，祖父回到這間森林小屋。

泰勒的祖父在客廳裡發現另一個孫子的身影，也就是本來住在這棟屋裡的泰勒表弟。他也自盡了，得年十九。

泰勒再次深陷傷痛欲絕的情緒。一個月後，他告知哥倫布的民主黨官員，他要挑戰傑伊・愛德華，投入俄亥俄州第九十四區選舉。

好一陣子以來，邦頓百貨持續擴大版圖，而他們最大宗的收購案於二〇〇六年登場：以十一億美元買下當時隸屬薩克斯百貨的一百四十二間店面，各式各樣分散在中西部和北美大平原的家族商店，擁有卡森皮里史考特（Carson Pirie Scott）、揚克（Younkers）、赫伯格（Herberger's）等店名的商店。這筆交易讓邦頓百貨的勢力橫跨西部的愛達荷州，邦頓的想法是唯有積極擴張版圖，該公司才能躲過衰退或合併的命運。

然而一年後經濟衰退降臨，儘管邦頓有拓展商業疆土的野心，債務和利息卻讓他們沒有轉圜空間。邦頓公司也曾經走過衰敗低潮，但這一次卻對公司地基——分布於中西部和東北部中小型城市的邦頓版圖——造成重創。

等到這些地區總算漸漸進入復原期時，邦頓百貨卻面臨攸關存活的難題。美國零售業依舊無可避免地飄向網路，或者飄入政府補助的亞馬遜艾特納和奧貝茲倉庫。二〇一六年，一份針對五千名利用UPS購物的消費者進行的大型年度調查[362]首度揭露，消費者一半以上的購物經驗都是網購。本世紀的前二十年，線上銷售額從每季的五十億美元增加至一千五百五十億美元，足足成長三十倍以上[363]。

邦頓百貨並非對這項趨勢完全視而不見，他們也試著打造屬於自己的電商平臺，但背負高利息的邦頓沒有這等閒錢。分析師說，為了在全新世界存活下來，百貨公司連鎖業者必須把線上銷售量提升至大約整體的四分之一，而邦頓百貨的銷售額幾乎不到這數字的一半。一方面，該公司的運費無法跟他們最大電商競爭對手匹敵，亞馬遜從郵政服務和其他管道獲得的量販折扣價實在太難擊敗。最後，就算亞馬遜規定賣家以某價格販賣商品、並且不得販賣某些產品，但是邦頓百貨仍嘗試透過亞馬遜平臺銷售商品。邦頓也在某些據點加入房地產行列，竭盡所能協助經營慘澹的自家商場順應潮流調適自我，在這個時代找到存活的方法。

經濟衰退後的這十個年頭，邦頓百貨眼睜睜看見強勁對手虧損連連：截至二〇一七年年底，三千八百多家十年前尚存的西爾斯和 Kmart 百貨倒閉。關門大吉的西爾斯、彭尼、柯爾百貨的員工則轉戰至邦頓，而且老實說，相較於曾經任職的大型連鎖百貨公司，在邦頓工作愉快多了。

不過在這種節骨眼，即使工作場合氣氛融洽也無濟於事。二〇一八年初，麥克斯・哥朗巴赫在市場街開立第一家邦頓百貨後的第一百二十個年頭，邦頓百貨因為繳不出利息費用，最後申請破產重組。

同年四月，邦頓百貨開始停業盤點，商品一件不留——服飾、家用品、收銀機，事情發生得令人措手不及，總共擁有兩百六十二間商店，不久前銷售額多達三十億美元的邦頓就這麼在八月正式歇業。不可思議的是許多職員居然留到最後一刻，負責盤點的公司讚不絕口，邦頓員工是多麼樂於配合，合作起來比和其他公司輕鬆多了。

八個月後，現年七十九歲的提姆和第二任妻子黛比．西門（Debbie Simon）坐在約克的潘那拉麵包店接受訪問。黛比多年前在該公司其中一間商店的小家電部門上班，並在提姆退休後接任成為董事長。

「零售業的優點就是面對面銷售，你要面對的不是只有顧客，還有經理、共事的同僚。我們公司裡有些人在現場工作五十年，已經成了一個社群。」他說。

「百貨商店本身就是一種社群。」她說。

「我猜當時幫我們工作的人，大概都已另謀高就。」他說。

「很多人最後時來運轉，至於沒有的人，我們就沒聽說他們的故事了。」她說。

「我們至今還會收到信件。」他說。

「我有加入一個臉書社團，叫作邦頓家族。」她說。他們每月還會在約克的老鄉村吃到飽餐廳（Old Country Buffet）舉辦職員午餐。

「我們是一個社群，一個圓滿完整的社群。」他說。

西曼徹斯特商場幾年前取代了鄰近的北購物商場，後來在二〇一一年歇業。西曼徹斯特商場經過「去商場化」，現在成為綜合公路商業廣場和「生活中心」。

原本矗立在約克市中心的赤陶總店早已改裝成功能截然不同的大樓：公眾服務大樓，除了其他郡辦公室，亦提供成人緩刑假釋、毒品酗酒委員會、心理健康個案管理等服務。大樓門面上的歌朗巴赫招牌已經拆除，訪客必須穿越巡警控制的金屬偵測器，該名巡警仍然印象深刻，自己小時候色瞇瞇盯著化妝品部門的女人，還有人告訴他要是不確定襪子該買哪個尺碼，可以掄起拳頭，當作測量尺寸的指標。二樓曾是俯瞰整個百貨購物樓層的茶館，如今是兒少家庭辦公室。

再來是藝廊百貨商場（Galleria），一九八九年於城市東側邊陲開幕、格調高檔的賣場，賣場裡唯一守住的是馬歇爾百貨，以及總部設於賓州雷丁的波斯科夫小型連鎖商店（Boscov's），波斯科夫似乎是前邦頓百貨碩果僅存的一家。

「還有彭尼。」提姆說。

「彭尼已經收攤了。」黛比說。

「柯爾斯，另外一側是哪間店？」他說。

「現在那裡已經空了。」她說。

在二〇一八年十一月六日選舉日，泰勒．薩比恩頓帶著滿滿期許出發。沒想到他向傑伊．愛德華下的戰帖比他預期的更令人卻步，他本來寄望肯站出來支持他的大型機構盟友多數已經選邊站，而且出乎他的意料，幾乎所有工會都選擇支持傑伊[364]，不只是平時偏好共和黨的營造業，就連教師工會和他母親隸屬的公職人員工會都支持他的對手。他身為低薪工人階級的一員，工會卻選擇支持當地菁英家族的王子，這是因為共和黨強勢主宰俄亥俄州的立法機構，所以經過評估後，與其協助民主黨員奪回主控權，他們認為自己更需要和共和黨議員多打好關係，至少不要樹敵。

與此同時，由於民主黨員的主力放在哥倫布近郊，關於泰勒的競選，大多全國進步團體決定不去蹚這一池渾水，這個事實正指出泰勒不願贊同的結論：俄亥俄州阿帕拉契等地區已經沒有指望。其中一個團體寄了一包杏桃乾給他，算是精神支持。

但他還是打了場值得嘉許的競選，在俄亥俄大學電影系學生的協助下，他製作了一支強而有力的影片，以空拍機拍下內爾森維的動人畫面。「為什麼有這麼多孩子因為毒品危機，於是在沒有父母陪伴的情況下長大？為什麼畢業生找不到高薪工作？以上一切都在哥倫布無聲無形發生。」他在影片中呼籲。他和志工團隊探訪了三萬一千個家庭，募得八萬美元的資金，儘管與傑伊的四十三萬美元相去甚遠，但已夠他參加州議會競選。八月的事件又幫他打了一劑強心針：歐巴馬總統親自背書，支持全國八十一位候選人，泰勒也名列其中。

更別說民主黨員的局勢看好，泰勒那天上午帶著兩名學生志工喬丹．凱利（Jordan Kelley）和薩克．瑞茲（Zach Reizes）出發，去投票所查看民眾投票率，很難不看出他可能占優勢，民主黨色彩濃厚的阿森斯是一座風氣自由的大學城，亦是該區最主要的人口聚集中心，而該區今年的投票數比往年來得高。

但是這三人來到該區的偏遠地帶時，興奮情緒卻逐漸消退。泰勒對這些地方有深厚感情，全是他出生長大的內爾森維周邊地帶，競選期間他也花了不少時間在這區拉票。當俄亥俄河氾濫，梅格斯郡

（Meigs County）波莫羅伊（Pomeroy）釀成水災時，他甚至親自視察協助，耗費好幾個鐘頭將歷史學會的珍貴館藏移到更高的地點，但該協會會長仍然把錢捐給傑伊。「我很喜歡梅格斯，看到他們鼎力支持我的對手，票不投我，我真的心痛。」泰勒說。

這裡的投票率也很高，雖然說不上是大成功，卻看不太出共和黨陷入士氣低迷的跡象。「我們得再回到阿森斯，到時就會看見得票數大幅超前。」其中一名學生志工瑞茲說。

當天晚上，泰勒的媽媽做了辣燉肉醬，泰勒則和家人及幾位朋友聚在他租的森林小木屋，觀看開票結果。查看筆記型電腦時，泰勒發現阿森斯開出亮眼成績，卻也看見其他地區的殘酷數字，最後統計票數是五十八比四十二，幾乎和兩年前傑伊的勝選數字一樣。

他步出小木屋，撥電話給傑伊認輸。

「嗨，傑伊。」他說。手機通話訊號不是很好，不管愛德華人在何方，背景都很嘈雜喧鬧。「我泰勒。」

「哪個泰勒？」傑伊．愛德華說。

一方面來說，敗選並未改變太多。泰勒在競選期間多半在德州客棧牛排館工作，選前那晚他本來應該到處拜票，呼籲民眾出門投票，但他卻出席牛排館的職員義務會議。選舉後他繼續留在牛排館工作，把工作時程排得更滿，好應付競選期間堆積如山的待繳帳單。

有天晚上，他服務其中一桌時，發現那桌的客人是傑伊、他父親，以及幾位他們的客人，儘管他們態度友善親和，還是難免尷尬。廚房不小心把傑伊的牛排掉在地上時更是尷尬。泰勒驚愕不已。

「你有必要這麼激動嗎？」其中一名廚子問他。

「因為我得出去向他們解釋，他們才不會相信我的說法。」他說。

其他邦頓旗下的百貨公司收攤後，牛排館後方的比爾曼百貨就空蕩蕩，這是阿森斯最後一家百貨公司。某個晚上，牛排館將百貨公司拿來當作節慶和五週年派對場地，他們利用隔板框出空曠空間，場地旋即搖身一變，成為洋溢著喜慶氣氛的會場。然而在這一片喜氣洋洋當中，卻飄散著一股詭譎無垠的氛圍，讓泰勒不由得想到世界末日後的景象。

二〇一九年一月，俄亥俄稅額扣抵機關在哥倫布舉行每月會議，通過全新方案。當天會議議程之一就是討論是否「撤銷」不能實踐承諾、創造就業機會的雇主方案。其中一名雇主是現今已經破產的邦頓百貨，而該公司獲得奧貝茲配送倉庫的獎勵方案，也是亞馬遜倉庫的所在城鎮。

俄亥俄就業中心的職員朗讀原始方案細節。

該機關主任黎蒂亞．密哈里克（Lydia Mihalik）不以為意地聳聳肩。「人人都知道當今的零售業有多辛苦。」她說。後來該機關一致投票通過撤銷方案資金。

確實辛苦，幾個月前西爾斯百貨總算申請破產，新的一年才剛開始，八十間百貨商店就此關門大吉。平價鞋連鎖品牌 Payless 宣布結束全國兩千一百家分店的營業，解雇一萬三千名員工。二〇一九年才過四個月，零售商已經關閉六千一百〇五間店，遠遠超過二〇一八年整年的閉店總數。自二〇一二年起，零售銷售員的數字大幅銳減，堪稱所有行業之冠[365]。商學院教授史考特．蓋勒威認為每年流失的七萬六千份零售業工作[366]，亞馬遜難辭其咎。對此該公司回應，他們提供的工作機會可以彌補這些流失的工作，不像臉書和谷歌等其他龍頭對手，他們願意在距離鍍金的美國科技首都遙遠之地，雇聘成千上萬名員工。光是俄亥俄州，亞馬遜實現倉儲中心和數據中心的雇員就高達八千五百人。沒錯，這些工作是比他們所取代的零售業工作來得耗費體力且孤單無依，可是說到底還是工作。

到了二〇一九年八月，實體店面的世界已來到殘酷現實的臨界點：過去六個月來，開幕的零售商店約有一半是一元商店和折扣雜貨店[367]。這和亨利．福特（Henry Ford）的哲學相反，他認為支付員工的薪水應該足以讓他們購買福特T型車，如今員工的薪資微薄，只買得起廉價商品。

其他零售業倒是生意興隆，亞馬遜二〇一八年年底的收益超過華爾街預測的三十億美元。不意外，前一年全新運貨卡車的需求量大增，短短幾個月內，需求量已是去年的兩倍。配對貨運車的線上貨運服務常常一天超過五十萬輛車[368]，足足是平時的兩倍。貨運服務供應商很難找到司機，更別說是留住司機，每年的人員流動率高達百分之百。許多求職者沒有通過藥物測試、多年來貨車行的薪資減低，加上貨車駕駛仍是全美最危險工作之一[369]，以上種種皆讓情況更雪上加霜。貨車司機的死亡率更高達警察的八倍之多。

四月某個下午，約翰．哈基森幫亞馬遜運送一批貨。當天上午，他本來在自己平時負責的地區運送醫療用品至醫療分銷龍頭麥克森（McKesson），後來又將塗料製作原料運至宣偉（Sherwin-Williams）。前一天，他罕見地跑了一趟哥倫布北部，將裝有樹木的三大個集裝箱送至育苗場。

「這些是什麼品種的樹？」他搬運集裝箱時，育苗場的人問他。

「我也不知道是什麼品種，不曉得是西瓜樹還是南瓜樹，我只負責運送。」約翰說。

接著他又將霍蘭倉庫的貨物送至奧貝茲倉儲中心。這間倉庫跟周遭的差不多，只是規模更龐大。

他第一次看見倉庫時忍不住大吃一驚，還打了通視訊電話給他那人在內森維爾的太太，試著向她描述倉庫規模。

現場有三根飄揚著旗幟的旗桿：美國國旗、俄亥俄州旗、亞馬遜旗幟。停車場一部分停滿了深藍色的亞馬遜 Prime 會員送貨車，還有 U-Haul 搬家卡車、潘世奇（Penske）租賃物流卡車。一輛又一輛半掛式卡車穩定湧進運送入口：DHL、EFL、UPS、USF……

接著輪到哈基森。他把車開向安全檢查站，將文件交給安檢人員查看，接著把車開進送貨停車場，停在安檢人員指派他的位置，再卸下拖車。

那一天，他送至亞馬遜的貨品如下：

- 兩大箱北卡羅萊納州溫斯頓—沙倫（Winston-Salem）的自由五金（Liberty Hardware）商品
- 兩大箱明尼蘇達州聖保羅（St. Paul）的居家裝飾商 River of Goods 商品
- 九大箱聖保羅 Dj Boardshop 滑板店的單車零件
- 五大箱俄亥俄州蒙特佩利爾的塑膠推車
- 三大箱印第安納州諾貝爾斯維爾（Noblesville）的思貝創（Spectrum Brands）水族箱零件

他穿過偌大停車場，來到司機遞交文件的門前。室內有一個鐵絲籠圍繞的小區域，長寬約三公尺，踏進鐵絲籠區後就不能拿出手機，若是裡面正好沒人，他就會在文件上潦草抄下他的停車格號碼，塞進籠子。那天正好有兩名亞馬遜員工坐在籠子另一側，於是他直接把文件塞進遞給他們。

他走回貨車。要是現場有先前霍蘭司機留下的空車，他就會接上半掛式卡車帶回，這樣做可說是幫了調度室的女職員一個大忙。可是那天沒有空車，於是他將貨車退出停車場，經過安全檢查站，回去撿下一批貨，也就是幾公里外某座倉庫的除草機拖車和戶外電力設備。開車折返的路上，哈基森行經一座拖車公園和一間荒涼冷清的教堂時，赫然發現亞馬遜倉庫的施工招牌。他似乎有些時空錯亂——他不是才剛離開亞馬遜嗎？但這一座位於商貿港巷三五三八號的倉庫，實際上是亞馬遜的另一個地址：CHM6倉庫。

當天《華爾街日報》的頭條寫道「亞馬遜收益突破雙倍成長」。該公司公布三十五億六千萬美元的季獲利，目前他們正在擴增物流業務，以滿足Prime會員制一天送達的承諾。

哈基森回過神繼續開車，他還得開好幾個鐘頭的車，才能回到三十三號公路，回到內爾森維丘陵旁的家裡。

第九章　運送：六十四公里的巨大落差

巴爾的摩——華盛頓哥倫比亞特區

邁克斯．波洛克（Max Pollock）從沒去過俄亥俄州內爾森維，但他知道這個小鎮生產的磚塊。事實上他曾經在網路數次訂購內爾森維磚塊，為他的收藏添加新成員。

波洛克在華盛頓附近長大，準確來說就是馬里蘭州塔科馬帕克（Takoma Park）的郊區。他父親曾任職國務院及某智庫，母親則擁有一家平面設計公司。波洛克就讀密西根大學，然後踏出菁英階級的下一步：賓州大學法學院。

可是他對法學院感到厭煩，一個半月後就決定輟學，前往費城的一家設計施工小公司上班，經常使用廢棄回收的材料重建老屋。這份工作從事兩年之後，他便動身前往倫敦政治經濟學院，攻讀城市設計和社會科學碩士學位，學成歸國後又回到原本在費城的工作崗位。接著波洛克發現全新的工作機會，於是回到華盛頓，在智庫城市研究所（Urban Institute）從事住房政策研究工作。

儘管他覺得自己對哥倫比亞特區的暴富無感，這座城市還是帶給人一種消毒過後的窒息感受。波洛克的女友在巴爾的摩找到工作後，他跟著她搬到巴爾的摩，加入長達一小時的哥倫比亞特區通勤大隊。六個月的通勤已讓他精疲力竭，就在此時，有位朋友要他看一篇關於巴爾的摩磚塊的文章。

他對磚塊的癖好可以歸於家族遺傳。他母親婚前的姓氏是基爾琵西（Kirpich），在俄羅斯文中是磚塊的意思。他的父親則會在下班回家的路上搜刮零散磚頭，裝進公事包裡。某段時間，波洛克還會在大廳和父親會合，看看他都挖到些什麼寶物。後來他開始留意某些磚塊上印有公司名稱或起源地，認識各個磚塊製造重鎮，譬如內爾森維、紐約州哈德遜河谷的哈弗斯特勞（Haverstraw）等地。他偶爾會溜出城市研究所，四處搜刮磚塊，一開始在哥倫比亞特區附近，後來一路開車到費城或哈德遜河谷。

他讀到這篇《巴爾的摩太陽報》的文章，文中提及巴爾的摩磚塊的潛在廢棄市場。巴爾的摩無巧不巧坐落在優質黏土層，於是在十九世紀末和二十世紀初的繁榮年代，他們產出了頗富盛名的高品質磚塊。巴爾的摩的頁岩富有矽石和氧化鐵，賦予當地磚塊一種近似夕陽色澤的橘紅色調。除了地質，地理位置也造就巴爾的摩磚塊製造業的蓬勃發展：巴爾的摩可將磚塊以海運方式送至海岸城市，由於位處美國大型海港的最西側，地點便利的巴爾的摩也能運用鐵路將磚塊送往內陸。二十世紀的前十年，眾多小公司聯合組成的巴爾的摩磚塊公司（Baltimore Brick Company），每年製造產量驚人的一億五千萬塊磚頭，足以蓋出一萬戶房子。

一個世紀過後，巴爾的摩磚塊多了一項特質：數不盡的磚頭任君取用。截至二〇一四年，這座城市預估共有一萬六千戶空屋，多半都是磚石打造的排屋，該城官員斷斷續續安排拆除屋況最險惡的街區，而這不僅打造出高品質磚塊的廢物利用市場，亦有巴爾的摩住家中最常見、令人趨之若鶩的松木材地板，當然這也是拜一項特殊的地理條件所賜：身為最南邊的北部工業城，巴爾的摩的地理位置最接近美國南部的大型松林，所以比其他北部工業城更有機會獲得珍貴的松木材地板。

拆除作業每年帶來數不清的磚塊和源源不絕的木材，令巴爾的摩市政府大為苦惱，不曉得該拿這些材料如何是好。二〇一四年四月，《巴爾的摩太陽報》[370]提及該城和當地非營利勞動力發展組織 Humanim，以及該組織的建設分部 Details 簽訂一份新合約，每年將拆除幾十戶住家，並變賣回收廢棄材料——而每戶最少有三千塊磚頭和一千兩百板尺的木材。波洛克頓時察覺，這是協助他居住城市的大好機會，而且還可以永遠離開華盛頓特區。「我心想：『讓我來吧，』一切都太合理了。」他後來說。

他主動聯繫 Humanim，協助提供建材的運用方法。波洛克離開了智庫，加入 Details 的行列，該組織先是從約翰霍普金斯醫院北方開始，沿著美國鐵路線的東易格街（East Eager Street）二四〇〇巷，拆除三十五間住家，同時開始雇聘職員，員工多半是拆除地段的鄰里居民。

拆除作業起頭不易，繁文縟節緩慢到令人昏昏欲睡。相較於一般拆除，需要謹慎拆除的房屋每棟需要再多花幾千美元[371]，無奈巴爾的摩經費不足，負擔不起這種拆除工程，所以找到一名願意出好價錢購買回收建材的買家就變得非常重要。波洛克只能憑一己之力宣傳行銷，他的工作地點是廢棄已久的東巴爾的摩啤酒廠旁、目前被 Humanim 當作總部使用的倉庫，倉庫並無供電，加上屋頂漏水，若是碰到下雨天，倉庫內就會釀成水災。Details 甚至買不起堆高機，他們得徒手將物品搬到卡車。

最後拆除工程總算有了底，資金挹注幫上大忙——西巴爾的摩全新運輸線計畫夭折後的六個月，州長霍根宣布他願意出資協助空屋拆除作業。波洛克為 Humanim 開設一個獨立部門，用於廣告宣傳回收建材，公司名稱就是「磚加木」（Brick + Board）。Details與磚加木的員工增加至三十人。截至二〇一八年，他們已經拆除近三百間住家，回收了三十萬板尺的木材及一百萬塊磚頭。

波洛克並未對拆除作業百感交集，儘管他自認是保護主義者，目睹佇立超過一世紀、世世代代的家族老屋就這麼從地平線夷平，內心是感傷沒錯，但他也心知肚明重建家園的經濟並不適用於這類住宅區：花了十萬美元後，能取回一半價值已算幸運。他也很清楚，大多住在這個地區的人其實樂見房屋拆除——畢竟這些房子現在專門吸引社會害蟲和侵占空屋的人，其中一些甚至直至拆除那一刻還不肯走。再說建築本身也已經變成危樓：二〇一六年，一位六十九歲的老先生坐在他的凱迪拉克車內聽奧蒂斯・雷丁（Otis Redding）的歌曲，聽到一半一陣大風吹垮某棟空屋，將他活埋在瓦礫堆中[372]。

「每次有當地人經過，看見我們拆除房屋時，百分之百都會說：『很好，這棟破屋幾年前早就該拆了，接下來輪到對街的房子。』保護主義者心裡八成這麼想：『可是你瞧瞧那上楣柱！』但要是你就住在對街，你的孩子每天都得看見那上楣柱，你恐怕會心想，去他的上楣柱。我無法自稱房屋拆除擁護者，但要是你當真決定拆掉房屋，至少也能創造就業機會吧。」波洛克說。

事實上，若是換成另一個拆除過程，也就是運送磚塊和木板，他反倒比較百感交集。其中一些買家是遍布各個角落的當地人，範圍大到從港區燦新的艾索倫大樓（Exelon Building），到街角有意修補木地板的人都有。城外的買家則蔓延至東岸，甚至連中西部都有。

不過最大的城外主顧其實就在轉角：華盛頓特區。

六十四公里，這就是兩座城市之間的距離——近到彼此共享一條林蔭大道和一座機場，為兩座城市效命的同一支棒球隊，每天七十七班通勤列車負責接送往返這兩座城市的乘客。打從一開始，這兩座城市已是天南地北，一座是重量級工業城兼海港鎮，擁有鹽巴和以鹽巴產地身分自豪的神氣。另一座城市則是以沿海低窪沼澤地打造而成的政府中心，這裡多出一股稀薄的嚴謹氛圍，也是一座充滿辦公室和行政機關、混凝土多於磚瓦的城市。但這兩座城市都有排屋建築，都鄰近乞沙比克灣，都有紮實的黑人文化。幾十年以來，這兩座城市的規模相當，分別座落在天秤的兩端，猶如美國硬幣的兩面般互補。

可是隨著時間過去，越來越難讓人相信它們處在同一個宇宙，更別說是同一個區域。這兩座比鄰而居的美國城市極端分歧，不見交會點，雙雙踏上截然不同的方向。

二〇一五年四月，巴爾的摩發生弗雷德．格雷*命案，民間動盪接踵而來，暴力事件急遽上升，如今已經五年過去了，依舊不見平息跡象。格雷死亡之前的那幾年，這座城市的凶殺率穩定降低，卻在事件發生之後激增一半以上，陡然攀升至一九九〇年代初期起就不曾見過的程度。連續五年，巴爾的摩遭到謀殺的人數逾三百人，超越面積多達該城十四倍的紐約市，成為全美最險惡大城。

死亡率猶如漣漪一般擴散全城，無所不在的創傷經驗亦波及亞馬遜倉庫。二〇一六年四月，二十七歲的亞馬遜員工朗道爾．史崔特（Rondell Street）在東巴爾的摩的水煙酒吧外遭人射殺身亡[373]。二〇一八年六月，年僅二十歲的員工賈絲敏．皮爾斯—莫里斯（Jasmine Pierce-Morris）在高中運動場座位區遭到前男友刺殺勒斃。整座城市蔓延著恐怖氣氛，卻為亞馬遜帶來無限商機：宗教領袖聯盟運用一萬五千美元的賭場收益，以亞馬遜智慧門鈴雲端監視服務[374]建立監視攝影機網路，並將網路連結至警察局。由於太多擺在前廊和前門臺階的亞馬遜寄送箱遭竊，於是某名女子展開一門生意：包裹救援（Package Rescue）。

二〇一五年後的城市衰退不只是謀殺罪機率攀升。經過數年的微幅成長，巴爾的摩人口再次滑落，一個世紀以來首次跌至不到六十萬人，使用藥物過量死亡率則居全國之冠——光是二〇一八年就超過八百件。自二〇一二年起，就沒有一家財星五百大公司總部進駐該城。西巴爾的摩的零售商本就少之又少，位於蒙道明商場（Mondawmin Mall）的目標百貨亦於二〇一八年吹熄燈號。警察部門捲入程度令人咋舌的貪污醜聞。市政府也亂無章法——格雷死亡事件發生時，擔任市長的史蒂芬妮·蘿琳，布萊克曾經褒獎亞馬遜迅速將她訂購的面霜送到家門口，而今她也決定不再參選連任，她的繼位者則青出於藍，打敗這名因微不足道的貪污事件而被迫請辭的前任市長——新市長最後因貪污而蹲苦牢。其他機關也逐漸腐敗退化：交響樂團歷經財務危機；《巴爾的摩太陽報》規模縮減至只剩小貓兩三隻的基本員工，出走市中心新聞編輯室，遷至九十五號州際公路外、設有報社印刷機的工業大廈。

分崩離析的因素千百種，最主要是警察局和居民之間的信賴不再，而人民也比以往更不願意打電話報案或為該州作證。但很難不察覺巴爾的摩的困境其實是由更廣泛的經濟情勢釀成，導致該城的身分降級至二級城市，只能眼巴巴望著贏家全拿的收益，全流向位於巴爾的摩上下位置的東海岸大城。

巴爾的摩也投標爭取亞馬遜第二總部的案子[375]，並願意提供一流的濱水區土地。「第二總部將改

* Freddie Gray，非裔美國人，由於私藏彈簧刀而遭巴爾的摩警察局扣押。扣押期間，格雷的喉頭和脊椎受傷於是送往急診，最後不治身亡。受傷原因至今仍然不明，有目擊者指出是警方動用非必要武力。

變當代巴爾的摩人的生活，並賜予下一代無限希望，亞馬遜將永遠是一座美國最偉大城市的復興推手。」這就是他們的標案訴求。可是巴爾的摩卻成為位居波士頓和華盛頓之間的大城中，唯一沒有打進前二十強的遺珠。

至於華盛頓，上個世紀末崛起、成長的政治遊說產業所帶動的榮景，以及本世紀前十年的國家安全機構擴增，讓這座城市完全變了樣。光是二〇一七這一年，當地薪資中位數就增加將近10％[376]，超越八萬兩千美元，足足高出巴爾的摩薪資中位數76％。華盛頓都會區的工作職缺平均每年增加三萬四千份，該城的人口成長率也是全美最快速之一，四十年來首度攀升至七十萬人，到了二〇四五年，都會區人口可望增加一百萬居民。新來乍到的居民大多是來自全美各地、受過高等教育的年輕人：二〇〇五年，每七個哥倫比亞特區的居民當中，就有一人是介於二十五至三十四歲的大學畢業生。到了二〇一七年，每五人就有一人屬於這個族群。波多馬克河對岸的維吉尼亞州阿靈頓數字甚至更高[377]：每四人中就有超過一人吻合以上條件，可說是全美最高之一。

人口的無情成長對當地房市造成預料之中的效應。二〇一八年年底，特區的房屋或公寓大樓的房價中位數跨越六十萬美元大關，是巴爾的摩房價中位數的五倍。自九〇年代初期起，小家庭住房的房價幾乎四倍成長。二〇一六年，光是一名房地產經紀人就售出五棟特區的住房，房子價值全都超過三百七十萬美元，隨隨便便都大幅超出巴爾的摩售出的房屋售價。（另一名當地房地產經紀人生意好到讓他能夠收藏價值一百五十萬美元的風火輪小汽車〔Hot Wheels〕[378]。）至於哥倫比亞特區的切維蔡斯（Chevy Chase）地段，也就是大法官布雷特・卡瓦諾（Brett Kavanaugh）喜歡的酒吧區，房價中位數已經跨過一百萬美元的門檻。

在特區買房的千禧世代背負平均四十五萬九百八十五美元的房貸，足足是全國數據的兩倍以上。國會山莊周邊、以前是教會的公寓，房價已經飆升至兩百八十萬美元，霍華德大學（Howard University）附近的老直升機工廠廠區內，一間公寓價格高達兩百三十萬美元。而在馬里蘭州的富人郊區，蒙哥馬利郡的學校人滿為患，逼得官員不得不在好幾個學區宣布暫停建設令。為了尋覓價格更親民的房屋，44%的郡政府員工都選住其他郡。至於急著想在該郡找房的家庭，則得斥資一百萬美元，在先前的郊區辦公大樓園區置產[379]。

特區的人口成長讓華盛頓海軍工廠（Washington Navy Yard）附近的街區華麗變身。該地區一間全新的全食超市供應自助葡萄酒和自己動手做酪梨吐司的服務，而年輕的共和黨員可以在該區的墨西哥餐廳舉辦派對，觀看川普的國情咨文演說。《華盛頓郵報雜誌》（*The Wshington Post Magazine*）的奢侈品年刊刊登一萬八千三百美元的手錶、五萬美元的紫貂皮、勞斯萊斯的新聞，以及整形診所和私人飛機的廣告。餐廳的價格飆到新高：鳳梨與珍珠（Pineapple & Pearls）的試菜菜單漲至三百二十五美元，「羽」餐廳的侍酒師推薦的香檳每杯要價七十五美元。該城的極富標記就連好幾年前推動遊說事業的凱尼斯．斯洛斯伯格都大感窘迫。「這座城市不過是成了紐約市的南區，一座有錢能使鬼推磨的城市，基本上這就是當今的哥倫比亞特區。」他說。

隨著人口成長，城市交通的堵塞也日益嚴重。特區的交通向來是全國最嚴重的塞車地區之一，僅次於洛杉磯和灣區，排名第三，通勤者每年卡在車陣之中動彈不得的累積時數平均超過一百小時。「以交通運作的觀點為出發，今早主要道路沒有發生任何事件，只有普通常見的車流。」某個塞車格外嚴重的上午結束後，維吉尼亞州運輸部的女發言人說。為了疏通擁擠車流，維州開始在顛峰時刻對某些高速公路路段收取高額費用，十六公里可收五十美元。

爆炸式的巨富榮景也讓這座城市的貧富不均更顯惡化。截至二〇一七年，特區白人住戶的收入中位數（包括剛出社會的年輕居民）已上漲至十二萬美元，是黑人住戶的三倍之多[380]。平均淨值的差距越擴越大：二十八萬四千美元對上三千五百美元，哥倫比亞特區當仁不讓，榮登全國種族貧富懸殊最嚴重的城市之一[381]。該城的白人居民（92%）都具有大學學歷，卻只有四分之一的黑人擁有大學學歷，而黑人居民的失業率則是白人居民的六倍[382]。

形形色色的對比落差令人難以視而不見：西北第十四街上，長達四十年來吸引黑人青少年上門的年輕人拳擊俱樂部[383]，最後也將土地賣給建商。再往東北方移動幾公里，一場無情大火吞滅了一名衣索比亞移民，他蝸居的出租雅房幾乎裝不下一張加大雙人床墊。在霍華德大學的緊繃氣氛瀰漫之下[384]，新搬進來的白人鄰居神清氣爽地遛著狗，穿過黑人歷史淵遠流長的冷清校園。

收入和財富水準的巨大差距，加上人口成長的壓力，哥倫比亞特區爆出大規模移居他鄉的趨勢。某份過度輕描淡寫全國貴族化效應的二〇一九年研究聲明，華盛頓是受害最為嚴重的城市：估測兩萬名黑人居民已經遷離[385]。倒不是說這個幾年前大家就注意到的人口普查數據需要經過研究才能獲得證實：一九七〇年曾經擁有超過七成非裔美國人的「巧克力城」，如今黑人居民已經不是主流。

華盛頓已變成前紐約市長麥克・彭博（Mike Bloomberg）曾經預言的紐約市：這是一座「豪奢之城」，以為誰都買得起入場券、到高檔奢華的餐廳用餐、在剛鋪好的單車道上沿著波多馬克河和紀念碑騎單車、腦中卻從未閃現一絲犯罪的可能性，畢竟真正剩餘的犯罪都集中在逐漸萎縮的黑人區，譬如安那考斯迪亞河（Anacostia River）東側一帶，二〇一八年已經關閉的亞馬遜餐廳快送服務甚至拒絕外送到這一區。

不過這種奢侈豪奢的極限並不難察覺。隨著這座城市的勞工階級絕跡，未來再也沒有人開優步（Uber）計程車、幫每晚收費四百美元的飯店房間換床單、打掃價值三百萬美元的房子，或是幫雙人晚餐要價一千美元的餐桌收盤子。

二〇一八年十月十八日，一輛白色貨車轉彎拐進艾塞克斯郡（Essex）的大型低收入戶住宅區，送貨地點距離兩間巴爾的摩亞馬遜倉庫大約二十分鐘路程，位在乞沙比克水灣的巴克河（Back River）東側。這個住宅區名叫「海港角莊園」（Harbor Point Estates），是川普總統女婿庫許納的家族房地產企業在巴爾的摩地區投資的十二處住宅區之一。貨車轉彎當下，一名剛從巴爾的摩動物園結束校外參觀的七歲小女孩娜塔莎，踩著輕盈腳步跳過狹窄街頭，想和人在對街的哥哥們相會，沒想到貨車不慎撞上她，小女孩受傷嚴重，幾乎當場死亡。由於司機立刻停下車，因此沒在這場意外中遭到起訴。

《巴爾的摩太陽報》和當地電視新聞電臺只報導這是一輛「廂型作業車」或「運送貨車」，可是目擊者不可能不知情，這輛沒有標誌的廂型車實際上是專為亞馬遜運送包裹的貨車。

後來亞馬遜所謂的「最後一段」運送程序逐漸不再經手UPS、聯邦快遞或是美國郵政服務，而是改由亞馬遜自己處理。二〇一九年，該公司在美國需要運送的包裹數量遽增至超過六十億件，於是盡可能建立屬於自己的運送網路算是合理做法。全美有超過一百一十座亞馬遜實現倉儲中心，該公司如今在占了美國一半人口的四十公里範圍內設有倉庫，等於每個州都有倉庫，並且運送該州大約一半的訂單。亞馬遜租借六十架飛機，並承包更多貨運航空公司飛機——機長都在抱怨他們一天得輪班十八個鐘頭。二〇一九年二月，一架亞馬遜承包的飛機在休士頓附近墜毀，機上三人全員喪命——但該公司還在辛辛那提機場規劃建設一座可容納一百架飛機的中心。亞馬遜也正在實驗以無人機運送包裹，並且遊說聯邦監管單位通過法案。該公司甚至開始經手部分中國商品的運送，光是二〇一八年，就運送了五千三百座貨櫃、超過四百七十萬箱消費性商品。除了實現倉儲中心，亞馬遜在美國各地設立將近兩百個運送站，以便包裹更快速送達買家住址。亞馬遜也買下一批兩萬輛的柴油貨運車及七千五百輛拖車，接著更準備為公司司機訂購十萬部電動貨車。

但嚴格說來，其實他們不算是亞馬遜司機，而是為承包商效力的司機。儘管他們專為亞馬遜送貨，實際上卻隸屬獨立單位，意思是司機無法享有任何亞馬遜正職員工的優渥條件，也代表司機在每日輪班的時間壓力越來越高之下，發生意外的機率跟著上升，這更代表要是當真出事，亞馬遜可以規避責任[386]——司機每次輪班需要停靠一百五十個據點，每週運送一千個包裹。UPS在高科技設施運用虛擬實境障礙課程，訓練司機如何避免危險駕駛，但為數眾多的亞馬遜司機卻全無特訓，只有存在手機裡的教學影片。

娜塔莎的母親事後說，該公司不必負責任。「這不是亞馬遜的錯，而是駕駛的錯。」她說。詢問家人是否收到慰問金時，她回答：「我不能公開討論此事。」

這場意外發生後的兩週，一陣龍捲風於十一月二日晚間九點四十二分襲擊巴爾的摩，橫掃麥克亨利堡隧道（Fort McHenry Tunnel）北方的九十五號州際公路，吹倒了一輛聯結車，並吹歪了南紐科克街（South Newkirk Street）的圍欄線。接著龍捲風沿著霍拉伯德大道（Holabird Avenue）往東前進，釀成最嚴重災害，尤其證實了某大型建築架構偷工減料，抵擋不了時速一百六十八公里的龍捲風襲擊：位於霍拉伯德大道五五〇一號的亞馬遜分揀中心。

這棟九千六百坪的建築坐落在布婁寧高速公路旁的實現倉儲中心北方，也就是通用汽車工廠的原廠址、威廉．波達尼最早加入亞馬遜的倉庫位置。分揀中心的任務主要是接收包裝完畢、貼上地址標籤的包裹，算是送達定點前的清查中心。

其中一名幫分揀中心送貨的司機是玻利維亞移民以色列．亞葛特（Israel Espana Argote）[387]，他和太太法蒂瑪．艾斯潘納（Fatima Parada Espana）及三個兒子住在一百二十八公里外的維吉尼亞州布里斯托（Bristow），距離乾草市場鎮的亞馬遜數據中心不遠。最近他們才搬到新家，儘管巴爾的摩和華盛頓之間交通嚴重堵塞，以色列還是擠得出時間指導小兒子的足球隊，自己還能每週踢上一、兩次足球。他愛唱卡拉OK，也喜歡自己做玻利維亞串燒烤肉。十一月二日這天，為了準時結束大夜班，隔日參加兒子的足球比賽，他刻意提早出門上班。

分揀中心的雇員比倉儲中心少多了，且多半不在亞馬遜的工資名單中，例如大型商業房地產服務供應商仲量聯行（Jones Lang La-Salle, JLL）雇聘的物料搬運工就屬於這一類。分揀中心裡也有倉庫維修人員，負責修理損壞的輸送帶和電力系統、幾乎所有物流倉庫運作有關的設施器材，無所不修：「電眼、馬達啟動器、中繼設備、極限開關、近接感測器、計時器、螺線管、伺服驅動器、變頻器、線性驅動器、轉速表、編碼器。」這是仲量聯行在巴爾的摩公布的工作職缺說明。工作內容也可能很耗體力：物料搬運工需要「搬運每件重達二十二公斤的物品」「推拉裝有四十五公斤商品的滑輪手推車」「毫無障礙並安全地攀爬梯子和舷梯」，以及「站立／行走十至十二小時」。

分揀中心的工作不僅累人，還危機四伏。二〇一八年八月，龍捲風襲擊前兩個月，一名職員向州監管機構投訴，洋洋灑灑列出分揀中心的各種安全危害事項：閃電襲擊後，該公司也不管規定如何，就火速派員工回到裝卸場；一再違反「請勿靠近」電動輸送帶的規定；輸送帶上放置易燃物品；在消防噴頭附近堆疊棧板，導致無法使用消防設施；棧板和設備阻擋出口；自動分揀系統上堆疊著一層厚厚的易燃厚紙板碎屑；為了不妨礙工作效率而取消消防演習。「領導階級之間普遍流傳著一種緘默文化，他們不惜採取措施，制止任何可能毀損公司名譽的報告流出分揀中心。」這名職員寫道。

若是知道稽查員要來，經理就會精心布局。這名職員寫道：「我們會臨時整理分揀中心，以符合規章標準的乾淨整潔程度，但稽查員前腳才剛踏出大門，環境幾乎立刻變回原始的凌亂狀態。檢查當日上級會指導同事，不外乎就是『好，今天場地要接受檢驗，有人問你一，你就答一……』如果稽查員在未事先通知的情況下前來抽檢，『除非對方拿得出傳票，否則不准他們入內』。我已不覺得在這裡工作安全，對安全團隊的信任感也蕩然無存，不認為他們能為職員利益和安全發聲。」這名職員總結：「麻煩請提供協助。」

安德魯・林賽（Andrew Lindsey）與仲量聯行簽訂合約，在分揀中心工作擔任物料搬運工，他這一輩子幾乎都在奧克拉荷馬市地區生活，包括在喬克托（Choctaw）移動房屋園區的短暫兩年。二〇一七年，他找到仲量聯行的工作，於是搬到巴爾的摩一帶，並在麻雀角的熊溪（Bear Creek）對面，以月租八百美元租下鄧多克的四季皇宮大樓（Four Seasons Court）裡一間樸實公寓，然後帶著他的寵物狗入住。在公寓大樓的走廊遇到鄰居蘿倫時，他對她說，他覺得自己很「幸運」，能在倉庫附近找到公寓。

十一月二日，龍捲風襲擊霍拉伯德大道這一天，林賽正好值大夜班。龍捲風橫掃蘿倫任職的塑膠封裝廠，強風灌進 FlexiVan 租車行兩側的車庫大門。龍捲風抵達分揀中心時，掀翻了包括鐵椽在內的屋頂部分，也就是位於建築西邊尾端的貨物裝卸區。隨著屋頂吹掀，西牆的混凝土板崩塌，建物跟著倒塌，大約十五公尺長的區塊暴露於外。

蘿倫和其他塑膠封裝廠的作業員聽見一聲巨響——聽起來很像附近的烘焙廠使勁甩門的聲音，只是聲音更加響亮。龍捲風壓垮了十幾輛停在亞馬遜裝卸區的貨運拖掛車，吹倒燈柱和指示牌。斷垣殘壁的碎片飛濺粉碎了車窗，龍捲風旋即往東挺進，再度襲擊並且掀翻一棟鄧多克公寓大樓的屋頂，最後才揚長而去。

他們率先挖出五十四歲的林賽。蘿倫是從四季皇宮的房東口中得知這則噩耗，新聞報導說林賽是亞馬遜的「約聘員工」，而非正式職員，令她滿腹疑惑。「我不知道他是約聘員工，我以為他是那裡的正式員工。」她說。

救援人員不曉得斷垣殘壁底下還有其他人，直到法蒂瑪．艾斯潘納抵達現場，詢問她下落不明的丈夫去向。那天深夜，某位也在亞馬遜送貨的朋友前來敲門，告訴她龍捲風肆虐分揀中心的事，於是她從維吉尼亞州開了將近一百二十八公里抵達現場，發現分揀中心被吹出一個大窟窿，並且看見丈夫的卡車。

她向現場急救人員和負責挪開碎片殘骸的工人說明丈夫失蹤的情況，本來他們只是不斷挖掘，絲毫沒想過可能有人被壓在下面，於是這會兒停下動作，等待換用另一種設備移開一大塊斷牆。法蒂瑪詢問其中一名工作人員，要是她丈夫被壓在底下，存活機率有多高。他告訴她：「我們先別假設他被壓在坍塌磚瓦下[388]，保持樂觀。」幾個鐘頭後，他們發現得年三十七歲的以色列．亞葛特。

「我希望大家知道他是個好爸爸。」法蒂瑪告訴記者。

「我還是無法接受哥哥已經走了的事實。」人在奧克拉荷馬州的安琪．林賽（Angel Lindsey）對朋友這麼說。

一天後，亞馬遜女發言人在週日說道：「由於受到週五夜晚惡劣天候的影響，包裹分揀中心的送貨程序遭到延誤，我們在此為造成顧客不便致歉，也會盡快解決問題。」

小威廉．波達尼每個月仍會和九四七七地方退休聯盟（Retirees United Local 9477）的人聚會，聚會的場地是鄧多克的戰役路民主俱樂部（Battle Grove Democratic Club）。這個場地的名稱洋溢著濃濃的諷刺意味，畢竟巴爾的摩郡東部風向早已轉變，絕大多數民眾選擇票投川普。這是一場正式組織會議，官員坐在桌子主位，亦準備前一場會議和新舊事項的會議紀錄，並在會議中宣讀上個月過世的人員名冊，並呼籲眾人繳交三十美元的年費，隨著人數越來越少，組織運作也越來越難維持，包括稍晚上桌的便飯。這餐飯也是大多人參加的主要目的，他們都想藉由午餐和團契從自家沙發爬起來、步出家門。

二〇一八年十一月的會議上，史蒂夫．柯圖拉（Steve Kotula）朗讀完十月份的會議紀錄後，通知會員下個月麻雀角將會舉辦紀念典禮，典禮上會點亮深具象徵意義、一九七八年建造的伯利恆之星，當初這個裝飾為九十七．五公尺高的L高爐增光不少。他也通知在場眾人麻雀角提供的工作機會。

「亞馬遜正在徵人，每週工作四天，每次輪班十二小時，加班還有二十美元，只要心臟還在跳動的人都可能錄取。」他說。

小名阿波的威廉在這方面仍和工會保持關係。離開這份工作許久後，他仍受惠於同志革命情感，因此這可以充分解釋為何他在倉庫牆壁崩塌後，於麻雀角的新工作上採取這個行動。有一天，他拜訪美國鋼鐵工人聯合會（United Steelworkers）第八區的當地辦公室，取拿某些資料，包括勞工工會組織權利等基本情報，由於資訊包羅萬象，倉庫乃至煉鋼廠皆通用。

他攜帶這些資料前往麻雀角倉儲中心，開始下一次輪班，並把資料交給他正在訓練堆高機操作的年輕人。這名年輕人似乎對倉庫內的作業分外焦慮，例如：必須達到作業目標的壓力不停飆升、隨時隨地遭人監控的感受、員工沒有發言權。

「你需要工會。」阿波告訴年輕人。

阿波說他其實不適合私下發放資料——他已經是終身工會會員的嫌疑犯——但他鼓勵年輕人聽從自己的內心，追隨他覺得正確的理念，畢竟他的倉庫歲月來日方長，工作條件是否改善對他而言風險也相對較高，年輕人謝過他後收下資料。

公司對外的說法是，日後倉庫再也不需要工會。十月份亞馬遜吹響號角，宣布該公司為二十五萬名美國倉庫員工及十萬名季節性勞工調漲基本工資至十五美元。可是這條件並不適用於眾多約聘員工，像是幾週後在倉庫崩塌喪命的人。再說就算是加薪吧，員工依舊享受不到上一代勞工享有的榮華富貴：前美國勞工部長羅伯．賴克（Robert Reich）說，如果亞馬遜職員跟一九五〇年代的西爾斯員工一樣[389]，擁有和雇主同比例的股份，也就是公司四分之一的股份，那到了二〇二〇年，每名員工都能擁有將近四十萬美元的股份。（該公司反駁他們確實有給員工買股票的機會，但他們偏好調漲工資，而不是享受股票收益。）可是在美國許多勞動市場緊縮、找不到員工的地區，亞馬遜早就開始落實差不多的薪資。「你們不興奮嗎？[390]來啊，鼓鼓掌！」人事部經理在位於加州的亞馬遜聖博納迪諾谷（San Bernardino Valley）眾多倉庫之一宣布加薪。聞言後，員工全無精打采地拍手。

可是桑德斯和其他事件卻壞了這場宣布的好事。桑德斯藉由立法迫使公司加薪，用意是要消費者在網路上繼續花少少的錢購物，而不必感到良心不安。九個月後的另一場宣布也沒有效果。該公司宣布除了早就答應提供獎助學金，協助想要在職深造或爭取副學士學位的員工，亞馬遜也將於二〇二五年前再訓練十萬名員工，協助他們在公司的生涯發展成長。

這是高明的政治手段，光靠一個簡單舉動，就想說明該公司是真的有心幫助職員在職業道路上發展，幾乎像是新型態的社區大學，同時默默打太極，反駁兩種抨擊亞馬遜的強效說法。

實現倉儲中心的工作真的很單調乏味嗎？嗯，也許吧，但亞馬遜也會提供你晉升的道路。

至於這家公司是否真的考慮使用機器人，消滅全世界二十萬份工作機會？關於這點，答案是確定的，光是思考一下新倉庫和舊倉庫的差別就知道了。新倉庫配置將商品交給挑貨員的橘色奇娃機器人，舊倉庫的挑貨員則得靠自己的兩條腿，在走道來回奔波。光是二〇一八年的聖誕假期期間，該公司的臨時工作已較前一年減少兩萬份，但是亞馬遜宣布重新訓練員工，並以此法先發制人，壓下有關內部人員調動的問題：別擔心——就算機器人取代你的工作，你還是可以成為修理機器人的員工。

公關人員甚至更進一步，開始率領訪客參觀先前嚴格管制出入的諸多亞馬遜倉庫，由活力充沛、對亞馬遜滿腔熱血的「大使」負責接待訪客團，包括幾百名民選官員。大使帶領他們穿過輸送帶、採集員、挑貨員、包裝員身邊，回答部分問題。（並非有問必答，被視為越界的問題包括：倉庫裡有多少機器人、公司是怎麼將諸多不同商品裝箱，這類問題都歸類為商業機密。）

與此同時，他們派遣職員組成網軍，開始在推特上瘋狂誇讚在倉庫工作有多愉快。尼可拉斯說：「我在亞馬遜倉庫工作，我從不覺得自己受到虧待，我的經理都以我的安危／福祉為優先。」漢娜說：「我曾經想過辭去亞馬遜的工作，但後來我發現，當時面臨的問題是我自己不對，並不是亞馬遜的錯。我明明可以找人聊天，是我自己偶爾不想說話罷了。現在我有很要好的同事，晚上還可以一起相約外出。」該公司還吹噓他們將工作變成電動遊戲比賽[391]，員工可以從自己工作站的小螢幕觀看比賽，讓工作變得更有意思。他們趕著完成工作的同時，還可以參與任務競技、挑貨太空、雙龍決鬥等名稱的比賽，獲勝贏家將會得到「亞馬遜貨幣」，可以用來兌換印有亞馬遜商標的貼紙、服飾或其他用品。

儘管亞馬遜想方設法提振形象，努力營造各種假象，倉庫內仍舊瀰漫著不滿情緒，甚至偶爾傳出負面消息。一名肯塔基州亞馬遜客服中心的員工[392]患有克隆氏症，由於難以預測何時會出現腸道發炎的症狀，於是要求較為彈性的如廁時間，卻遭公司指控在工作時間摸魚，慘遭開除，這就是他在訴訟中的血淚控訴。（「如果真想上廁所，員工隨時可以去。」亞馬遜後來反擊。）一群明尼蘇達州的索馬利亞裔美國員工[393]逼公司進行談判，原來是公司向員工施壓，要求他們效率達標，員工因此過勞脫水。談判破裂後，員工宣布在即將登場的七月份亞馬遜會員日罷工。那陣子員工高舉「我們是人，不是機器」的標語、遍及全國的抗議行動，始終抵擋不了亞馬遜打破一億七千五百萬件商品的銷售紀錄——會員日活動首日，光是巴爾的摩布婁寧高速公路倉庫就寄送一百多萬件商品。

工安意外屢屢外傳。一名明尼亞波利斯（Minneapolis）倉庫員工被一整面牆的貓狗乾糧崩塌壓傷，需要支付治療脊椎骨折和肩關節唇撕裂的手術費用，可是他的亞馬遜健康保險不理賠，於是他只好展開GoFundMe募款活動。紐澤西州倉庫的機器人刺破一罐防熊噴霧，最後二十四名員工送醫。整體來說，一份調查報導中心（Center for Investigative Reporting）針對二十三間亞馬遜倉庫進行的研究發現[394]，通報重傷的數量是全美倉儲業平均值的兩倍以上，另一份幾乎同期由工人活動團體聯盟發布的深入報告[395]亦透露類似發現。

亞馬遜回應他們只是較其他公司謹慎負責，才會積極通報受傷案件。該公司指出他們正逐步擴增安全上的投資，二〇一八年他們投入一百萬個小時的特訓、三千六百萬美元的設備改造，外加二〇一九年投入未來改良的額外五千七百萬美元，其中一千六百萬美元將用於更新重力工業用卡車，包括導致賓州卡萊爾的喬蒂・羅德斯死亡的器材。

當然部分也是因為該公司倉庫雇員規模龐大，因此倉庫內部發生死亡意外在所難免，而自二〇一三年起，至少六間倉庫傳出意外事件。一名伊利諾州喬利埃特（Joliet）的五十七歲男性員工心臟病發作[396]，卻因未能即時獲得醫療救援而身亡。他的妻子事後提出告訴，說主管等了二十五分鐘才撥打一一九，公司並未讓緊急醫療救護技術員直接穿過他倒下的裝卸區，反而要求他們走一大段路，穿越偌大倉庫才來到患者身旁，更別提分散於倉庫各處的自動體外心臟去顫器是空的，以上就是訴訟內容。一年半後，因為呼叫亞馬遜內部醫療團隊AmCare的雙向無線電無法正常運作，田納西州莫弗里斯伯勒（Murfreesboro）的一名六十一歲員工死於心臟病發作[397]。

二〇一七年，另一名員工菲利普・泰瑞（Phillip Lee Terry）在印第安納州普萊恩菲爾德（Plainfield）的維修區修理堆高機，堆高機倒下壓在他身上[398]，他躺在血泊裡兩個鐘頭都沒人發現，最後死亡，享年五十九歲。該州一開始向犯下四項重大安全違規的亞馬遜祭出兩萬八千美元的罰款，包括沒有訓練泰瑞正確抬起堆高機的疏失。但在一通負責該案的職業安全與健康管理局調查員約翰・史塔隆（John Stallone）錄下的電話通話中，該州職業安全與健康管理局主任卻建議該公司主管討價還價，並將過失全盤推給泰瑞。和亞馬遜結束通話後，職業安全與健康管理局主任告訴史塔隆：「如果最後我們修改你的引述，請你千萬別放在心上。」

某份吹哨者報告中，史塔隆說該州的勞動委員和州長艾瑞克・荷康姆（Eric Holcomb）當時要求他進會議室，要他明白這起案件恐危及印第安納波利斯爭取亞馬遜第二總部的後果，可是後來他們卻矢口否認有這回事。史塔隆發出報告那天，亞馬遜付了一千美元感謝荷康姆的貢獻。泰瑞死後一年，該州和亞馬遜簽訂協定，取消罰款和事件陳述。

巴爾的摩的分揀中心倒塌致死事件發生的十天後，亞馬遜仍然忙著填補運送延遲的空缺。實現倉儲中心傳出風聲，該公司雇請不具商業駕駛執照的司機，將商品搬運至巴爾的摩南方安妮阿倫德爾郡（Anne Arundel County）的臨時場地，亞馬遜駁斥這個說法，並嚴正聲明公司司機都具備「所有必須執照」。

在華盛頓，亞馬遜正在進行另一件與意外事故無關的大事。二〇一八年十一月十三日，亞馬遜宣布華盛頓，或更精確的說法是波多馬克河對岸的維吉尼亞州北部近郊，贏得第二總部的投標案。

一開始，華盛頓地區（具體來說就是維吉尼亞州阿靈頓近郊）似乎需要和另一座城市分享第二總部的獎盃。經過搶奪五萬份工作機會和五十億美元投資經費的戲劇性發展，該公司決定將戰利品分成兩份，他們的結論是在兩座城市找尋必要的空間和員工，總比只有一座城市容易。此舉讓整場賭金全贏制變成上鉤調包的騙局，最終獎金不如當初宣傳的豐富，但是對許多參賽者而言，更令人不滿的是兩個贏家的身分。

當初亞馬遜為了尋覓第二個總部，進行全國海選、大肆宣傳，並踏遍國內每個角落，鼓勵不分遠近的城市耗費數不清的時間，祭出不同投標方案，而該公司最後卻選了兩個最明顯的候選城市：也就是美國東岸最富饒、權勢最強大的兩座城市。（納許維爾獲得安慰獎，爭取到提供五千份就業機會的嶄新衛星園區。）實在讓人很難不下此結論，說其他城市都是這場龐大騙局的受害者。他們不但為這家公司免費打廣告，拱手交出他們城市的大宗情報（對於亞馬遜未來版圖擴張的算計相當有利），甚至不惜拉高投標成本，好讓亞馬遜向他們接著挺進的城市索求更高代價：聯邦政府的一席之地，以及全球金融中心。

可是亞馬遜挑選東岸兩大贏家通吃的優勝者，其實是他們失算。其中一座城市紐約市早已達到巨富的飽和臨界點，覺得亞馬遜進駐壞處恐怕多於好處的小眾族群紛紛出言抗議。曼哈頓中城區的高樓大廈林立，例如避險基金經理肯尼斯・格里芬（Kenneth Griffin）以兩億三千八百萬美元在中央公園旁買下的一間六百七十坪公寓大樓。有人有門路手段，集資一千一百萬美元，防堵自家隔壁興建高樓[399]阻擋他們的視野。再來就是鋪張擺闊的新鄰居，譬如前任優步執行長崔維斯・特拉尼克（Travis Kalanick），他砸下三千六百萬美元重金，購買建築師倫佐·比亞諾（Renzo Piano）設計的，位於蘇活區一間設有六公尺私人戶外泳池的豪華頂層公寓。

紐約市的街道壅塞，嚴重到單車族死亡率急遽攀升。儘管如此，貝佐斯位於中央公園西大道豪宅的法律代表照樣提告，聲明要阻擋某條單車道[400]，而該地段一棟公寓市價將近一千萬美元。（二○一九年，貝佐斯將升級他的紐約豪宅，搬到售價大約八千萬美元、擁有將近四百八十坪、十二房的第五大道高檔住家。）為了將包裹送到公寓大廳，送貨車和卡車暫停路邊的情況日益惡化，這正是市區塞車的主因，運送包裹數量多到房東得另外裝設置物櫃。某些情況下，包裹箱甚至四處堆放在鋪著毯子的人行道上。自二○一二年截至目前，紐澤西州從原本完全沒有亞馬遜實現倉儲中心到變成總共有九座，並和史坦頓島（Staten Island）的超大倉庫共同在紐約市各地寄送數不清的包裹，自二○○九年起，遞送到府的整體電商寄送數量[401]已經三倍成長，多到每天超過一百萬件。亞馬遜採用眾多零售業對手不會使用的手法，特別是沃爾瑪，在都會專業消費者之間打出聲望。現在有許多業者仿效亞馬遜的招式，承諾通暢無阻的服務，例如美食外送應用程式Seamless的廣告就誇下海口：「紐約市有八百多萬人口，我們幫你避開人潮。」另一篇廣告的內容則是：「沒有比身邊都是紐約客更倒胃口的事了。」

為了避開壅塞車潮，有錢有勢的人開始選擇以直昇機通勤（搭一段路前往甘迺迪機場要價兩百美元）。幾年前曼哈頓公寓房價的中位數已經跨越一百萬美元大關，而布魯克林區的平均房租則已快跨越三千美元門檻，家長在人行道上攤開睡袋、漏夜排隊，只為保住孩子的幼稚園名額。種種跡象顯示，諸如此類的狀況只有越來越嚴重的趨勢：谷歌也挺進這座城市，以十億美元建造容納得了雙倍員工的園區，屆時勞工數量將多達一萬四千人。紐約市科技工作的整體數字[402]在過去十年間暴增八成，如今超過十四萬份。

紐約市逐漸演變成一場富豪大都市的滑稽模仿秀。可能某戶家庭週末離開位在上東城五層樓的聯排房屋，回到家後才發現打掃阿姨受困家中電梯三天[403]，這可是二〇一九年初發生的真實案例。於是當最強富豪的公司即將在紐約市興建更多高樓大廈，並由全民買單（納稅人將自掏腰包補助近三十億美元！）的消息一傳出，新科民選美國代表，現年二十九歲的民權保護人士亞歷山德里婭・奧卡西奧—科爾斯特（Alexandria Ocasio-Cortez）便率領全新崛起的小眾團體，站出來大聲抗議。在亞馬遜精挑細選的長島市場地附近，某間廢棄餐廳外被漆上了「鴨霸馬遜」的字樣，正因為亞馬遜宣布在長島設點，該地的豪華頂樓公寓房價迅速飆升二十五萬美元。

該公司對這種不懂知恩圖報和大言不慚的反應感到震驚，震驚到他們表現得就像是國中一年級生，開始以 Word 軟體建立一份名為「紐約負評」的檔案，祕密記錄下[404]紐約人對亞馬遜各種不堪的言論攻擊，並在一場場市議會舉辦的聽證會上自我辯駁。可是高聲疾呼的小眾團體才不吃這套，紐約市甚至收到來自西雅圖的警告——當初自以為與亞馬遜達成口頭和解而吃虧的市議員德蕾莎・莫斯奎達，甚至大老遠跑到紐約市，警告紐約人所有協議內容勢必要白紙黑字寫下。「這種惡劣的公共政策行徑不該在另一座城市重複上演，他們得知道我們當初吃了哪些悶虧。」她事後說。

幾週後，一切劃下句點。某天，亞馬遜和評論家為了廣大史坦頓島倉庫的五千名員工待遇進行協調，談及允許員工自由組織工會等權益，以換取亞馬遜新總部的補助案通過。對亞馬遜來說這要求太好高騖遠，於是一天後，亞馬遜公共關係部長傑伊・卡尼，致電給紐約市長白思豪（Bill de Blasio）和州長安德魯・古莫（Andrew Cuomo），通知他們亞馬遜決定退出。這說法倒也不完全正確——紐約市仍有幾千名白領亞馬遜人，而且幾乎全員群聚在哈德遜廣場（Hudson Yards），亦即曼哈頓西側偌大嶄新的建案大樓，但是紐約市將不會興建壯觀華麗的亞馬遜第二總部。避險基金億萬富翁羅伯特・默瑟（Robert Mercer）贊助的團體，因此特別付費刊登時代廣場看板，把一切怪在奧卡西奧—科爾特斯頭上：亞馬遜沒了，多謝你的雞婆，AOC（亞歷山德里婭的全名縮寫）！

所以到頭來贏家只剩一個。華盛頓和維吉尼亞州北部並沒有紐約市民的憤怒抗爭，恐怕是因為維吉尼亞州提供的稅金補助沒有紐約的巨款來得可惡——大約只有七億五千萬美元。又或許華盛頓有大樓高度限制，所以不會像紐約市擁有彷彿打了類固醇，拔地參天、豪奢到沒有天理的大樓。又或者是華盛頓特區沒有・亞歷山德里婭奧卡西奧—科爾特斯。也有可能是華盛頓都會區的報紙現在是貝佐斯的囊中物，因此報導內容少了紐約報紙的審查視角。《華盛頓郵報》的社論頭條寫道：「亞馬遜的第二總部很可能是哥倫比亞特區閃亮未來的火箭發射臺[405]。」至於阿靈頓官員無所不用其極為亞馬遜鋪路[406]，甚至提前通知該公司，阿靈頓預計在聽證會上提出關於交易案的問題，以上種種都不是《華盛頓郵報》會揭露的事實，非要當地商業雜誌才挖得出來。

又或許他們就像是一個完美工會。對華盛頓而言，全新上門的財富仍讓居民忐忑不安，擔心他們終究只是一座政府城，亞馬遜卻向居民拍胸脯擔保，該公司脫離了土氣的官僚根源，他們有兩萬五千名員工，更是該區第一大私營部門雇主。對亞馬遜來說，哥倫比亞特區能為亞馬遜帶來他們尋尋覓覓的技術人才，並可輕易從眾多國家安全資訊科技承包商和雲端供應商對手挖到理想人才。

至於波士頓和奧斯丁等其他城市大概也提供得了這類人才，只可惜他們距離權勢中心遙遠。亞馬遜逐漸不再那麼害怕對手，要怕的反而是他們那擔心沒有對手的政府，這也解釋了為何該公司很快衝破四百萬美元遊說季支出的門檻，將近是五年前遊說開銷的五倍，在科技巨頭之中僅次於臉書。亞馬遜在過去十年總共花費八千萬美元說服聯邦政府，傑伊．卡尼堅稱這筆開銷的用意沒大家想得那麼負面。他告訴公共廣播電視公司的《前線》（*Frontline*）節目：「我們可以成為供應消息的來源[407]，為政策制定者和監管機構提供資訊。遊說已不再採用傳統模式，不再是單純嘗試說服某人配合某件事，而是單純解惑、提供數據和情報。」

史蒂芬．莫雷曾參加特別為貝佐斯舉辦的華盛頓經濟俱樂部晚宴，而他也是領導維吉尼亞州投標案團隊的軍師，該團隊亦直言不諱，強調選擇維吉尼亞州的好處：維吉尼亞州能為亞馬遜描繪一張地圖[408]，讓他們知道阿靈頓與聯邦貿易委員會和美國司法部等重點機關和部門有多親近，何況這兩個單位砲火隆隆，大聲疾呼必須監視審查亞馬遜和其他科技龍頭的市場壟斷現況。此外，緊鄰華盛頓的地理位置還有隱性的好處：華盛頓數不清的監管單位、反壟斷律師、記者，如今都將與亞馬遜比鄰而居，彼此成為熟面孔，在小聯盟比賽的露天座位區、母姊會等場合碰頭。所謂見面三分情，這些人可能因而對亞馬遜產生好印象。

華盛頓地區是全新總部的理想位置，因為總部將選在一九六〇年代初期建於國道一號荒地旁的辦公大樓群水晶城（Crystal City）的北部邊境。自從該地主要進駐的軍事承包商遷離後，這裡就是一片荒蕪淒涼。對亞馬遜來說這個場地可說是再理想不過，不僅和市中心主要轉運站距離兩個地鐵站，搭一小段優步計程車就能跨過河岸，甚至步行便可抵達雷根華盛頓機場，位置又鄰近五角大廈，兩者之間只間隔一個地鐵站、大約五百公尺的距離，雙方甚至可以用打旗語的方式協商未來的國防合約。亞馬遜第二總部的建設土地主要隸屬同一家房地產公司：JBG史密斯房地產，該公司的執行長還曾在經濟俱樂部晚宴上向貝佐斯熱情喊話。

缺乏特色也算是這塊場地的一大資產——亞馬遜可像他們在西雅圖的南聯合湖那樣，隨心所欲將企業品牌插旗該區。事實上亞馬遜甚至重新命名該區，該公司宣布從今以後，水晶城和五角大廈城市商場（Pentagon City Mall）之間的區域，就名叫「國家登陸」（National Landing），沒人知道這個名稱的意思為何，不過也沒人反對，那就叫作國家登陸吧。

場景拉回麻雀角，在阿波將傳單交給年輕人發放後翌日，三十多歲的主管就上前質問阿波，並不准他在工作場合發放文宣，宗教、政治或任何目的的宣傳都不行。顯然這名年輕人在發放傳單時不夠謹慎。

「怎麼？你以為你是效力工會工廠嗎？」主管問。

阿波沒有答腔，只說他要去廁所。

步出廁所後，主管已在門外三公尺的地方等候。

「我要扣你十五分鐘的工資。」主管說。

「為什麼？」阿波問。

「因為你剛才上廁所。」主管解釋，阿波這天輪班已經用光規定的二十分鐘「休息時間」。

「你在說笑吧，我又不能無時無刻計時，你要我怎麼辦，連上廁所都要打卡嗎？」阿波說。

最後阿波硬著頭皮辭職。

「我告訴你，你要我訓練新人是吧？好，我現在就給你離職通知，下週五是我最後一天上班。」他說。

當時正逢聖誕節檔期高峰，倉庫試圖慰留他，卻沒提供加薪或其他實質誘因，阿波的離職意志堅定。離開亞馬遜之前的那週，阿波發現當初發送傳單的年輕人突然人間蒸發，另一名開始討論組織工會的年輕人也不見蹤影。阿波聯絡到前一個年輕人，得知他們遭到強制休假，聖誕節之後才能復工。儘管正值旺季，聖誕節人力短缺的窘迫似乎依舊比不上管教煽動員工的決策。（該公司後來矢口否認，他們絕對沒有強迫員工休假，還說「亞馬遜尊重員工選擇加入工會的權利」。）

沒了固定薪資，阿波也不曉得他和太太的生計是否有著落，只能盼望朋友的機車維修店能有更多工作。無論如何，事實就是最初在麻雀角展開職業生涯的小威廉．波達尼，總算在五十年後正式打卡下班。

榮景幾乎同時降臨，國家登陸一帶的生活本來已經夠舒適，一萬五千個鄰近地區的居民的每戶家庭平均收入高達十三萬八千美元，但現在該地帶的價值飆至新高。其中一棟位於水晶城邊陲的公寓大樓刊登了九十天都乏人問津，房仲業者本已打算下架，但二〇一八年十一月才剛流出亞馬遜第二總部的消息，公寓大樓就在一天內以高出原本售價七萬美元的價格售罄。

到了二〇一九年四月，包括第二總部在內的阿靈頓郡平均房價，高達七十四萬兩千美元，比上一年高出11%以上。阿靈頓和亞歷山德里亞（Alexandria）有一整個郵遞區號地帶[409]都沒有待售房屋。亞歷山德里亞有一個過去主要居住中產階級的迷人地段德爾瑞（Del Ray），而該區的潛在買家聽說要是進入第二輪講價，只能以現金交易。到了八月，經紀服務公司雷德芬（Redfin）宣稱阿靈頓和亞歷山德里亞的房價是全美最具競爭力的：當地待售住家半數以上都在兩週不到的時間內出售，這一帶的現屋交易數量也降至金融危機爆發前最狂熱巔峰期的二〇〇六年後的新低。一名買家看都沒看，就在北阿靈頓買下一棟位於死胡同的老屋，計畫以九十萬美元拆除，認定無論如何他還是能大賺一筆。一名房地產經紀人在全新總部的北邊地區羅斯林（Rosslyn），為某棟公寓大樓張貼「即將上市」的公告，五分鐘後就有人致電央求她立刻帶他去看房[410]。至於費爾法克斯郡（Fairfax）南方、建商正哄抬出售的高檔公寓，其實是過去九十年來關押哥倫比亞特區囚犯的洛頓感化院（Lorton Reformatory），未來的新住戶會沿著感化院路和太平門街散步。

所有不滿都只預示著將來發展，畢竟亞馬遜總部連個影子都還沒有。二〇一九年，該公司指稱將預計為臨時辦公室雇請四百名職員，嶄新大樓仍需等待通過核准，大概預計要等到二〇三〇年才會有兩萬五千名員工。等到工作機會降臨[411]，他們估測該地區會間接增加另外三萬七千五百份職缺，年收入總計六十五億美元，並將為該州和地方政府帶來六億五千萬美元的租稅收入。

住房倡導人開始擔憂本來就買不起的地區房價只會越來越買不起，就在此時，亞馬遜宣布要捐贈三百萬美元給阿靈頓一帶的社會住宅。但該公司的公共關係部長傑伊．卡尼告訴貝佐斯的報社，解決住房問題應該是地方政府的責任，不是企業責任。「我們希望提供解決方針[412]，我們是期望能與官員等人密切合作……但身為一介市井小民，我不希望把政府事務變成私人企業。」他說。但隻字未提的是，各層級的政府機關之所以不能善盡職責，也是多虧了亞馬遜完美的避稅行徑。

在水晶城毫無生氣的街景對面，空氣中瀰漫著令人毛骨悚然的靜止凝滯，籠罩著漏斗雲現形前的低氣壓。先遣職員和好幾名建築承包商在人行道和露天廣場上來回走動，查看哪棟大樓需重新裝修，哪棟又該拆除。與水晶城地下鐵站相連的老舊地下購物商場內，不起眼的店鋪和速食店員工在存活機率是零的店內忙進忙出。

全新場域於焉誕生：從一樓便能清楚看見的地下商場中庭，一面碩大招牌寫著：登陸。其中一棟臨時辦公大樓的一樓樓層空間內，外燴員工正來回奔波，為雞尾酒會做準備，實景大小的插畫圖片則讓人聯想未來的繁榮都會景象：有一間叫作克萊爾的咖啡廳，還有一間叫丹尼爾的餐廳，以及一家名叫鍾愛錄音室的俱樂部，簡直就是與西雅圖的南聯合湖同一個模子印出來的，雖然南聯合湖一帶的連鎖咖啡廳並不叫克萊爾，而且三條街區內就有三家暢貨中心。要是你還不確定這個地區的新住戶是誰，不妨看看他們宣布即將來到的「汪汪時光」，屆時鄰居都可攜家帶狗共襄盛舉。

時鐘調向不久後的將來，九月中旬的那個週二，國家登陸湧現五千人潮，這些有意在總部工作的人都是為了亞馬遜的首場「職業生涯日」特地前來。亞馬遜在全新大樓場地的對面一塊綠油油的空地上撐起婚禮風格的白色大帳篷，對街則有一棟開設全食超市和芭蕾提斯健身房的嶄新公寓大樓。為了營造時髦假象，他們以色彩繽紛的共享單車裝飾人行道邊的圍欄和臨時牆面，並且加上幾句語焉不詳的字詞：「燦爛光明」「假如」「聆聽小小的聲音」。

開放參觀日預計開放五小時，但才剛過半個鐘頭，排隊人龍已經一路蜿蜒到下一條街，跨越雷諾斯俱樂部（Lenox Club）公寓，並繞過逸林酒店（DoubleTree Hotel）的轉角。這支隊伍的風格應有盡有：耳機、頭巾、領結、棒球帽。有人眼睛直視前方，但大多人都是低頭滑手機。

擴音器發出尖銳刺耳聲響，沒多久率領亞馬遜自創頻道內容團隊、「為觀眾說出公司故事」的琳達・湯瑪斯（Linda Thomas），就和勞動力開發副總裁阿爾丁・威廉斯（Ardine Williams）現身帳篷舞臺，展開一場對話，把排隊人龍逗得哈哈大笑。兩人講到亞馬遜以及公司需要的人才。

「因為阿靈頓人才濟濟，所以我們來了。」威廉斯說。

「在亞馬遜，失敗是很有意思的一件事。我們鼓勵失敗，如果沒有失敗，就代表你不夠努力嘗試，也沒有從大框架進行思考。」湯瑪斯說。

「沒有失敗就代表你還不夠拚。」威廉斯說。

「很明顯了吧，亞馬遜是一家非常在乎顧客的公司。」湯瑪斯說。

「我們創造，我們好奇心旺盛，也擁有與他人合作的能力……懂得學習、求知慾強烈。我本人也是一個求知若渴的人。」威廉斯說。

他們聊到公司的STAR決策法：情境（situation）、任務（task）、行動（action）、結果（result）。接著又講到亞馬遜的領導力準則，以及該公司的「莫忘初衷」文化。

一名來自房地產公司的女經紀人沿著隊伍，發送亮光紙印刷製成的小冊子，宣傳該區兩棟新房屋建案：「四層頂樓聯排別墅，起價七十萬美元」「都會頂樓陽臺，雙車庫聯排別墅」。

隊伍中有一名專案經理，雖然本身有工作，但還是前來參與盛會。「亞馬遜耶，沒人想關閉機會的大門，今天很多參加者都有工作，但這可是亞馬遜，我只知道他們會進駐這一帶。」他說。

還有來自巴爾的摩的萊塔夏・布萊恩（Latasha Bryant）。目前她已從高中畢業八年，迫切期待找到自己的職業生涯。畢業後她當過銀行出納員，接著參加為期十二週的基礎資訊科技課程，並且學以致用，短暫加入明日百葉窗（Next Day Blinds）的約聘工行列，也在巴爾的摩市政府擔任過櫃檯服務人員。她從位於巴爾的摩的家開一個半小時的車才抵達國家登陸。「我願意犧牲這一點時間。」她說。

萊塔夏知道巴爾的摩也曾經爭取第二總部的投標案，本來很期待巴爾的摩勝出，不過最後巴爾的摩沒搶到機會，她也不詫異。她說：「巴爾的摩的城市發展已經停滯多年，現在根本沒人敢在那裡投資。」

當隊伍總算來到最前面，也就是帳篷入口處，他們就能使用流動廁所，並獲得一根香蕉、一瓶水。一旦進入帳篷還有更多排隊隊伍，有一長列隊伍正等著履歷審查，還有一長串人龍正在等待聽取面試祕訣。應徵人士想加入的各個部門攤位倒是不至於大排長龍：亞馬遜雲端運算服務、亞馬遜商店、Alexa 購物、財經和金融科技等。帳篷內有一面牆醒目地展示著貝佐斯的名言：「為自己寫下一篇偉大故事。」

帳篷內正在進行另一場對話。兩名身著亞馬遜T恤的年輕員工，坐在奶油色的旋轉椅上交談。

「請問我的履歷表應該要多長？」其中一名年輕女子扮演求職者的角色，進行發問。

「好，那麼……我們先假設你列出十五至二十年的工作經驗好了，我會將履歷表的長度控制在三頁以內，甚至盡可能壓低至一、兩頁，」回答的男子名叫萊恩，穿著 Vans 懶人鞋的他露出光裸腳踝。他還說明履歷表非常適合使用點句。

「我該怎麼做才能讓履歷表亮眼？我之前聽說過領導力準則，請問我該怎麼確定自己適合亞馬遜的工作？」年輕女子又問。

「你可以去了解我們的領導力準則，思考你目前累積的個人經驗，以及你曾參與的專案或方案，或許這些過往經歷可以指出你的專業水準，看你符合哪一項領導力準則。」萊恩答道。

人們不斷從帳篷內冒出，豔陽照射得教人睜不開眼，他們手裡握著水瓶，以及一包帳篷內發送的洋芋片或爆米花，還有一張寫著「加入我們打造未來的行列」的橘色資訊卡。

萊塔夏大失所望，她在數據中心和實習攤位前排隊，「我以為會比較針對個人情況說明，讓我們坐下來與專人對談，每個人至少有三十秒的表現機會，可是真實情況卻比較類似：『好，這是傳單，』然後就沒了，只叫我們回家後在線上應徵。」她說。

她行經仍在排隊的幾百個人身旁，回頭找她的車，希望開車回巴爾的摩的路上不會碰到巔峰時間而塞車。

基斯・泰勒（Keith Taylor）也在找磚塊，但不是在東巴爾的摩的拆除排屋，而是麻雀角的大廢料桶。

儘管全新倉庫已經進駐，伯利恆鋼鐵的斷垣殘瓦仍然四散在帕塔普斯科內克半島外圍。如今移除麻雀角最後殘跡的作業速度加快，泰勒只好盡量以最快速度回收殘餘磚塊。他在不遠處的艾吉米爾（Edgemere）長大，就讀麻雀角高中，他的岳父曾在製錫工廠擔任技師，泰勒自己則是在一九八九他三十二歲那年加入伯利恆鋼鐵，之前他曾在軍隊擔任雷達技術員，並為兩家國防承包商公司效力。

「我那時很鐵齒：『我才不會去那裡工作，』不過想也知道最後我去了。」他說。他是電路工程師，運用他的電腦背景把六十八吋熱軋鋼製造廠變得現代化，他也很珍惜同事之間的革命情感。一如阿波，這種情誼提醒了他在軍中培養出的深厚感情。「成為伯利恆鋼鐵的鋼鐵工人是一種榮幸，這裡就是自己家，我們彼此照應。」他說。

九〇年代末期，他在工廠中留意到某些生意衰退的跡象——男廁的衛生紙短缺、越來越多人在工作時間嗑藥，於是他開始另尋出路。一九九九年，他開始了教師執照課程，一年後離開工廠，在附近的帕塔普斯科高中當起電腦維修課程的老師。

二〇〇六年，他為了參加喜願基金會（Make-A-Wish Foudation）的鐵人三項，在北角大道進行單車特訓時，一名駕駛用手打信號，然後就持續偏向右側，彷彿壓根沒看見泰勒般驟然在他面前右轉。泰勒撞上車，這一撞撞得不輕，害他最後椎間盤突出、神經損傷，他在二〇〇八年從學校退休，接連著幾年都意識恍惚。

有一天，他在麻雀角高中遛狗時，首次頓悟伯利恆鋼鐵正以飛快的速度徹底消失。他心想：「我眼睜睜看著我的過往和工廠遺跡就這樣被光陰沖刷帶走。」於是他找到下一個人生重大任務：成為巴爾的摩伯利恆鋼鐵回憶的守護者。「當上帝關上一扇門，也為你打開另一扇窗。在我頭部受傷醒來之後，我腦中浮現各式各樣的想法。」他說。

泰勒創辦了麻雀角／北角歷史協會（Sparrows Point/North Point Historical Society），開始在這個逐漸消逝的世界收集所有仍找得到的遺跡。「麻雀角象徵著一段重大歷史，若非伯利恆鋼鐵，現在的我們都講日語或德語了。是麻雀角拯救了美國。」他說。

正因如此，他找上了大廢料桶。泰勒心知肚明，桶子內肯定裝著某棟麻雀角重要建築的磚頭：一九三〇年代建造、取代了原本一八九〇年代大樓的主要行政大樓。他想要翻出磚頭，重新回收並用於他的個人計畫：他打算把磚塊砌成基底，用在麻雀角搶救回來的一系列路燈柱，這些路燈將以太陽能發電，一路穿越麻雀角高中的操場，同時穿插有關於麻雀角和伯利恆鋼鐵歷史的文字說明，他為這個專案命名為希望燈塔。

不巧的是，等到他去翻找磚頭，拆除約聘工早已將一般垃圾傾倒在磚塊上頭，但是他並未露出遲疑之色。在某個寒冷的十二月天，泰勒將卡車駛入麻雀角，穿越曾經是公司鎮的冷清腹地，詭異的是，衛星導航系統仍以過往的城市網格，為這塊空地標註街名：「D街……C街」。他戴上手套爬進大垃圾桶內，接著把垃圾堆在另一個碰巧僅距離三公尺的大垃圾桶裡。他在垃圾桶中東翻西找，搜到的戰利品包括：幾大捲塑膠引流管、DirectTV 衛星電視碟型天線、火球（Fireball）威士忌空瓶、軒尼詩干邑空瓶、一罐油壺、一頂施工安全帽。等到這天結束，他總算翻到他心心念念的底層，還真的堆著好幾千塊磚頭，足以讓他落實計畫。

「我不斷思考應該如何回饋母校？我開心得不得了，眼前有很多事等著我去做，可是我很開心。」他說。他的目光掃向六十八吋熱軋鋼製造廠曾經聳立的巨大倉庫，附近停靠著一輛大型紅色貨櫃，上面印著「中國海運」字樣。

泰勒站在大廢料桶中，看見倉庫側面的文字啞然失笑。「實現，人人都憧憬可以實現什麼，可是很多人都六神無主，不曉得自己的人生究竟想要實現什麼。」他說。

他找到了屬於他的全新任務，偏偏麻雀角的新主人顯然無意配合，讓他的任務難上加難，對方似乎只急著徹底抹殺半島的過去，化身多功能物流中心。接下來這一年，新地主集團宣布即將營建風力發電渦輪儲存設施、都市農業中心、更多間家得寶和地板裝飾（Floor & Decor）倉庫。麻雀角不只是名字在二〇一六年遭到更換，改稱大西洋海港物流中心，該集團也幾乎沒興趣加入其他當地公司和組織，支持泰勒的計畫。「他們已經抹滅所有痕跡，恨不得關於麻雀角的一切消失殆盡。」他說。就泰勒的觀點，這違反了他在歷史學家兼前美國國會圖書館館長丹尼爾．布爾斯廷（Daniel Boorstin）的著作中讀到的道德準則：「不在過往的根基上規劃未來，就猶如嘗試將一朵無根的花種在土裡。」他很喜歡這句話。

麻雀角新東家倒是願意為他們的思鄉情懷稍微讓步，也就是聖誕節儀式上點亮伯利恆之星。他們原本將八公尺寬、重達一噸半的金屬星星掛在廢水處理廠，而看在泰勒和其他人眼底，此舉徹底顯示新東家完全不重視這個象徵，泰勒說：「他們把星星掛在廁所上！」最後新東家將伯利恆之星移到較有尊嚴的水塔上方。

黃昏時分車輛紛紛抵達，一組約聘保安指導車輛駛進鐵路站場。開放式白色帳篷下聚集了不到一百人，泰勒來了，阿波也來了。現場播放著聖誕節音樂，來自鄧多克新光路德會的六名當地教會成員則在一旁發放手工餅乾和咖啡。該教會是五年多前由規模縮小的三間路德會信眾重組而成，朵恩．狄特（Dawn Dieter）也是其中一人。朵恩的父親在麻雀角工作四十七年，從十七歲工作到退休那天。「我這輩子做夢都沒想過伯利恆鋼鐵會歇業，今非昔比，他們不會給職員當初鋼鐵工人賺得的工資，但不管怎麼說，工作還是工作。」她說。

大西洋海港物流中心的公司事務資深副總裁艾倫．托馬奇歐（Aaron Tomarchio）歡迎蒞臨嘉賓。

他說：「不用多說，二〇一八年是十分忙碌的一年，我們致力實現公司願景，打造全球物流和商業中心。」

他向巴爾的摩郡的新任主管小強尼・奧澤斯基（Johnny Olszewski, Jr）致意。「我在此要邀請他上臺，由他來率領你們進行倒數，點亮星星。」他的用詞是你們，不是我們，用字遣詞像是在強調，大西洋海港物流中心這天舉行點燈儀式，只是好人做到底罷了。

奧澤斯基走上前。「也許今天天寒地凍，但我們的精神熱烈沸騰，我滿心期待大西洋海港物流中心的將來。」他說。

幾週後，經歷倉庫倒塌的中斷期之後，亞馬遜宣布 Prime Now 服務將於聖誕節之前的十二月十八日重回巴爾的摩地區。二〇一八年聖誕季，亞馬遜的盈利首次衝至三十億美元，所有節慶之前的線上銷售額亦增長五成，以前所未見的規模痛宰競爭對手。到了該年年底，亞馬遜的美國 Prime 會員將突破一億人，滲透全美一半以上的家庭。新年首週，亞馬遜首次榮登世界最有價值公司榜首。

倒數開始，星星點亮，可是燈光卻因為斷路器的問題，在一分鐘後暗下，二十分鐘後才又恢復電力。訪客駕車離去，行經警衛和包含倉儲中心在內的燦新偌大建築時，建築內的燈火依舊明亮，倉庫員工正努力在聖誕節旺季趕工，唯獨不見阿波的身影。

利斯堡西南方綿延不絕的農地和葡萄園，是少數尚未被數據中心占領的維吉尼亞州北部角落。二〇一九年四月底，某個陽光普照的週間傍晚，數據中心相關業者來到石塔酒莊（Stone Tower

Winery），首度舉辦晚宴，慶祝維吉尼亞數據中心領導獎（Virginia Data Center Leadership Awards）。

這場慶祝大會姍姍來遲，多年來，華盛頓和維吉尼亞州北部的科技產業在鮮為人知的情況下成長擴展，藏身在無人知曉的數據中心大樓和掛著公司首寫字母的方正玻璃辦公室之中。然而亞馬遜現在決定將第二總部設在阿靈頓，也就是維吉尼亞州北部和華盛頓的交界點，世界總算承認這個多年來默默耕耘科技的地區是全新科技首都，他們當然需要好好恭喜自己一番。

搭乘最新款轎車和休旅車參與盛會的賓客川流不息，其中有好幾輛凌志和ＢＭＷ，至少有一輛捷豹，他們都在十五號公路上看到豬背嶺漆彈場（Hogback Mountain Paintball）的招牌後下交流道，轉進一條泥巴路。其中一輛凌志車的維吉尼亞州車牌相當吸睛，號碼「2」是專為州參議員保留的單數字車牌號碼。

這輛車的車主是珍妮特・豪爾（Janet Howell），具有二十七年資歷的州參議員，也是十二位出席晚宴的現任和前任州議員之一，其中亦包括州眾議會發言人。州民選領袖連袂出席，更是證實了該產業在當地的主導地位。目前勞登郡的數據中心超過七十座，共占用四十萬坪的空間，外加正在建設的十二萬坪。威廉王子郡有三十四座數據中心，將六十九億美元投資在資本建設。數據中心的版圖甚至慢慢擴展至維吉尼亞州的西部和南部，光是維州的亞馬遜數據中心起碼就有二十九座[413]，目前正在規劃另外十一座。微軟在勞登郡的三百三十二畝地投資了七千三百萬美元，目標是蓋一座全新大型數據中心園區。

賓客步下階梯，來到一間具有長型迎賓接待吧臺的大房間，這是亞馬遜和微軟共同出資的場地：當時這兩家公司仍在角逐龐大的國防部合約，國防部最後把合約交託給微軟後，鬥爭還搬上法院。

（亞馬遜聲稱，合約之所以被微軟搶走，是因為川普總統對「亞馬遜華盛頓郵報」的老闆帶有敵意。）人人手裡搖晃酒杯，踩著悠閒步伐來到遼闊的露天平臺，這時太陽正逐漸下山，夕陽朝綿延西邊斜坡的一排排葡萄灑下一整片金黃。

參加訪客幾乎全場男性，而且幾乎全是白人，實在很難相信這是該產業的首場盛會：空氣中瀰漫的氣息在在顯示這些人常聚在一起，熱絡交換著外人不懂的笑話和辦公室內部情報。

夜幕低垂之時，賓客受邀走進露天平臺旁的餐廳，每張餐桌指派給一名贊助商，與舞臺之間的距離則暗示著贊助商的階級：亞馬遜雲端技術服務（AWS）和微軟在第一排，谷歌和道明尼電力公司則在第二重要的中央位置。

參與宴會的政治人物座位也暗示著他們的官階：室內最資深的參議員珍妮特・豪爾被安排在AWS的桌位。珍妮特在過去幾年積極發展該產業，貢獻良多，甚至在自己的網站自誇有人偶爾稱呼她是「科技參議員」。原本是費爾法克斯郡民主黨員的她，參與里奇蒙最具權威的五個委員會，包括財政委員會（管轄範圍包括稅務和稅收減免）。而今晚，她坐在AWS的能源專案經理彼得・賀許伯克（Peter Hirschboeck）和AWS全美東南部的首席說客羅芮・泰森（Laurie Tyson）中間。

晚餐結束後，珍妮特帶著幾名出席慶祝晚會的參議員上臺，這些人是「公部門」專門小組成員。並更新可能影響數據中心產業的里奇蒙活動進展，包括各州包羅萬象而惱人的稅收方案審核。該專門小組的主持人提醒觀眾，維吉尼亞州是第一個以稅收方案當作數據中心誘因的州，也就是該州給予的銷售稅和使用稅減免，每年為該產業省下六千五百萬美元的稅金。介紹過程中，他們特別提及三名出席的前參議員，讚揚他們為稅收減免立法的功績。

對著緊接而來的審核，珍妮特輕描淡寫地說她和臺上的幾名參議員，保證會盡力維護他們的利益。「你們眼前有三、四個數據中心的擁護者，在州議會上，我們三人分別代表維吉尼亞州不同地區和不同黨派，但我們都認真致力推動該產業在維吉尼亞州的成功發展，以及在座公司的成長與豐收。」她說。

珍妮特最後稱讚數據中心扮演能源消費者的龍頭角色，暗示他們督促維吉尼亞州展開可再生電力能源。近期一份環境報告總結[414]，大多數維州的數據中心主要使用不可再生能源，多半是煤礦。而不斷成長的可再生能源中，亞馬遜的數據中心總消耗僅有12%，雖然腳步跟不上微軟和臉書，卻足以排在谷歌之前。以全國規模來看，未來二十年每花在數據中心的十億美元[415]可望形成七十億美元的電力消耗。以全球規模看，數據中心的開銷每年超過一千億美元。

說到能源消耗的主題，貝佐斯有一番老生常談——這就是我們要上月球的主因。他幾週後說：「我們終將耗盡地球資源[416]，計算一下就知道了，遲早會發生的。」幾年前，亞馬遜曾考慮提供消費者「綠色」購買選項[417]——為了減少碳排放，容許更長的商品配送時間，最後卻因為擔心銷售總額大受影響，於是終止計畫。自家公司的總部職員激烈抗議，八千七百人共同連署要求該公司正視氣候變遷議題，貝佐斯在二〇二〇年初承諾會自掏腰包，用一百億美元支持尚無定案的環境保護活動。亞馬遜在全球有九十一項太陽能和風能專案，足以為六十八萬戶家庭供電，並為全球林地復育投資一億美元。

對數據中心極度仰賴煤礦的環境報告，或是數據中心的能源需求節節高升一事，珍妮特隻字未提。

「數據中心讓維吉尼亞州沒得選，只能踏入可再生能源的未來，我對在座各位心存感激，因為是你們督促我們採取必要行動，敦促我們走上這方向的往往都是企業團體，相信後代子孫肯定也會對你們感激不盡。」她說。

最近的拆除工程主要集中在東側，譬如美國鐵路線北側的蒙特佛德大道（Montford Avenue），以及北大道南側荒涼貧瘠的街區，亦即鄰近主要東西幹道來到盡頭進入巴爾的摩墓園的位置。最近工作人員拆除了蒙特佛德一五〇〇號、一六〇〇號、直至一七〇〇號的街區，雖然不全是，但有部分是為了廢物回收利用而拆除。

一五〇〇號街區，一位老太太坐在她的門廊，凝視著對街曾矗立著房屋的空間，自她從喬治亞州賴茨維爾（Wrightsville）搬到這裡後，已在這條街上生活六十五年。「我不擔心他們拆光房子，偉大的上帝會看顧我的。」談到拆除作業時她說。

一六〇〇號街區，一長排近期拆除的房子隔壁，一棟老舊頹圮的房屋冒出一名年輕女子。土地空無一物，僅剩幾株小幼樹、一個垃圾桶、一塊沙發椅座墊。她步出一九二〇年建造的房屋充斥著飽經遺棄的痕跡：以木板封起的低窗、破裂高窗。

但房子並未清空。德蕾莎的父親在那裡住了八年，現年三十四歲的德蕾莎多半和男友同居，偶爾才會回來更換衣服。她雙手不得閒的抱著滿滿的物品：褐色紙袋內有一罐已經打開的麥芽酒、一只外賣塑膠袋、一盒香菸。她腳上穿著一隻塑膠靴，據說已經穿了五個月，從她「試著踹飛前男友」而腳踝骨折後就沒換下來。還說她是認真的。

她跟阿波一樣就讀派特森高中，後來在職業學校獲得藥房技術員的執照。自從離開上一份在沃爾瑪補貨架的工作後，她已經五年沒有工作，還因此申請了殘障補助。「我現在全靠男友養我。」她說。

她父親最近收到九十天搬遷通知，得知他們家很快就遭到拆除，她說父親並不介意搬家。「他真心想要搬離這個社區，也覺得無所謂。」她說。

看見這麼多房屋遭到夷平她是感到遺憾，但不至於無法接受。她說：「這些房子是該拆了，實在太久了，房子老舊，是該拆除了。這裡充滿巴爾的摩的歷史，所以確實令人有些感傷，可是天下沒有不散的筵席，有些東西是留不住的。」

最近剛淨空的那塊土地末端，老大衛．強森（David Johnson, Sr.）正把磚石堆砌上隔壁房屋的北邊，因為這部分並未列入拆除工程。他使用二十公分的混凝土磚，嘗試盡可能恢復磚牆原有的模樣。強森的砌磚活兒乃師承父親，幫拆除房屋砌磚時他五味雜陳，雖然對於自己擁有資深石匠的技能相當驕傲，他卻百感交集。他說：「四十年前，每棟房屋都有人住，你會忍不住覺得今日的荒蕪蕭條都是自己害的。」

他又繼續道：「這個情況令人感到不安，當你走進一個有居民的鄰里，居民會因為房子被列入拆除規劃而覺得沒價值，這就是為何你必須在砌磚時投注愛和關懷，他們才感覺到你正在為社區盡一己之力。我試著按照每個社區之前的小細節重砌，要是你繞一圈，會發現每個鄰里都有不同細節，你應該盡己所能拼湊起原本的細節。」

一七〇〇號街區，一組建設員工正沿著拉法葉大道（Lafayette Avenue）駕駛傾卸卡車，填補蒙特佛德到波特街（Port Street）之間九棟房屋拆除後地面留下的巨坑，當初拆除房屋的挖土機仍然停在原地。蒙特佛德街的對面，也就是蒙特佛德街和拉法葉大道的西南轉角處，四名年輕人正在販毒，對六公尺外的施工工人視若無睹。每隔五分鐘左右，就會駛來一輛汽車或卡車，司機會把車停靠路邊，把錢交給其中一名年輕人，然後揚長而去。

拉法葉大道和波特街轉彎處，喬治．傑克森（George Jackson）坐在助行架的小椅凳上，觀看正在填補巨坑的卡車，愛犬傑克則在街上四處晃蕩。「等了這麼久他們才來，這些房子早就沒住人了，現在只是老鼠窩。」他說。

他頭戴毛氈帽、身著無袖圓領背心，沒有扣上褲襠鈕扣。喬治八十八年前出生於南卡羅萊納州，已在位於下一條拉法葉大道街區住了五十二年，並在那裡撫養五個孩子長大，他在伯利恆鋼鐵船廠工作，不是麻雀角的造船廠，而是海港另一端的修船廠。一九八二年修船廠關閉時，他的時薪是十二美元，換算成今日幣值等同於三十二美元。

一名男性白人拖著類鴉片藥物上癮的步伐走過喬治面前。喬治助行架旁的地面上躺著一個注射針筒蓋子，拉法葉大道另一側的房屋牆上，噴漆字樣致敬著：安息吧，小威爾。這個位於百老匯東街的鄰里在二〇一九年的謀殺率居全巴爾的摩最高，從四人增長了三倍，變成十二人。「這一帶每戶都住得滿滿滿，沒有一間空屋，可是現在這些房子全沒了。」喬治說。

「磚加木」廢物回收的木材被送到巴爾的摩市中心的全新總部，清潔過後整齊堆疊，磚頭則被送往城市另一端，西巴爾的摩一間與世隔絕的老舊石造倉庫，這是該組織向某家回收巴爾的摩廢料處理的公司租借的倉庫。空地的磚頭堆積至大約六公尺的高度，之後再放上輸送帶，送往倉庫的封閉小空間，由大約六名負責檢查的工人決定磚頭是否回收利用。

可再回收利用的磚頭接著會送到其他工人那裡，使用最原始的工具——一把刷和一根十字鎬——進行破壞。不可再回收的磚塊則留在輸送帶，送出倉庫，倒入漏斗，壓碎成填料，接著再用卡車運回拆屋場地，填平地面。和 Humanim 合作的工人不少都有牢獄紀錄，起薪是每小時十一．五七美元，資深員工的時薪則將近二十美元。

等到清乾泥濘，磚頭就會裝上棧板，每塊棧板共堆砌五百四十塊磚頭，以塑膠膜包裝，再來就只等著波洛克出售。

二〇一九年七月十六日，美國眾議院司法委員會下的反托拉斯、商業、行政法小組委員會（Subcommittee On Antitrust, Commercial, and Administrative Law）在國會山莊召開聽證會，探討「線上平臺及市場勢力」的議題。這真的是不可思議的一刻：多年來眼睜睜看著一小撮公司勢力日益茁壯，在線上主宰人民生活和商業活動，兩黨國會議員此刻才頓時對這種主宰現象表現憂心。

他們的擔憂並非空穴來風。一小群積極認真的思想家和社會行動人士，多年來致力指出這些公司宰制市場的本質及社會必須付出的代價。成員包括地方自立機構的史黛西．米歇爾（Stacy Mitchell），她記錄這些公司對小型企業、當地社群、民主概況的影響。她寫道：「這些公司打造出一種私政府[418]，以專制獨裁的制度日漸縮緊商業和資訊的主要脈搏。」成員之中還有當時仍就讀法學院的莉娜・可汗（Lina Khan），她寫了一篇石破天驚的論文[419]，指出反托拉斯法根本沒有斬斷新興壟斷企業的威脅，尤其是亞馬遜。她指出立法機關錯就錯在只把焦點放在公司是否對消費者抬高價格，而不是這些公司是否在市場和一般社會形成更為扭曲的現象。她聲稱，亞馬遜透過掠奪性定價以及市場主宰的線上平臺帶來的結構性優勢，對競爭對象趕盡殺絕，隨著一天天過去，消費者只剩下品質低劣的產品，選擇性及創新減少，即使當下享有低價購物也不具意義。例如，她指出亞馬遜先是將自家品牌的尿布定價遠遠低過競爭對手的售價，逼得尿布販售網站 Diapers.com 走投無路，並在二〇一〇年收購該網站東家 Quidsi 公司。只要能消滅對手，縱使損失幾千萬美元也很值得。

一個名叫雅典娜（Athena）的新聯盟也借用莉娜・可汗的論點，雅典娜聯盟的成員包括幾十個工會和社會運動團體，數年來代表幾千名亞馬遜聖博納迪諾谷倉庫員工進行抗爭的倉庫工人資源中心（Warehouse Worker Resource Center）就是其中之一。後來就連某些亞馬遜的草創員工都開始發出質疑的聲音：「我認為亞馬遜無情打壓對手的形象是真的[420]，聲稱消費者執迷的他們什麼事都做得出來，而這對不是他們顧客的人來說並非好事。」曾在該公司草創階段陪伴貝佐斯視察聖塔克魯茲的程式設計師薛爾・凱普罕（Shel Kaphan）說。聯邦貿易委員會、司法部、好幾個州政府、歐盟委員會都對該公司的執業過程啟動調查。

而今亞馬遜、谷歌、臉書、蘋果這四大巨頭的主管遭到傳喚，作證回答一個簡單問題：他們的業務是否擴大到對國家造成危害？小組委員會主席兼羅德島民主黨員大衛・西西里尼（David Cicilline）表示：「開放的網路競爭迅速成長，為我們的生活、工作、公司、全世界帶來革新，創造出幾百萬份高薪工作，讓人們更方便獲得資訊，並且承諾民主和社會進步。這些美國公司為國家科技突破和經濟價值帶來空前貢獻，創始階段他們兢兢業業，從自家倉庫和學校宿舍崛起，驗證了我們國家的核心價值。可是在鼓吹和持續這種全新經濟的同時，國會和反托拉斯執法人員卻放任這些公司在幾乎無人監督的情況下自我管理，最後造成網路越來越集中，營運方式越來越不公開的情況，對於創新和企業家精神的敵意也越來越深。」

他指出，亞馬遜控制幾乎一半的美國線上商業行為，一半的美國家庭都有亞馬遜 Prime 會員帳號，但是和亞馬遜並駕齊驅的競爭者 eBay 的網路商業活動只占了不到 6% 的市場，他引述史黛西米歇爾的話：「威勢強大的線上守門員不僅控制市場准入，也會直接與仰賴線上守門員的人競爭。」他還說，自從司法部對微軟提出指標意義的壟斷訴訟，即使數位世界的創新和競爭明顯降低，卻再也沒接到有關線上市場反競爭行為的投訴。「這場聽證會不只是關於今日存在的公司，在下一家谷歌、下一家亞馬遜、下一家臉書、下一家蘋果崛起茁壯的過程中，我們也能確保他們不是毫無條件地擴張。」他說。

輪到亞馬遜的「競爭副法律顧問」奈特・薩頓（Nate Sutton）開口時，他立刻駁斥該公司宰制市場的說法。他說亞馬遜只掌控全球整體零售市場的 1%，在美國整體零售市場也只占了 4%。「亞馬遜的使命是成為全世界最重視顧客的公司。實現顧客的期望就是我們的核心哲學，我們也不斷創新，以提供顧客最優質的消費體驗。亞馬遜的業務範圍從零售、娛樂，乃至消費者電器用品、科技服務都有，包羅萬象。而我們在每一個領域都必須面臨早已存在的競爭強敵，好比說零售業是我們最主要的業務，自人類開始商業行為起零售業就存在，各個層面的零售業向來競爭激烈，未來也不會改變。」他說。

委員會聞言後還是不買帳，於是反問他除了亞馬遜，第三方賣家是否還有其他可以採用的網路銷售管道，又問起亞馬遜向使用該平臺販售商品的第三方賣家抬高收費一事——每完成一美元銷售平均收取二十七美分[421]，並在過去五年上漲42%，而此舉其實很像亞馬遜向賣家收取線上商業稅。委員會亦詢問亞馬遜是否向違規賣家進行停權，關閉他們的產品頁面，並且在市集上冷凍他們。

接著委員會將焦點鎖定某項長久以來的爭議，也就是亞馬遜控制該平臺將近一半的線上銷售，並且在該平臺販售自家產品的行徑。他們詢問亞馬遜是否為自家產品打廣告，抑或故意壓低自家產品的售價，以打壓驅逐競爭對手，迫使對方失業？亞馬遜是否利用銷售資料，發想並打造出自有品牌熱銷商品？「當賣家在你們的網站進行銷售，你們是否追蹤哪樣產品最受歡迎，是否也會依樣畫葫蘆，選擇製造同樣產品，以削價競爭的方式踢出該商品？畢竟你們掌控龐大資料庫，對吧？」來自西雅圖的民主黨員普拉米亞．賈拉帕爾（Pramila Jayapal）質問，儘管她代表亞馬遜的家鄉，卻不打算放過該公司。「你們是否追蹤產品的銷售量、打造自家產品，直接將其他最受歡迎的產品踢出市場？」

「我們不會使用任何特定賣家資料創造屬於自家品牌產品。」薩頓回答。

之後輪到依舊不買帳的西西里尼窮追猛打。「你們在自己掌控的平臺販售自家產品，並且利用自家產品與零售業市集其他賣家的產品進行削價競爭，對嗎？」他問。

「我相信這種手法在零售業已經行之數十載，大多零售商不只在店內販售自家產品，也會同時販賣第三方賣家的產品，況且……」薩頓答道。

西西里尼說：「但是我說，薩頓先生，亞馬遜最大的不同是，這家公司是一家資產上兆美元的公司。你們經營衍生即時資料的線上平臺，進行幾百萬件商品的買賣、價值幾十億美元的商業行為，並可在自家平臺上操縱演算法，為自家產品增添優勢，這跟同時販售CVS品牌（藥品零售商）和國家品牌的當地零售商不一樣。我要說的是，這根本是兩碼子事。你說你們不使用賣家資料、與其他賣家在網站上進行削價競爭，可是你們確實大量蒐集哪些產品熱賣、哪些東西有賺頭、產品在哪些地區受歡迎的資料，所以現在你是要告訴我，你們絕對不運用任何手段，為亞馬遜自家產品打廣告？」

「請讓我回答這題，謝謝。」薩頓說。

「先生，請容我提醒你，你已經宣誓過了。」西西里尼說。

「我們是會運用網站資料服務顧客，但我們不會利用獨立賣家的資料削價競爭。」薩頓說。

十個月後，《華爾街日報》刊載了和薩頓的證詞完全相反的報導內容[422]：亞馬遜員工會反覆查看某樣熱賣商品的文件和資料，不久後亞馬遜則會推出幾乎一模一樣的產品，從可折疊車內收納箱乃至辦公椅座墊都有。這就是史黛西．米歇爾和辦公用品協會會長塔克等提倡者警告小公司的行為，國會議員對這種自相矛盾的說法感到憤怒，於是要求貝佐斯親自到小組委員會面前作證。當他在二〇二〇年七月作證時，小組委員會獲得的紀錄顯示，亞馬遜其實在網站上稱第三方賣家為「內部競爭者」，而不是該公司表面宣稱的「合作夥伴」。貝佐斯在證詞中表明，該公司會將消費者引導到支付亞馬遜運送服務費用的賣家頁面，此舉讓亞馬遜獲得他們使用快遞公司服務得不到的龐大收益，卻削弱該公司自稱是中立市集的公信度。

三個月後的二〇二〇年十月，關於科技龍頭壟斷市場，眾議院小組委員會的民主黨員釋出一份四百四十九頁的調查報告，呼籲國會採取行動終止公司的惡霸行為。報告說明：「簡言之，過去力爭上游、在弱勢低處挑戰現狀的新創公司，現在都成了我們在石油大亨和鐵路巨擘年代才看得見的壟斷企業，這些公司擁有太多權力，而我們勢必遏止這股勢力，讓他們接受適當監督並遵守法規，否則我們的經濟和民主將岌岌可危。」

某天，波洛克開車前往華盛頓拜訪一位客戶。馬里蘭州的富裕近郊波多馬克有一棟占地廣闊的房子，還有一間供應「特製甜甜圈」的咖啡廳，菜單選項應有盡有，包括南瓜香料烤布蕾拿鐵、海鹽焦糖牛奶、焦糖蘋果奶酥。這裡就是碼頭，也就是位於華盛頓哥倫比亞特區西南部的濱水區、價值二十五億美元的重建案。該建案包括四家飯店、一千三百七十五間豪華公寓、不收現金的餐廳、占地將近三萬坪的辦公室，訪客可以搭乘水上公車或快艇通勤，那裡還有一個朝半空中噴出九公尺烈焰、名叫火炬（Torch）的火坑。

還有查普曼馬廄（Chapman Stables），亦即鄰近紐約大道和北國會街的交叉路口、位於特拉斯頓區（Truxton Circle）的大型公寓住宅建案。二十年前，這部分的城鎮居民主要為黑人和工人階級，南邊則是托爾兄弟（Toll Brothers）為了重建而拆除的公共住宅案「薩爾索姆科達」（Sursum Corda），托爾兄弟承諾將為流離失所的薩爾索姆科達居民預留一百三十六間公寓。距離不遠的坦普庭（Temple Courts）建案在二〇〇八年遭到拆除，改建停車場，但是實際上他們不該在蓋好名為2M的新公寓建物前就拆掉附近的坦普庭，這樣失去居所的住戶才能馬上搬進公寓[423]。可是最後拆除和竣工相隔十年，失去坦普庭家園的人早就不在了。豪華公寓大樓在該區如雨後春筍般冒出，其中之一的貝爾格（Belgard）也是臉不紅氣不喘在該大樓西側的一面大型看板上，誇耀著「至高無上的貝爾格人生」。

事實上，查普曼馬廄曾經是馬廄和煤炭公司倉庫的所在地，開發商在行銷上無所不用其極主打該地復古質樸的氛圍，可是高級公寓大樓建案幾乎不會保留歷史結構，於是發開商想到一個簡單的解決方法：磚加木，他們訂購了超過六萬塊的巴爾的摩磚頭，可說是波洛克最大筆的交易，並趁這群公寓大樓幾近完工時前來參觀拍照。

一踏進公寓大樓，波洛克馬上發現一大面內牆使用的就是他的磚頭。他俯視中庭，看見牆上的磚頭，進入公寓內也看見好幾面以四十塊磚頭高、十七塊磚頭寬砌成的高大牆壁。有一間樣品屋的設備是奢華的博世家電（Bosch），和令人夢寐以求的獨特格調，例如一小本從各種書籍隨性撕下、用線繩以藝術手法紮起頁紙的冊子。

一棟二十坪的公寓要價五十萬美元，坪數更大的則高達一百萬美元。「你能想像嗎，五十萬美元？對哥倫比亞特區來說算是便宜，但一間套房要價五十萬美元，而且只是宿舍。」波洛克說。他無法想像哪個年輕人買得起這種公寓。

許多人買不起，這也是為何華盛頓哥倫比亞特區深陷住房危機的泥淖。這座城市和紐約、波士頓、西雅圖、舊金山一樣，都在探究是否應該實施租金限制或增加建案。可是這些探討都神奇地忽略了一大要素，一個更廣大的脈絡框架：這些城市的居住大不易，是因為美國的經濟成長和繁榮都集中在這幾個地方——若是財富和經濟活動分散於其他城鎮，想必這幾座榮登勝利組的城市居民日子也會比較好過。

拆除六十四公里外當初可能只要一、兩萬美元就買得起的房屋，拆屋後回收磚頭，再拿去裝潢要價五十萬美元、生活苦哈哈的老百姓根本買不起的小公寓。要是經濟活動較平均分散，或許巴爾的摩的空屋就能找到新買家，而這些人也迫不及待為沒人賞識的建築和人口不足的鄰里帶來生氣。然而這種巨大矛盾卻失速發展：一座城市的土地荒蕪冷清、乏人問津，另一座距離僅一個鐘頭車程的城市土地卻人滿為患、專收有錢人；一座城市急欲拆除三層樓的排屋，換作另一座咫尺之遙的城市，這樣的排屋卻要價一百萬美元。

雖然這兩座城市在大家眼底是天淵之別的兩個世界，事實上卻緊緊相連，也許有種解決方針可以同時讓雙方受惠。為了遏止巨頭私飽中囊並將財富帶進他們選擇落腳的所在，並且更均勻廣泛分布在這個土地遼闊的國家，讓許多城鎮同時享有富庶，即便無法均衡分配財富，至少也達到某種平衡，終止某些地區的不滿與絕望以及某些地區的自滿和焦慮。

波洛克很清楚，查普曼馬廄的居民恐怕不會曉得這些磚頭來自何方，可能還以為是建築本身保留下來的磚頭——畢竟這可是一棟「歷史」建物。

這件事讓他有點不舒坦。離開前，他在一樓主要門廳停下腳步，門廳有一面拔地而起高達天花板的樣品牆，哥倫比亞特區的磚頭品質低劣脆弱所以他一眼就能識破，但是他能分辨出牆面使用的多半是巴爾的摩磚頭。

他甚至能分辨出是哪一條街的磚頭。

橘色來自切斯街（Chess Street）。

模樣看來最古舊的來自聯邦街（Federal Street）。

具有直條紋的磚頭來自芬尼克大道（Fenwick Avenue），這一類屬於較為後期的房子，年代約是一九一五年，當時磚塊會放進烤爐以高溫烘烤，堆砌的方式會讓某部分的磚塊更接觸高溫，造就了你

加班

勞動節

在芬尼克磚頭上看見的直條紋。

他照片拍完了。該走了，離開這座城市、回到他目前視為家的城市，向來令他鬆一口氣。

二〇二〇年復活節前的那個週六，我開車離開現居地巴爾的摩，前往我出生長大的家鄉麻薩諸塞州皮茨菲爾德（Pittsfield）。馬里蘭州正在實施政府的居家隔離的命令，但我覺得回家一趟，探望我那好幾個月都沒見到面的父母算是必要。當晚我會留宿其他地方，保持安全社交距離，然後在復活節週日和他們一起出門散散步。

傍晚時分，我從巴爾的摩出發，東海岸平時壅塞堵車的九十五號州際公路空前通暢。頭頂上的高速公路數位看板寫著「居家不出門，保護你與我」。我從未踏上戰地，當下卻心想恐怕跟這個景象差不多吧——差別只在於路上都是有事必須外出抑或魯莽不怕死的人，世界其他角落則仍在休眠。

只不過這個戰區並沒有運兵車或軍火運輸車，只有貨車。公路上少之又少的車輛中，絕大多數是拖車，其中多半是亞馬遜貨車。我在巴爾的摩和紐澤西州南方之間的一百六十公里，總共數了二十四輛亞馬遜貨車，但當我駕駛在紐澤西州南方時，天色已經暗到看不清貨車上的公司標誌。過去幾年間，只要在美國境內出遠門，每每會看見數不清的亞馬遜貨車，但我卻從未見過如此密集的數量。

如果說我們現在正與新型態的新冠肺炎病毒抗戰，那麼亞馬遜就是我們的運兵車。在這場戰役中，動員攻打敵人的方法就是全球封鎖和自我隔離，亞馬遜供應動員的方式則是將所有用品送到眾人家中，讓我們可以乖乖待在家不出門。在網路上填滿生活需求剎那間已變成一種市民責任，重要性已經超越自我，曾經不確定的便利性（至少對某些人是），如今卻充滿正義色彩，藉由一鍵購買，我們便能成功壓低確診數字。

大批箱子送達後，往往得先在門廊或車庫躺上一、兩天，以免貨運過程沾上病毒粒子，等到包裹箱子的隔離期滿便可搬進屋裡。

包裹箱子的數量龐大，訂單也一樣，該公司無可匹敵的物流作業聲名遠播，這一次卻難得跟不上訂單速度，於是亞馬遜宣布再雇請十萬名倉庫員工，一週後又宣布增加七萬五千人。該公司通知消費者和第三方賣家將延後寄送不屬於必需品的訂單，最不可思議的驚人之舉是，他們暫時移除網站上鼓吹買家大量購買的行銷功能[424]，亞馬遜居然罕見地不鼓勵買家花錢。該公司果真能夠預知未來，知道它們的網路商店有天會成為什麼都賣的商店，而賣家也不再需要其他商店，只不過他們似乎還沒為這一天做好準備，這一天還沒到。

諸如此類的緊急措施只是暫時的，不久後又故態復萌，刺激消費者盡情購物，就連非必需品也是。事實上該公司透過演算法尋覓新方法，讓產品製造商只能在其網站販售[425]，而不是透過其他零售商出售。隨著二〇二〇年的國家危機巔峰期結束，某些後果也逐漸明朗。流行病毒在美國生活激起一連串相關發展，並且猶如一捲故障影片的卷軸般瘋狂旋轉。

新聞組織的廣告收益大多早就被矽谷接手，如今所剩無幾的收益也因為商業活動停擺而飛了——為了存活，許多新聞業者讓員工強制休假，上班也改成輪班制，導致播報關於流行病毒第一線新聞的人手不足，也無法播報人民為遭到明尼亞波利斯的警官跪頸致死的喬治．佛洛伊德（George Floyd）的抗議新聞。到了二〇二〇年八月，情況惡劣到連鎖報社之一的論壇出版公司（Tribune Publishing Company）宣布，他們和《紐約每日新聞》（*New York Daily News*）、《奧蘭多前哨報》（*Orlando Sentinel*）等其他報社吹響熄燈號，二〇二一年驚爆當地亞馬遜倉庫員工發生熱衰竭暈倒事件的《艾倫頓晨報》（*Allentown Morning Call*）也難逃此劫。十二月，論壇報關閉了康乃狄克州最大報《哈特福德新聞報》（*Hartford Courant*），該報社也是美國連續發行最久的長青樹。

撐過前二十年動盪的零售業老店如今也瀕臨倒閉。大型連鎖百貨公司JCpenney、尼曼馬庫斯（Neiman Marcus）、J.Crew都宣布破產。梅西百貨也暫時關閉七百七十五家分店，十二萬五千名員工放無薪假，兩個月內股票更是跌了75%，跌出標準普爾五百指數。亞馬遜的西雅圖好鄰居諾斯壯百貨則是宣布裁員幾千名員工。美國的小型獨立企業也存在相同危機，共計兩萬五千間零售商店預期在二〇二〇年底歇業[426]，這是近年來大規模關門店面數字的近三倍。

與此同時，這幾十年來主宰趨勢潮流、重塑經濟的公司生意興隆、鴻圖大展，與全美各地可見的經濟大出血相反。截至五月底，五大科技公司蘋果、臉書、微軟、亞馬遜、谷歌母公司Alphabet的市場資本總值，在短短兩個月內就增加亮眼的一兆七千萬美元，等於上升了43%。光是這五家企業的總值就占了標準普爾五百指數的五分之一，而且未來只會持續成長：這五大的現金總值總共是五千五百七十億美元[427]，超過美國航空暨太空總署（NASA）的預算總額[428]，他們則利用這筆錢收購新公司，將研究發展資金提高將近三百億美元，他們的小型競爭對手只能緊縮支出。「現下最不尋常的，就是不同種類的公司擁有非常極端的營運狀況[429]，不少大型公司的財富淹腳目，它們的小對手卻從沒像現在如此岌岌可危。」歐巴馬總統的前顧問、經濟學家奧斯坦·古爾斯比（Austan Goolsbee）寫道。最大贏家當然非亞馬遜莫屬，該公司的第一季銷售額超越去年整體銷售的四分之一，別忘了與此同時美國國內的整體零售銷售數字都像是自由落體。四月中亞馬遜的股票飆漲，並在流行病毒瀕臨最致命的階段，超越去年30%以上，貝佐斯的財產淨值光是在兩個月內就增加二百四十億美元。七月底，亞馬遜宣布第二季利潤雙倍成長，驚人銷售額超過去年整體的40%。不只如此，新聞報導亞馬遜的股價漲得更高了——到了九月初業績成長已是84%，是其他科技龍頭成長數字的雙倍。「簡單來說，我們認為冠狀病毒為亞馬遜注入一劑生長激素[430]，」一位產業分析師在給投資人的說明中寫道。

為了應付暴增的訂單，該公司一至十月間在全球招兵買馬，總共增添四十二萬五千名員工[431]，美國非季節性員工的總人數增加到八十萬人，全球的員工數量則超過一百二十萬人，增加數字是去年的一半，緊追沃爾瑪和中國石油天然氣集團（China National Petroleum）之後（該統計數字還沒加入五十萬名寄送包裹的司機）。為了容納這麼多員工，亞馬遜大力興建新設施、租借場地，到了九月已有一百處設施開張，到了二〇二〇年年底，全新倉庫占地增加近兩百八十萬坪，增加了大約五成。倉庫並非該公司唯一高度欠缺的設備：隨著每日有幾億人次將交際生活移往線上，為了配合Zoom等雲端視訊會議軟體的顧客，數據中心也得大幅擴增容量。

亞馬遜在仲夏時分宣布該公司收割流行病毒的大規模利潤，同日美國商務部通報美國經濟萎縮將近一成，為有史以來最慘的單季跌損。換句話說，亞馬遜在美國經濟發展最不順的時刻大發橫財：該公司的際遇和國家的命運天南地北。

如此嚴重的財富不均促成了這個年代的政治痙攣。有如惡夢的二〇二〇年即將邁入尾聲之時，新任民選總統喬．拜登（Joe Biden）即將展開執政，而商業問題的當務之急，很明顯就是決定採取哪些措施，縮小兩者命運的差距，畢竟美國可禁不起這等差距持續擴大。

儘管全球大流行疾病加速集中某些龍頭公司的財富權勢，卻可以想像他們或許可以在國內廣泛分配繁榮和活力的方法。某些紐約客已經逃離城市——部分曼哈頓的高級公寓大樓如今人去樓空，住戶正在考慮永久遷移。現在甚至廣為流傳一種說法：全球大流行疾病可能讓辦公室文化劃下句點，而在哪裡都可以工作則總算成為一種長遠趨勢。既然不需要去市中心的辦公大樓報到，為何硬要住在所費不貲的大城市？何不搬到幽靜的北部村莊，甚至是雪城、伊利（Erie）或阿克倫？

這種想法是很浪漫沒錯，充滿古樸年代氛圍，就好比山繆·歌朗巴赫派出兒子女婿前往賓州各座小城，擴展家族事業版圖的時代。偏偏浪漫想法卻與殘酷的經濟現況相反，贏家通吃的公司和城市當初是在數位經濟之下誕生，而我們實在很難想像全球大流行疾病封城帶來的數位化大躍進，不會強化贏家通吃的效應，也很難想像科技龍頭及他們落腳的城市不會進一步鞏固自身的市場力。正因如此，若說臉書逮住這個大好時機，租借紐約市賓州車站（Penn Station）對面那一大棟舊郵局大樓改建而成的兩萬坪辦公室空間，八成也沒什麼好值得驚訝的。而亞馬遜宣布花十億美元買下曼哈頓第五大道的羅德與泰勒百貨旗艦店舊址，並在那裡增加至少兩千名白領職員，也沒什麼好奇怪的。西雅圖目前的亞馬遜職員數字超過五萬人，該公司宣布，二〇二五年前將規劃在華盛頓湖對面的貝爾維新增兩萬五千名員工——就這樣，西雅圖都會區即將吸收等同於維吉尼亞州北部亞馬遜第二總部大樓的全體人數，鞏固他們長久以來的蓬勃事業。當最富有城市的房租和公寓大樓售價開始從同溫層大幅消退，而紐約近郊的辦公園區及市郊住宅區、西部滑雪度假屋房地產、漢普頓學區（Hamptons）的需求量大增，在在顯示任何擴展版圖的好處只會保留在贏家通吃的大都會及附屬城鎮，不會流至本地以外的小城市。

與此同時，聯邦大流行疾病救援配套措施只應用於人口超過五十萬的城市，同樣悲慘的小城則只能坐以待斃。餐廳和酒吧關門的跡象也顯示，這對聖路易和底特律等城市的傷害格外嚴重[432]。新興夜生活的盛名本來照亮了這兩座城市遲來的復甦，可是到了八月，美國航空卻宣布將停飛十五座中小型城市，讓這些城市更加與世隔絕，衰敗的腳步也越來越快。

也就是說，全球大流行疾病只讓最沒有防護措施的地區狠狠摔落谷底。對個人的影響力亦不可小覷。拉斯維加斯官員在瀝青停車場上畫出四方形區域，試著讓流浪漢彼此間隔一百八十公分。澤西海岸邊，一間名叫「諾言」的食物銀行需求量增加四成，額外供應三十六萬四千份餐點。截至二〇二〇年秋季，美國各地時薪超過二十八美元的民眾[433]就業率又回到全球大流行疾病爆發之前，時薪低於十六美元的人則慘失超過四分之一工作。

場景來到代頓，另一場汽車故障導致陶德・史瓦勞斯無法上班，因此又丟了紙箱公司的工作。疫情剛開始時，他和莎拉及孩子住在距離代頓南方半小時的城鎮，離他工作的大力水手炸雞（Popeyes）並不遠，但全球大流行疾病一爆發，餐廳只接受得來速顧客點餐，於是他的工作時數跟著減少。莎拉則是待在他們的小公寓內，含辛茹苦地在家裡帶孩子自學。可以預期的是壓力終究壓垮了這一家人：五月份，這對情侶再度分手，並且同意共享孩子的監護權。陶德原本時薪是十一美元，大力水手炸雞餐廳本來答應幫他加薪，後來卻反悔，讓陶德感到非常挫折沮喪。十月份他又找到一份物流工作——在遍地開花的小型亞馬遜配送中心旁，找到一份輪胎特賣場工作。他的薪資為時薪十三美元，跟他在紙箱公司時相差不遠。

兩百四十公里以東的內爾森維，泰勒・薩比恩頓在德州客棧牛排館的工作時數大幅縮減，於是他決定在內爾森維唯一雜貨店的克羅格雜貨店擔任結帳員，薪資只有上一份工作的三分之二。同時他在鎮上也有了新身分：他打贏城市審計員的選舉，得到一份兼職有薪工作，換作別人可能會覺得要幫他監管稅金的選民結帳是一件非常尷尬的事，可是泰勒並未多做他想，畢竟生活中還有其他值得他擔心的事，譬如有人任意挖下人行道的星星磚頭賣給黑市，而且層出不窮，在小鎮各個角落留下一塊塊難看的禿裸凹洞。另外郡內的公司也一一倒閉，包括傑瑞德過世的露比週二餐廳，這間位在阿森斯公路商業區的餐廳目前已經人去樓空。

大流行疾病危機也來勢洶洶，找上人在艾爾帕索的桑迪．葛洛丁。四月份，他的辦公用品銷售量銳減65%，為了所有員工的健康著想，他要求幾乎全體員工待在家裡。還好他獲得了一筆聯邦發放的小額企業貸款，在五月份收到某個當地學區的大訂單，將學校用品寄送給在家遠距上課的孩子們。他之所以爭取到這份合約，部分也是因為他的公司和亞馬遜不同，可以依照年級和課堂分類用品，對學區而言既輕鬆又省事，可以直接將用品發放給學生。疫情爆發時，艾爾帕索另一頭的鉛筆杯辦公用品公司也深陷窘迫情境。「一切都分崩離析，我們掉進一座大坑。」德蕾莎．甘德拉斯說。可是後來公司依據情況調整後，鉛筆杯的商品需求量大增，並開始將清潔和消毒用品送至所有家中零庫存和想要避免網路剝削價格的公司與顧客。

在西雅圖，凱蒂．威爾森和其他公車族工會的成員為了佛洛伊德死亡事件抗議，最後催生出西雅圖的「自治區」，通過了全新法令，市中心附近的文青鄰里，也就是首府山莊的心臟，今後再也不受警察管轄。抗議激起凱蒂的社會運動精神，但她也吃足了強大對手的苦頭，因失望太多而不敢抱持太高期望。「沒關係，可是這並不是一場革命。」她說。

華盛頓哥倫比亞特區的大規模抗議吸引眾多民眾前來，其中亦包括亞馬遜公共關係部長傑伊・卡尼，他在推特上分享了一張他在白宮附近拍的自拍照，只見照片中的他戴著墨鏡、口罩，身穿「黑人的命也是命」運動的T恤。

在巴爾的摩，一個名叫夏拉・梅爾頓（Shayla Melton）的二十六歲女子正在猶豫是否該回亞馬遜。她在曾是通用汽車工廠的布蕚寧高速公路倉庫擔任挑貨員，後來大流行疾病爆發，當時她正好請產假，生下她第二個孩子。她丈夫也是一名挑貨員，但工作場地是麻雀角的亞馬遜倉庫，不過現在他也請假，原因是麻雀角倉庫的新冠病毒案例太多。

該公司對全球大流行疾病的第一反應，就是宣布為臨時工和約聘的送貨司機建立慈善基金，畢竟這些員工沒有健康保險，並鼓勵社會大眾熱心捐款，此舉引來眾人嘲諷。該公司也承諾給予確診新冠肺炎的員工兩週有薪假，至於為求謹慎而待在家的員工，亞馬遜則提供無薪假，這些員工不會因為缺席輪班而遭罰。仍然堅守工作崗位的員工，亞馬遜則主動提出臨時加薪，每小時加薪兩美元，並設置體溫偵測站和新冠肺炎檢測站，讓認真上班報到的員工可以檢查健康狀況，另外還發給他們口罩、乾洗手液和消毒用品。

赫克特・多雷茲看著科羅拉多州桑頓倉庫落實防疫措施的過程。某天倉庫來了一小組清潔工，身穿著猶如電影《魔鬼剋星》（*Ghostbusters*）的套裝。平時輪班剛開始時的團體伸展操如今已經取消，導致勞動工作變得更危機四伏，將箱子裝進卡車的工作現在也只能獨立作業，不能兩人一起行動，工作環境因而變得更危險。最讓赫克特不滿的是倉庫員工和亞馬遜總部員工的差別待遇，該公司准許甚至鼓勵總部員工居家辦公。由於倉庫的防護措施不足，於是他決定整個夏天都持續待在地下室。他已經好幾個月沒有抱抱太太和孩子，唯一陪伴他的就是家裡養的貓狗。「我們不坐在一起，也不一起做任何事。我猜我大概每天都暴露在病毒中吧。」他說。

然而新招聘的亞馬遜員工依舊陸續抵達。有幾個人跟他一樣擁有高技能工作背景：一人是前工業工程師、一人是前訴訟律師、另一人則是前房地產公司老闆。他說：「就我觀察，很多人只是沒有得選才來這裡，我們都是經濟難民。」許多員工的年紀都很輕，赫克特會特別找他們聊天，鼓勵他們儘早離開這裡。「時光飛逝，所以趁你來得及、還可以決定的時候，趕快離開這裡。」他對他們說。

來到法國的亞馬遜倉庫，在工會對安全措施提出的要求之下，倉庫不得不關閉數週，最後員工甚至爭取到減少十五分鐘的輪班時間，而且不會因此被扣錢，員工可利用這十五分鐘進行輪班交接，疏通擁擠人潮，確保安全社交距離。由於美國的亞馬遜倉庫沒有工會，不滿情緒開始蔓延。在貨運拖掛車內部倉庫攝影機拍攝不到的角落，塗鴉文字寫著「歡迎來到地獄」「貝佐斯去死」，員工更開始在線上祕密管道分享彼此的焦慮不滿。某些倉庫的員工甚至組織抗議活動，這意謂全球大流行疾病可能點燃工作場合社會運動的新紀元。

亞馬遜為了遏制諸如此類的造反情緒，開除了一名在史坦頓島大倉庫組織聯合罷工的員工，理由是她與感染員工接觸後沒有遵守自我隔離的規定，違反安全協議。兩名西雅圖總部職員挺身護航不滿抗議的倉庫員工，最後也遭到亞馬遜革職。

光是勞工運動還不足以遏制陣容堅強、勢力龐大的公司及其他產業大老，他們還需要聯邦政府採取行動。拜登的勝選顯示了這個年代的政治趨勢演進：民主黨員在富裕郊區獲得鐵票，同時在他們失去民心、票投川普的鄉村地帶和小鎮努力振作。民主黨員最不祥的預兆是，在該黨轉型成一個高等教育都會人士的支持黨派時，白人藍領族群對他們的支持逐漸瓦解，而這股趨勢也擴散至西語裔美國人和黑人族群。

現在就要看拜登總統在全新執政時期的作為了，也要看民主黨國會議員是否決定挑戰該黨派長久以來的科技業盟友，正視工人階級支持瓦解的問題，並且解決其背後的階級和區域極度不平等現象。某種程度上，民主黨慢慢成為中上流階級消費者及為該階級服務的包裝送貨員之黨派，要讓這樣的聯盟團結一致可是一大挑戰。

四月底，全球大流行疾病已延燒好幾個月，這代表無薪假即將用光的夏拉・梅爾頓的丈夫若想保住飯碗，就得回去工作，而她也需要早日下決定。她最近開始開優步計程車，於是考慮不回亞馬遜，繼續開優步，畢竟比起倉庫內部空調的高壓旋風持續打轉的空間，開計程車似乎更能控制新冠病毒的接觸機率，反正她要做的只有打開車窗、定時清潔消毒車內空間。「我不敢說我想回去亞馬遜，至少我覺得開優步比較自在。」她說。

夏拉和家人就住在巴爾的摩外圍，也是庫許納家族房地產公司擁有的眾多住宅其中一間，距離送貨卡車不小心撞死七歲小女孩的地方僅有二・四公里。與梅爾頓家相隔幾戶的一名年輕女性因為工作太操勞，背部痠痛難耐，最近決定不再為亞馬遜效力。該住宅區的居民似乎相繼成為亞馬遜員工，或者曾經在亞馬遜工作，彷彿這個住宅區也搖身一變為新興公司鎮，只是少了麻雀角的鋼鐵廠員工鎮以英文字母命名的街道，反而是名叫飛魚巷與潮水巷等名稱的環狀路和死巷。

勞動節這天，謠言流傳全國亞馬遜倉庫員工將舉辦聯合罷工，然而布隻寧高速公路的實現倉儲中心外頭卻鴉雀無聲，遼闊的停車場似乎停著比平時來得多的車輛，隔壁的分揀中心也毫無動靜。分揀中心的牆壁已重建完畢，目前半間分揀中心用來處理需求量大增的 Prime Now 生鮮雜貨和家用品速遞服務。

麻雀角倉庫外也不見勞動節的躁動。前一天，該公司宣布將會在麻雀角開設第二間倉庫，增加五百名員工，進行運動設備和家具等大型產品的包裝和運送作業。這棟新倉庫佇立於曾是鐵絲廠的位置，建築本體甚至更長，而馬里蘭州四千四百名新增員工中，其中一部分會是該倉庫的新員工。馬里蘭州原本已有一萬七千五百名職員，加入新員工後，該數字亦逼近世紀中葉麻雀角伯利恆鋼鐵的高峰期。

現存倉庫停車場的街道路牌寫著「錫廠路」，讓人想起美國的參戰年代，而且是真正的戰爭，並在短時間內成功於這個場址製造出上百艘船——海軍艦隊油船、攻擊運輸艦、礦砂船，另外也製造出數不清的裝甲板和槍管。而七十載後的今天，美國正苦苦掙扎著重建供應鏈，好為醫療工作者供應足夠的保護設備。

一個才剛繳交工作申請表的男人站在誠信短期人力資源公司應徵辦公室外，等待他叫的來福計程車（Lyft）送他回家。男人現年三十三歲，正準備應徵人生第一份正職工作，他成年後多半在巴爾的摩市中心西側的萊辛頓市場附近活動，靠販賣海洛因和吩坦尼的豐沃收入維生，可是目前正值大流行疾病時期，他實在很難靠販毒餬口：商店關門，他的老主顧無法行竊販賣贓物，維持吸毒習慣。「你想要偷也偷不了，什麼都做不了，這裡日子當真不好過，也沒有錢。」他說。

於是他來到這裡，接受彷彿所有人都決定踏上的道路。「我另一個兄弟說想當亞馬遜的司機，大家都擠破頭想進亞馬遜。」

他不確定光憑倉庫的微薄工資該如何撐過去，可是他別無選擇。「這裡真的很難熬，現在真的很不一樣。」他說。

「我得改變自己。」

致謝

這本書最早的概念可以回溯至十幾年前，但在二〇一七和一八年，我和經紀人蘿倫．夏普（Lauren Sharp）、編輯艾力克斯．史塔（Alex Star）交談過後，終於找到了這本書的主軸和架構。沒有他們的鼓勵和精闢判斷，這本書可能永遠不會成形。蕾奈特．克萊梅森（Lynett Clemetson）也是初期的主要推手，多虧她在二〇一七年邀請我前往密西根大學奈特—瓦勒斯獎學金課程授課，我才塑造出這本書中的各個論點。

要是一路上沒有大家的協助，單靠我一人是不可能研究這麼多資訊。西雅圖的金恩和芮尼．強森（Gene and Rainee Johnson）的熱情好客幫了我大忙，卡梅柯．湯瑪斯（Kameko Thomas）、費力克斯．古蘇（Felix Ngoussou）、蒂亞．揚恩（Tia Young）幫我介紹中區社群成員。另外我還要感謝瑪格麗特．歐瑪拉（Margaret O'Mara）、麥克．羅森伯格（Mike Rosenberg）、伊森．古德曼（Ethan Goodman）、蘿拉．洛伊（Laura Loe）、尼克．里卡塔（Nick Licata）、凱瑞．沐恩（Cary Moon）、麥克．麥金提供寶貴觀點。在俄亥俄州代頓探索方向時，二〇一八年與我共同製作代頓紀錄片的公共廣播電視公司《前線》合作夥伴也幫了我不少忙：南茜．格林（Nancy Guerin）、凡恩．羅伊可（Van Royko）、希曼．都坦（Shimon Dotan）、法蘭克．考甘恩（Frank Koughan）。在巴爾的摩，我主要向喬丹諾（J. M. Giordano）、比爾．貝瑞、德瑞克．雀斯（Derrick Chase）、連．辛德爾、馬克．羅伊特取經，了解麻雀角的背景脈絡，並且幫忙介紹當地居民。也多虧普若特圖書館（Enoch Pratt Free

Library）熱心館員提供協助。謝謝瓦勒莉・許在我為了這本書離開馬里蘭州之時，幫我扛下一場活動，協助報導。我也要感謝華盛頓哥倫比亞特區的馬克・穆羅（Mark Muro）、克萊拉・亨德里克森（Clara Hendrickson）、葛雷格・李羅伊（Greg LeRoy）、麥特・史托勒（Matt Stoller）、本・奇普雷（Ben Zipperer）、馬歇爾・史譚柏姆（Marshall Steinbaum），謝謝你們提供的珍貴指導。

這一路上，史丹佛大學麥考伊家庭社會倫理中心（McCoy Family Center for Ethics in Society）的鼎力支持幫了我一個大忙，感謝他們舉行了一場由瓊安・貝瑞（Joan Berry）主持的批評研討會，並邀請以下嘉賓：羅伯・瑞奇（Rob Reich）、艾莉森・麥克昆恩（Alison McQueen）、雷夫・維納爾（Leif Wenar）、蜜雪兒・安德森（Michelle Wilde Anderson）、莎拉・弗里西（Sarah Frisch）、芭芭拉・齊維亞特（Barbara Kiviat）、麥克・凱漢（Michael Kahan）、瑪麗耶潔・沙克（Marietje Schaake）、艾倫・佛里（Aaron Foley）、葛蘭斯・伯克（Garance Burke）、科林・安東尼（Collin Anthony）、黛安娜・亞奎雷拉（Diana Aguilera）。我也要為提供初稿意見的法蘭克林・福爾（Franklin Foer）、馬克・凡霍納克（Mark Vanhoenacker）、史黛西・米歇爾、納森・皮朋格（Nathan Pippenger）、亞當・普倫克特（Adam Plunkett）、西門・范・蘇倫—伍德（Simon Van Zuylen-Wood）、米亞・法拉奇（Mya Frazier）、小派瑞・貝肯（Perry Bacon Jr.）、艾威・澤尼爾曼（Avi Zenilman）、B. J.貝索爾（B.J. Bethel）、瑟斯・索爾斯（Seth Sawyers）致上感謝。尤其感謝幫我看最終稿的瑞秋・莫里斯（Rachel Morris）。

除了編輯艾力克斯・史塔的指導，這本書後期多虧有希拉蕊・麥可克雷倫（Hilary McClellen）一絲不苟的事實查證、蘇珊・凡赫克（Susan VanHecke）的審稿、伊恩・范・韋（Ian Van Wye）及凱莉・

謝（Carrie Hsieh）提供責任編輯協助。我近年來完成並在後來當作這本書根基的幾篇文章，很榮幸獲得熟練的編輯審稿，協助的人有賴瑞・羅伯茲（Larry Roberts）、尼克・華查瓦（Nick Varchaver）、查爾斯・赫曼斯（Charles Homans）、瑞秋・德瑞（Rachel Dry）、威林・戴維森（Wiling Davidson）、安妮・賀伯特（Ann Hulbert）。

我要感謝非營利新聞出版公司ProPublica的史蒂芬・恩傑爾伯格（Stephen Engelberg）和羅賓・菲爾德斯（Robin Fields），感激他們非但鼓勵我創作，還給我完成這本書的時間。我想要感謝我的母親英格麗・麥吉里斯（Ingrid MacGillis）、妹妹露西・麥吉里斯（Lucy MacGillis），因為她們我才對這塊土地產生深厚的情感連結，最後才能寫出這本書。我要謝謝巴爾的摩的家庭隊，謝謝我的兒子哈利和約翰、內人瑞秋・布拉許（Rachel Brash），在創作過程中當我最貼心體貼的好夥伴。最後，要不是有我父親長期以來立下的典範，我就不可能創作出這本書，衷心感謝記者唐納・麥吉里斯（Donald MacGillis）與世長辭前不久幫我看最後一次手稿。

"Amazon Scooped Up Data from Its Own Sellers to Launch Competing Products," *The Wall Street Journal*, April 23, 2020.

423 *the people who'd lost their Temple Courts homes*: Robert Samuels, "In District, Affordable Housing Plan Hasn't Delivered," *The Washington Post*, July 7, 2013.

加班：勞動節

424 discouraging *people from spending more money*: Dana Mattioli, "Amazon Retools with Unusual Goal: Get Shoppers to Buy Less Amid Coronavirus Pandemic," *The Wall Street Journal*, April 16, 2020.

425 *algorithms were . . . finding new ways to drive product makers*: Renee Dudley, "The Amazon Lockdown: How an Unforgiving Algorithm Drives Suppliers to Favor the E-Commerce Giant Over Other Retailers," *ProPublica*, April 26, 2020.

426 *25,000 retail stores were expected to go out of business*: Kim Bhasin, "As Many as 25,000 U.S. Stores May Close in 2020, Mostly in Malls," *Bloomberg*, June 9, 2020.

427 *sitting on a combined $557 billion in cash*: Mike Isaac, "The Economy Is Reeling. The Tech Giants Spy Opportunity," *The New York Times*, June 13, 2020.

428 *more than NASA's entire budget*: Christopher Mims, "Not Even a Pandemic Can Slow Down the Biggest Tech Giants," *The Wall Street Journal*, May 23, 2020.

429 "*the extreme divergence in the health of different types of companies*": Austan Goolsbee, "Big Companies Are Starting to Swallow the World," *The New York Times*, September 30, 2020.

430 "*Covid-19 . . . has injected Amazon with a growth hormone*": Daisuke Wakabayashi, Karen Weise, Jack Nicas, and Mike Isaac, "Lean Times, but Fat City for the Big 4 of High Tech," *The New York Times*, July 31, 2020.

431 *the company has . . . added more than 425,000 employees worldwide*: Karen Weise, "Pushed by Pandemic, Amazon Goes on a Hiring Spree Without Equal," *The New York Times*, November 27, 2020.

432 *places such as St. Louis and Detroit*: Jennifer Steinhauer and Pete Wells, "As Restaurants Remain Shuttered, American Cities Fear the Future," *The New York Times*, May 7, 2020.

433 *people who earned more than $28 per hour*: Eric Morath, Theo Francis, and Justin Baer, "Covid Economy Carves Deep Divide Between Haves and Have-Nots," *The Wall Street Journal*, October 6, 2020.

Prompts Housing Price Spikes in Northern Virginia, *Washington Post* Analysis Shows," *The Washington Post*, June 13, 2019.

410 *someone called her in five minutes begging*: Patricia Sullivan, "Area Residents, Not Amazon Newcomers, Are Fueling Northern Virginia Real Estate Frenzy, Agents Say," *The Washington Post*, August 26, 2019.

411 *Once the jobs arrived*: Steven Pearlstein, "Washington Won Its Piece of Amazon's HQ2. Now Comes the Hard Part," *The Washington Post*, November 12, 2018.

412 "*We want to be part of the solution*": Robert McCartney and Patricia Sullivan, "Amazon Says It Will Avoid a Housing Crunch with HQ2 by Planning Better Than It Did in Seattle," *The Washington Post*, May 3, 2019.

413 a*t least twenty-nine in Virginia*: Mya Frazier, "Amazon Is Getting a Good Deal in Ohio. Maybe Too Good," *Bloomberg Businessweek*, October 26, 2017.

414 *An environmental report had recently concluded*: Cassady Craighill, "Greenpeace Finds Amazon Breaking Commitment to Power Cloud with 100% Renewable Energy," Greenpeace, February 13, 2019, https://greenpeace.org/usa/news/greenpeace-finds-amazon-breaking-commitment-to-power-cloud-with-100-renewable-energy/.

415 *every $1 billion spent on data centers*: Mark P. Mills, "The 'New Energy Economy': An Exercise in Magical Thinking," Manhattan Institute, March 26, 2019, https://manhattan-institute.org/green-energy-revolution-near-impossible.

416 "*We will run out of energy on Earth*": Kenneth Chang, "Jeff Bezos Unveils Blue Origin's Vision for Space, and a Moon Lander," *The New York Times*, May 9, 2019.

417 *a "green" option for purchasing*: Matt Day, "Amazon Nixed 'Green' Shipping Proposal to Avoid Alienating Shoppers," *Bloomberg News*, March 5, 2020.

418 "*have created a form of private government*": Stacy Mitchell, "Amazon Is a Private Government. Congress Needs to Step Up," *The Atlantic*, August 10, 2020.

419 *a groundbreaking paper*: Lina M. Khan, "Amazon's Antitrust Paradox," *Yale Law Journal*, January 2017.

420 "*the characterization of Amazon as being a ruthless competitor*": *Frontline*, "Amazon Empire."

421 *an average of 27 cents on each dollar*: Karen Weise, "Prime Power: How Amazon Squeezes the Businesses Behind Its Store," *The New York Times*, December 12, 2019.

422 *reporting . . . would directly contradict Sutton's testimony*: Dana Mattioli,

Changes Made at Amazon Facility After News4 I-Team Investigation," WSMV, December 27, 2018, https://wsmv.com/news/safety-changes-made-at-amazon-facility-after-news4-i-team-investigation/article_6b20ed28-0a2d-11e9-ac15-ffd1e20911d0.html.

398 *crushed to death . . . in Plainfield, Indiana*: Will Evans, "Indiana Manipulated Report on Amazon Worker's Death to Lure HQ2, Investigation Says," *The Indianapolis Star*, November 25, 2019.

399 *to prevent a building from going up next to them*: J. David Goodman, "How Much Is a View Worth in Manhattan? Try $11 Million," *The New York Times*, July 22, 2019.

400 *suing to block a bike lane*: James Barron, "The People of Central Park West Want Their Parking Spaces (Sorry, Cyclists)," *The New York Times*, August 18, 2019.

401 *e-commerce deliveries to households*: Matthew Haag and Winnie Hu, "1.5 Million Packages a Day: The Internet Brings Chaos to New York Streets," *The New York Times*, October 27, 2019.

402 *The number of tech jobs overall in the city*: Haag, "Silicon Valley's Newest Rival: The Banks of the Hudson," *The New York Times*, January 5, 2020.

403 *house cleaner . . . stuck in the home's elevator*: Ben Yakas, "Woman Trapped in Upper East Side Townhouse Elevator for Three Days Doesn't Plan to Sue Billionaire Boss," *Gothamist*, January 29, 2019.

404 *it began keeping a secret log*: Jimmy Vielkind and Katie Honan, "The Missing Piece of Amazon's New York Debacle: It Kept a Burn Book," *The Wall Street Journal*, August 28, 2019.

405 "*Amazon's HQ2 could be a launching pad*": "Amazon's HQ2 Could Be a Launching Pad for a Bright Future for the D.C. Region," *The Washington Post*, November 13, 2018.

406 *emails showing the lengths to which Arlington officials had gone*: Joanne S. Lawton, "Partnership or Pandering?," *Washington Business Journal*, May 2, 2019.

407 "*We can be a resource*": *Frontline*, season 2020, episode 12, "Amazon Empire: The Rise and Reign of Jeff Bezos," aired February 18, 2020, on PBS, https://pbs.org/wgbh/frontline/film/amazon-empire/.

408 *it had created a map for Amazon*: Luke Mullins, "The Real Story of How Virginia Won Amazon's HQ2," *Washingtonian*, June 16, 2019.

409 *There were entire zip codes in Arlington and Alexandria*: Taylor Telford, Patricia Sullivan, Hannah Denham, and John D. Harden, "Amazon's HQ2

January 28, 2019.

384 *tensions at Howard University*: Tara Bahrampour, "Students Say Dog Walkers on Howard Campus Are Desecrating Hallowed Ground," *The Washington Post*, April 19, 2019.

385 *20,000 Black residents had been displaced*: Katherine Shaver, "D.C. Has the Highest 'Intensity' of Gentrification of Any U.S. City, Study Says," *The Washington Post*, March 19, 2019.

386 *Amazon could avoid liability*: Patricia Callahan, "The Deadly Race," *ProPublica*, September 5, 2019.

387 *Israel Espana Argote*: Christina Tkacik, "Israel Espana, Killed When Tornado Strikes Baltimore Amazon Facility, Remembered as Loyal Friend and Father," *The Baltimore Sun*, November 5, 2018; and Alexa Ashwell, "Tornado Victim Husband, Father of 3," WBFF, November 4, 2018, https://foxbaltimore.com/news/local/tornado-victim-husband-father-of-3.

388 "*Let's think he's not there*": Ashwell, "Tornado Victim."

389 *the same proportion of their employer's stock as Sears workers*: Robert B. Reich, "When Bosses Shared Their Profits," *The New York Times*, June 25, 2020.

390 "*Aren't you excited?* ": Abha Bhattarai, "Amazon Is Doling Out Raises of as Little as 25 Cents an Hour in What Employees Call 'Damage Control,'" *The Washington Post*, September 24, 2018.

391 *video-game contests*: Greg Bensinger, "'MissionRacer': How Amazon Turned the Tedium of Warehouse Work into a Game," *The Washington Post*, May 21, 2019.

392 *In Kentucky, an employee at an Amazon call center*: Benjamin Romano, "Fired Amazon Employee with Crohn's Disease Files Lawsuit over Lack of Bathroom Access," *The Seattle Times*, February 2, 2019.

393 *a group of Somali American workers*: Jessica Bruder, "Meet the Immigrants Who Took On Amazon," *Wired*, November 12, 2019.

394 *a study of twenty-three Amazon warehouses by the Center for Investigative Reporting*: Will Evans, "Behind the Smiles," Reveal, November 25, 2019, https://revealnews.org/article/behind-the-smiles/.

395 *another in-depth report*: "Packaging Pain: Workplace Injuries Inside Amazon's Empire," Amazon Packaging Pain, https://amazonpackagingpain.org/the-report.

396 *a heart attack in Joliet, Illinois*: Alicia Fabbre, "Amazon Employee Dies After Company Delays 9-1-1 Call," *The Chicago Tribune*, January 26, 2019.

397 *a heart attack . . . in Murfreesboro, Tennessee*: Lindsay Bramson, "Safety

370 *The April 2014 article in The Sun*: Natalie Sherman, "City Hopes Reclaimed Brick Will Pave Way to Jobs, Sustainability," *The Baltimore Sun*, April 24, 2014.

371 *cost . . . more per house than a regular demo*: Scott Calvert, "Brick by Brick, Baltimore's Blighted Houses Get a New Life," *The Wall Street Journal*, April 5, 2019.

372 *a sixty-nine-year-old man . . . had been crushed*: Tim Prudente, "When Vacant House Fell in West Baltimore, a Retiree Was Crushed in His Prized Cadillac," *The Baltimore Sun*, March 30, 2016.

373 *Rondell Street . . . shot to death*: Prudente, "Two Men, One Heart: Transplant Links Baltimore Homicide Victim to Western Maryland Retiree," *The Baltimore Sun*, December 28, 2018.

374 *Amazon's Ring doorbell cameras*: Kevin Rector, "'Virtual Neighborhood Watch': Baltimore Faith Group Building Surveillance Network with Help from Amazon Ring," *The Baltimore Sun*, August 21, 2019.

375 *Baltimore had put in its own bid*: Ian Duncan, "Baltimore Unveils Failed Bid to Lure Amazon Headquarters," *The Baltimore Sun*, February 14, 2018.

376 *median incomes had risen by nearly 10 percent*: Tara Bahrampour, "Household Incomes in the District Rise Dramatically in 2017," *The Washington Post*, September 13, 2018.

377 *in Arlington, Virginia, the rate was even higher*: Justin Fox, "Where the Educated Millennials Congregate," *Bloomberg Opinion*, May 22, 2019.

378 *a Hot Wheels collection worth $1.5 million*: *Washingtonian*, April 2019.

379 *condo units in former suburban office parks*: Katherine Shaver, "Looking for 'City' Living in the Suburbs? Some Are Finding It in Aging Office Parks," *The Washington Post*, August 5, 2017.

380 *three times that for Black households*: Andre Giambrone, "Census: In D.C., Black Median Income Is Now Less Than a Third of White Median Income," *Washington City Paper*, September 15, 2017.

381 *one of the worst levels of racial disparity*: Gillian B. White, "In D.C., White Families Are on Average 81 Times Richer Than Black Ones," *The Atlantic*, November 26, 2016.

382 *The unemployment rate was six times higher for Black residents*: Marissa J. Lang, "The District's Economy Is Booming, but Many Black Washingtonians Have Been Left Out, Study Finds," *The Washington Post*, February 11, 2020.

383 *a youth boxing club*: Alan Neuhauser, "This D.C. Corridor Has Flourished. A Boxing Gym for Its Youth Is Battling for Its Life," *The Washington Post*,

Journal, October 3, 2018.

356 *the market valuation of Amazon*: Scott Galloway, "Silicon Valley's Tax-Avoiding, Job-Killing, Soul-Sucking Machine," *Esquire*, February 8, 2018.

357 *more major malls died in Ohio*: Esther Fung, "The Internet Isn't Killing Shopping Malls—Other Malls Are," *The Wall Street Journal*, April 18, 2017.

358 "*It's not stores that are dying*": Scott Galloway, *The Four: The Hidden DNA of Amazon, Apple, Facebook, and Google* (New York: Random House, 2017), 41.

359 *the astonishing rise in mortality*: Gina Kolata and Sabrina Tavernise, "It's Not Just Poor White People Driving a Decline in Life Expectancy," *The New York Times*, November 26, 2019.

360 *death rates for white people*: Betsy McKay, "Death Rates Rising for Young, Middle-Aged U.S. Adults," *The Wall Street Journal*, July 23, 2019.

361 *His friend from high school who had fallen into opioid addiction*: Alec MacGillis, "The Last Shot," *ProPublica*, June 27, 2017.

362 *a major annual survey of five thousand shoppers by UPS*: Laura Stevens, "Survey Shows Rapid Growth in Online Shopping," *The Wall Street Journal*, June 8, 2016.

363 *online sales would rise . . . more than thirtyfold*: Austan Goolsbee, "Never Mind the Internet. Here's What's Killing Malls," *The New York Times*, February 13, 2020.-

364 *Nearly all the unions had . . . sided with Edwards*: Alec MacGillis, "Why the Perfect Red-State Democrat Lost," *The New York Times*, November 16, 2018.

365 *no other occupation had shrunk more*: Andrew Van Dam, "If That Was a Retail Apocalypse, Then Where Are the Refugees?," *The Washington Post*, November 22, 2019.

366 *about 76,000 per year*: Galloway, *The Four*, 50.

367 *about half of all retail openings . . . were dollar stores and discount grocers*: Alec Mac-Gillis, "The True Cost of Dollar Stores," *The New Yorker*, June 29, 2020.

368 *more than 500,000 loads on many days*: Paul Page, "Truck Orders Soaring on Growing Freight Demand," *The Wall Street Journal*, June 5, 2018.

369 *one of the most dangerous positions*: Heather Long, "America's Severe Trucker Short-age Could Undermine the Prosperous Economy," *The Washington Post*, June 28, 2018.

第九章　運送：六十四公里的巨大落差

for Ailing Department Stores: Blow Up the Model," *The Wall Street Journal*, June 1, 2018.

341 *the book he read on Bobby Kennedy*: Thurston Clarke, *The Last Campaign: Robert F. Kennedy and 82 Days That Inspired America* (New York: Henry Holt, 2008).

342 "*Yes, it's tough to donate your resources*": Cohen, *Doing a Good Business*, 88.

343 *Elder-Beerman had grown from its grand store*: "Elder-Beerman Agrees to Be Bought by Bon-Ton," *Toledo Blade*, September 17, 2003.

344 *large cities like San Francisco, Boston, and New York*: Hendrickson, Muro, and Galston, "Left-Behind Places."

345 *just twenty counties accounted for half*: William A. Galston, "Why Cities Boom While Towns Struggle," *The Wall Street Journal*, March 13, 2018.

346 *More than 44 percent of all digital-services jobs*: Jack Nicas and Karen Weise, "Chase for Talent Pushes Tech Giants Far Beyond West Coast," *The New York Times*, December 13, 2018.

347 *a mere 1 percent of the country's job and population growth*: Monica Potts, "In the Land of Self-Defeat," *The New York Times*, October 4, 2019.

348 *A report by McKinsey Global Institute*: "The Future of Work in America: People and Places, Today and Tomorrow," McKinsey Global Institute, July 11, 2019, https://mckinsey.com/featured-insights/future-of-work/the-future-of-work-in-america-people-and-places-today-and-tomorrow#.

349 *Trump won 61 percent of rural voters*: Eduardo Porter, "Why Big Cities Thrive, and Smaller Ones Are Being Left Behind," *The New York Times*, October 10, 2017.

350 "*Maybe . . . they'll keep voting against their own interests*": Frank Rich, "No Sympathy for the Hillbilly," *New York*, March 2017.

351 *fewer than 10 percent of Americans moved that year*: Sabrina Tavernise, "Frozen in Place: Americans Are Moving at the Lowest Rate on Record," *The New York Times*, November 20, 2019.

352 *The calls ran the gamut*: Mya Frazier, "Amazon Is Getting a Good Deal in Ohio. Maybe Too Good," *Bloomberg Businessweek*, October 26, 2017.

353 *The basic social compact*: Frazier, "Amazon Is Getting a Good Deal."

354 *Twinsburg added a . . . tax exemption*: Michelle Jarboe, "Amazon.com Project in Twinsburg Gets Approval for State Job-Creation Tax Credit," *Cleveland Plain Dealer*, May 23, 2016.

355 *mall vacancies would reach their highest level*: Esther Fung, "Shopping-Mall Vacancies Are Highest in Seven Years After Big-Box Closings," *The Wall Street*

Tides Lift All Prices? Income Inequality and Housing Affordability," National Bureau of Economic Research Working Paper 12331, June 2006, https://nber.org/papers/w12331.pdf.

328 *what two British researchers found in 2019*: Richard Florida, "The Benefits of High-Tech Job Growth Don't Trickle Down," *Bloomberg CityLab*, August 8, 2019.

329 "*Racial toleration is meaningless*": Quintard Taylor, *The Forging of a Black Community: Seattle's Central District from 1870 Through the Civil Rights Era* (Seattle: University of Washington Press, 1994), 239.

330 "*Welcome to what we now call sacred ground*": Ann Dornfield, "A Bold Plan to Keep Black Residents in Seattle's Central District," KUOW, July 14, 2017, https://kuow.org/stories/a-bold-plan-to-keep-black-residents-in-seattle-s-central-district.

第八章　孤立：美國小鎮的危機

331 *Bill Brooks had sold it in 1958*: John Case, "Sole Survivor," *Inc*., June 1, 1994.

332 *John's son Mike had entered the shoe industry, too*: Case.

333 *double what Rocky's workers were making in Puerto Rico*: Rita Price, "It All Changes," *The Columbus Dispatch*, April 29, 2002.

334 *Brooks called a meeting*: Nick Claussen, "Boot Factory to Leave Nelsonville for Puerto Rico, Lay Off 67," *Athens News*, September 20, 2001.

335 *about 160 jobs total*: Claussen, "County Hit Hard by Recent Closings, Layoffs," *Athens News*, October 11, 2001.

336 *The last pair of boots*: Rita Price, "Rocky Clocks Out," *Columbus Dispatch*, April 28, 2002.

337 *were made elsewhere, mostly in China*: Nelson D. Schwartz and Sapna Maheshwari, "'Catastrophic,' 'Cataclysmic': Trump's Tariff Threat Has Retailers Sounding Alarm," *The New York Times*, June 16, 2019.

338 *Rural areas and towns with populations under 50,000*: Clara Hendrickson, Mark Muro, and William A. Galston, "Countering the Geography of Discontent: Strategies for Left-Behind Places," Brookings Institution, November 2018, https://brookings.edu/research/countering-the-geography-of-discontent-strategies-for-left-behind-places/.

339 *a shopper once called Robert Lazarus*: Bob Greene, "When Retailing Was Very Personal," *The Wall Street Journal*, December 17, 2018.

340 *the average visit . . . lasted two hours*: Suzanne Kapner, "Bon-Ton Scion's Fix

for 'Tax Amazon' Rally," *The Seattle Times*, April 11, 2018.

314 "*We remain very apprehensive*": Nick Wingfield, "Seattle Scales Back Tax in Face of Amazon's Revolt, but Tensions Linger," *The Seattle Times*, May 14, 2018.

315 *a $350,000 operation . . . requisite 17,632 petition signatures*: Beekman, "Amazon, Star bucks Pledge $25,000 Each to Campaign for Referendum on Seattle Head Tax," *The Seattle Times*, May 23, 2018.

316 *Recordings caught signature gatherers*: Alana Samuels, "How Amazon Helped Kill a Seattle Tax on Business," *The Atlantic*, June 13, 2018.

317 "*The city does not have a revenue problem*": Wingfield, "Seattle Scales Back Tax."

318 "*That did not feel like Seattle*": Vianna Davila, "Fury, Frustration Erupt over Seattle's Proposed Head Tax for Homelessness Services," *The Seattle Times*, May 4, 2018.

319 *San Francisco, where 5,000 homeless lived on the streets*: "How to Cut Homelessness in the World's Priciest Cities," *The Economist*, December 18, 2019.

320 *ruling by the state court of appeals*: Beekman, "State Court of Appeals Rules Seattle's Wealth Tax Is Unconstitutional, but Gives Cities New Leeway," *The Seattle Times*, July 16, 2019.

321 "*It made the election . . . about Amazon*": Beekman, "Egan Orion Concedes to Kshama Sawant in Seattle City Council Race, Cites Amazon Spending," *The Seattle Times*, November 12, 2019.

322 "*It looks like our movement*": Beekman.

323 *demographers were predicting it would be below 10 percent*: Balk, "Historically Black Central District Could Be Less Than 10% Black in a Decade," *The Seattle Times*, May 26, 2015.

324 *Amazon's professional, salaried workforce*: Jay Greene, "Amazon Far More Diverse at Warehouses Than in Professional Ranks," *The Seattle Times*, August 14, 2015.

325 *more than one-quarter Black and not a single member of . . . "S-Team"*: Karen Weise, "Amazon Workers Urge Bezos to Match His Words on Race with Actions," *The New York Times*, June 24, 2020.

326 *ninth-lowest median income for Black households and rate of Black homeownership*: Gene Balk, "As Seattle Gets Richer, the City's Black Households Get Poorer," *The Seattle Times*, November 12, 2014.

327 "*In tight housing markets*": Janna L. Matlack and Jacob L. Vigdor, "Do Rising

163.

299 *The housing market . . . was "straight-up crazy"*: Mike Rosenberg, "Seattle's Median Home Price Hits Record: $700,000, Double 5 Years Ago," *The Seattle Times*, April 6, 2017.

300 *the $1 million threshold for a median home sale*: Mike Rosenberg, "No Escape for Priced-Out Seattleites: Home Prices Set Record for an Hour's Drive in Every Direction," *The Seattle Times*, June 6, 2017.

301 *third-largest homeless population*: Vernal Coleman, "King County Homeless Population Third-Largest in U.S.," *The Seattle Times*, December 7, 2017.

302 *The number of homeless kids*: Zachary DeWolf, "For Seattle's Homeless Students, a Lack of Housing Is Just the Beginning," *The Seattle Times*, May 25, 2018.

303 *more homeless people had died*: Coleman, "Deaths Among King County's Homeless Reach New High amid Growing Crisis," *The Seattle Times*, December 30, 2017.

304 *first income tax passed*: Daniel Beekman, "Seattle City Council Approves Income Tax on the Rich, but Quick Legal Challenge Likely," *The Seattle Times*, July 10, 2017.

305 *urging its engineers to teach computer science classes*: Nick Wingfield, "Fostering Tech Talents in Schools," *The New York Times*, September 30, 2012.

306 *a tenth of a percent of his net worth*: Robert Frank, "At Last, Jeff Bezos Offers a Hint of His Philanthropic Plans," *The New York Times*, June 15, 2017.

307 *an "overriding corporate obsession"* : Franklin Foer, *World Without Mind* (New York: Penguin, 2017), 196.

308 *misleading business cards*: Brad Stone, *The Everything Store: Jeff Bezos and the Age of Amazon* (New York: Little, Brown, 2013), 290–291.

309 *close its only warehouse in Texas*: Karen Weise, Manny Fernandez, and John Eligon, "Amazon's Hard Bargain Extends Far Beyond New York," *The New York Times*, March 13, 2019.

310 *the company had even created a secret internal goal*: Shayndi Raice and Dana Mattioli, "Amazon Sought $1 Billion in Incentives on Top of Lures for HQ2," *The Wall Street Journal*, January 16, 2020.

311 *zero corporate income taxes*: Christopher Ingraham, "Amazon Paid No Federal Taxes on $11.2 Billion in Profits Last Year," *The Washington Post*, February 16, 2019.

312 *an effective tax rate of 3 percent*: Ingraham.

313 "*I don't agree with them*": Beekman, "Tech Giant's Seattle Campus a Backdrop

285 *monthly fee on all ratepayers*: Frazier, "Amazon Isn't Paying."

286 *Amazon filed a seventy-eight-page application*: Frazier.

287 "*Bezos . . . adamantly refuses to consider slowing*": Duhigg, "Is Amazon Unstoppable?"

288 *A survey done in June and July of 2018*: Kaitlyn Tiffany, "In Amazon We Trust—but Why?," Vox, October 25, 2018, https://vox.com/the-goods/2018/10/25/18022956/amazon-trust-survey-american-institutions-ranked-georgetown.

289 *its spending on TV ads would swell*: Suzanne Vranica, "Amazon Seizes TV's Biggest Stage, After Shunning Mass-Market Ads," *The Wall Street Journal*, January 30, 2019.

290 "*an act of corporate citizenship*": Ross Douthat, "Meet Me in St. Louis, Bezos," *The New York Times*, September 16, 2017.

291 "*Nowhere did Amazon say*": Scott Shane, "Prime Mover: How Amazon Wove Itself into the Life of an American City," *The New York Times*, November 30, 2019.

292 *capital spending by Amazon, Microsoft, Google, and Facebook*: Dan Gallagher, "Hey, Big Spender: Tech Cash Will Keep Flowing," *The Wall Street Journal*, February 11, 2019.

293 *data-center scrap recycling*: Riahnnon Hoyle, "Cloud Computing Is Here. Cloud Recycling Is Next," *The Wall Street Journal*, July 29, 2019.

294 *the suitor had ordered contenders to keep negotiations confidential*: Julie Creswell, "Cities' Offers for Amazon Base Are Secrets Even to Many City Leaders," *The New York Times*, August 5, 2018.

295 *visits to inspect the sites*: Laura Stevens, Shibani Mahtani, and Shayndi Raice, "Rules of Engagement: How Cities Are Courting Amazon's New Headquarters," *The Wall Street Journal*, April 2, 2018.

296 *bidders grasped at any clues*: Karen Weise, "The Mystery of Amazon HQ2 Has Finalists Seeing Clues Everywhere," *The New York Times*, September 7, 2018.

第七章　庇護：企業的納稅義務與社會責任

297 *The poorest households in the state*: Gene Balk, "Seattle Taxes Ranked Most Unfair in Washington—a State Among the Harshest on the Poor Nationwide," *The Seattle Times*, April 13, 2018.

298 "*an extreme idea of the right to make money*": Anand Giridharadas, *Winners Take All: The Elite Charade of Changing the World* (New York: Knopf, 2018),

https://cnbc.com/2018/02/01/aws-earnings-q4-2017.html.

268 *"one of the most feature-full and disruptive technology platforms"*: Orban, *Ahead in the Cloud*, xxv.

269 *"I see parallels in Amazon's behavior"*: Rana Foroohar, "Amazon's Pricing Tactic Is a Trap for Buyers and Sellers Alike," *Financial Times*, September 2, 2018.

270 *more than 9 million square feet*: Jonathan O'Connell, "Loudoun Rivals Silicon Valley for Data Centers," *The Washington Post*, October 28, 2013.

271 *projecting a 40 percent increase*: D. J. O'Brien, "Region Likely to See Continued Growth in Data Center Industry," *The Washington Post*, September 6, 2013.

272 *as much energy as 5,000 homes*: Lori Aratani, "Greenpeace Report: Amazon Is Wavering on Its Commitment to Renewable Energy," *The Washington Post*, February 14, 2019.

273 *not a single square foot of traditional office space*: O'Connell, "Data Centers Boom in Loudoun County, but Jobs Aren't Following," *The Washington Post*, January 17, 2014.

274 *more than $1 million per acre*: "The Godfather of Data Center Alley," *InterGlobix* 1, no. 1, 2019.

275 *"I'm not overstating things"*: "The Godfather of Data Center Alley."

276 *no zoning rules for data centers*: Olivo, "As Data Centers Bloom."

277 *completely detached its fate*: "From Akron to Zanesville: How Are Ohio's Small and Mid-Sized Cities Faring?," Greater Ohio Policy Center, June 2016.

278 *when Amazon chose Ohio*: Mark Williams, "Amazon's Central Ohio Data Centers Now Open," *The Columbus Dispatch*, October 18, 2016.

279 *"I love that they don't come"*: Orban, *Ahead in the Cloud*, 7.

280 *created out of the soybean fields*: Emily Steel, Steve Eder, Sapna Maheshwari, and Mat thew Goldstein, "How Jeffrey Epstein Used the Billionaire Behind Victoria's Secret for Wealth and Women," *The New York Times*, July 25, 2019.

281 *sales tax exemption . . . worth $77 million*: Mya Frazier, "Amazon Isn't Paying Its Electric Bills. You Might Be," *Bloomberg Businessweek*, August 20, 2018.

282 *"the mirror of our identities"*: Blum, *Tubes*, 229.

283 *who was behind the 500,000-square-foot data center*: O'Connell, "Data Centers Boom."

284 *Dominion had enormous sway*: Jacob Geiger, "Dominion Wields Influence with Political Contributions, Charitable Donations," *Richmond Times-Dispatch*, February 14, 2015.

Online Retail Giant Is Trying to Help Itself, Not Consumers," *The Washington Post*, October 1, 2019.

256 *It was making a 20 percent margin*: Dan Gallagher, "Why Amazon Needs Others to Keep Selling," *The Wall Street Journal*, April 11, 2019.

257 *the number of third-party vendors . . . jumped by two-thirds*: Karen Weise, "Prime Power: How Amazon Squeezes the Businesses Behind Its Store," *The New York Times*, December 19, 2019.

258 *Amazon's cut of third-party sales*: Shira Ovide, "How Amazon's Bottomless Appetite Became Corporate America's Nightmare," *Bloomberg Businessweek*, March 14, 2018.

259 *a quarter of all retail shopping now took place in independent stores*: James Kwak, "The End of Small Business," *The Washington Post*, July 9, 2020.

260 *600 million items for sale*: Franklin Foer, "Jeff Bezos's Master Plan," *The Atlantic*, November 2019.

261 *Amazon was allowing its third-party sellers . . . to sell countless counterfeit goods*: Justin Scheck, Jon Emont, and Alexandra Berzon, "Amazon Sells Clothes from Factories Other Retailers Blacklist," *The Wall Street Journal*, October 23, 2019.

第六章　電力：疑雲重重的數據中心

262 *among those to make a purchase was one Livinia Blackburn Johnson*: Antonio Olivo, "As Data Centers Bloom, a Century-Old African American Enclave Is Threatened," *The Washington Post*, July 2, 2017.

263 *we were creating 2.5 quintillion bytes of data every day*: Bernard Marr, "How Much Data Do We Create Every Day? The Mind-Blowing Stats Everyone Should Read," *Forbes*, May 21, 2018.

264 *a group of internet providers met*: Andrew Blum, *Tubes: A Journey to the Center of the Internet* (New York: Ecco, 2013), 59–60.

265 "*We don't comment on any project*": Amy Joyce, "DataPort Plans Virginia 'Super-Hub'; Firm Close to Deal for 200-Acre Prince William Campus," *The Washington Post*, July 15, 2000.

266 *spared the cost . . . running their own servers*: Stephen Orban, *Ahead in the Cloud: Best Practices for Navigating the Future of Enterprise IT* (North Charleston, SC: Create-Space, 2018), 3.

267 *while bringing in more than $17 billion in revenue*: Jordan Novet, "Amazon Cloud Revenue Jumps 45 Percent in Fourth Quarter," CNBC, February 1, 2018,

241 *remaking it as a hub for logistics*: Tom Maloney and Heater Perlberg, "Businesses Flock to Baltimore Wasteland in Epic Turnaround Tale," *Bloomberg Businessweek*, August 8, 2019.

242 *largest of the . . . cleanup sites*: Rona Kobell, "New Ownership All Fired Up to Raise Sparrows Point from the Ashes," *Bay Journal*, December 2014.

243 "*There is little public opinion with regard to the perils of a steel mill*": Reutter, *Sparrows Point*, 54.

第五章　服務：在地產業的戰役

244 *desire to serve in Washington*: Charles S. Clark, "GSA Acquisition Officer Bound for White House Role," *Government Executive*, May 9, 2014.

245 *paper jams in a mail-inserting machine*: Jan Murphy, "Welfare Renewals Take a Wrong Turn," *Patriot News*, August 26, 2008.

246 "*Don't break the rules*": Clark, "White House Procurement Chief Wants Acquisition SWAT Team," *Government Executive*, April 24, 2015.

247 "*I'm personally proud of this work*": Anne Rung, "Transforming the Federal Marketplace, Two Years In," States News Service, September 30, 2016.

248 *the cooperative . . . didn't even bother to bid*: Stacy Mitchell and Olive LaVecchia, "Amazon's Next Frontier: Your City's Purchasing," Institute for Local Self-Reliance, July 10, 2018.

249 "*Are you looking for just the platform*": Mitchell and LaVecchia.

250 *Amazon set about approaching school districts*: Mitchell and LaVecchia.

251 "*With this strategy . . . Amazon is following an approach*": Mitchell and LeVecchia.

252 *The amendment also enabled government-wide use*: David Dayen, "The 'Amazon Amendment' Would Effectively Hand Government Purchasing Power Over to Amazon," *The Intercept*, November 2, 2017, https://theintercept.com/2017/11/02/amazon-amendment-online-marketplaces/.

253 *Rung had arranged a meeting in Seattle*: Stephanie Kirchgaessner, "Top Amazon Boss Privately Advised US Government on Web Portal Worth Billions to Tech Firm," *The Guardian*, December 26, 2018.

254 *Sellers are blocked from building relationships*: Jason Del Rey, "An Amazon Revolt Could Be Brewing as the Tech Giant Exerts More Control over Brands," Vox, November 29, 2018, https://vox.com/2018/11/29/18023132/amazon-brand-policy-changes-marketplace-control-one-vendor.

255 *more than 30 cents of every dollar spent*: Jay Greene, "Amazon Sellers Say

223 *thirteen weeks off every five years*: "What Would You Do with 13 Weeks of Paid Vaca tion?," *Baltimore News-American*, March 27, 1966.

224 *"past practices" clause in their contract*: Strohmeyer, *Crisis in Bethlehem*, 65, 192, 232.

225 *bureaucratic bloat and empire-building*: Strohmeyer, 142.

226 *global tour in the corporate jet*: Reutter, *Sparrows Point*, 433.

227 *$1 million severance packages*: Rudacille, *Roots of Steel*, 192.

228 *vacation retreat in upstate New York*: Strohmeyer, *Crisis in Bethlehem*, 33.

229 *Drug and alcohol use*: Rudacille, *Roots of Steel*, 200.

230 "*This was a city on the hill*": Pamela Wood, "Sign of the Times: Sparrows Point Blast Furnace Demolished," *The Baltimore Sun*, January 28, 2015.

231 *The GM jobs on Broening Highway*: Stacy Hirsh, "Broening GM Plant to Close May 13," *The Baltimore Sun*, February 9, 2005.

232 *showering the company with incentives*: Natalie Sherman, "Amazon Hiring Outpaces Projects," *The Baltimore Sun*, July 30, 2015.

233 *the Advils that Amazon provided in vending machines*: Heather Long, "Amazon's $15 Minimum Wage Doesn't End Debate over Whether It's Creating Good Jobs," *The Washington Post*, October 5, 2018.

234 *making their own existence more robotic*: Noam Scheiber, "Inside an Amazon Ware house, Robots' Ways Rub Off on Humans," *The New York Times*, July 3, 2019.

235 *two patents for a wristband*: Ceyland Yeginsu, "If Workers Slack Off, a Wristband Will Know. (And Amazon Has a Patent For It.)," *The New York Times*, February 1, 2018.

236 *on the verge of building a new rail transit line*: Alec MacGillis, "The Third Rail," *Places Journal*, March 2016.

237 *fired by an algorithm*: Colin Lecher, "How Amazon Automatically Tracks and Fires Warehouse Workers for 'Productivity,'" The Verge, April 25, 2019, https://theverge.com/2019/4/25/18516004/amazon-warehouse-fulfillment-centers-productivity-firing-terminations.

238 *somewhat higher-skilled jobs*: "What Amazon Does to Wages," *The Economist*, January 20, 2018.

239 *the CamperForce of retirees*: Jessica Bruder, *Nomadland: Surviving America in the Twenty-First Century* (New York: W. W. Norton, 2017).

240 *almost designed to isolate employees*: Emily Guendelsberger, *On the Clock: What Low Wage Work Did to Me and How It Drives America Insane* (New York: Little, Brown, 2019), 52.

American, May 1979.

195 *Locals called it "gold dust"* : Ahlers, "Plant Soot."

196 *the town was . . . shrinking to make room*: Spencer Davidson, "'Point' to Raze Homes of 187 Families," *The Baltimore Evening Sun*, November 21, 1951.

197 *Edmondson Village*: Antero Pietila, *Not in My Neighborhood: How Bigotry Shaped a Great American City* (Chicago: Ivan R. Dee, 2010) 159–165.

198 *Gwynns Falls Elementary*: Pietila, 122.

199 *The bathrooms were still segregated*: Rudacille, *Roots of Steel*, 19, 29.

200 *Work was segregated, too*: Rudacille, 43–44.

201 *Black employees now worked as crane operators*: Diggs, *From the Meadows*, 207.

202 *only one Black electrician*: Rudacille, *Roots of Steel*, 153.

203 *refusal to promote Charlie Parrish*: Reutter, *Sparrows Point*, 346–352.

204 *two workers marched into . . . the Congress of Racial Equality*: Rudacille, *Roots of Steel*, 148–151.

205 *The pressure worked, to a degree*: Rudacille, 152–154.

206 *The U.S. Department of Justice settled discrimination suits*: Rudacille, 155–157.

207 *still plenty of resistance*: Rudacille, 163.

208 "*There was no welfare*": Diggs, *From the Meadows*, 217.

209 *There had been precious few innovations*: Reutter, *Sparrows Point, 266–275.*

210 *men with "good physique"* : Carol Loomis, "The Sinking of Bethlehem Steel," *Fortune*, April 5, 2004.

211 *The board would sit in silence*: Loomis.

212 "*hallways were lined with gold*": Strohmeyer, *Crisis in Bethlehem*, 29–32.

213 *a tempting target for upstart rivals*: Strohmeyer, 101.

214 *U.S. imports of steel surged*: Rudacille, *Roots of Steel*, 186.

215 *the costs of the pollution*: Reutter, *Sparrows Point*, 400.

216 *forbidden even to dip her toe*: Rudacille, *Roots of Steel,* 128.

217 *The last vestiges had been cleared*: "Company Town Is Being Leveled," *The Baltimore Sun*, March 22, 1974.

218 *there were twelve fatal accidents*: Bowden, "Inside Sparrows Point."

219 *membership at Local 2610*: Rudacille, *Roots of Steel*, 196.

220 *The cutbacks had started for real*: Lorraine Branham, "1,020 Are Laid Off at Bethle hem," *The Baltimore Sun*, March 29, 1982.

221 *major wage concessions in 1983 and 1986*: Branham, "Workers Here Angry, Resigned," *The Baltimore Sun*, March 21, 1983.

222 *15 percent of the global total*: Reutter, *Sparrows Point*, 12.

167 *the extraordinary benefits of this wartime expansion*: Reutter, 303–309.

168 *more than five hundred ships*: "Decline in Shipbuilding Hits Labor and Industry," *The Baltimore Evening Sun*, March 5, 1947.

169 *the war was giving new purpose*: Reutter, *Sparrows Point*, 311.

170 *an "artistry" to steelmaking*: John Strohmeyer, *Crisis in Bethlehem: Big Steel's Struggle to Survive* (Pittsburgh: University of Pittsburgh Press, 1994), 37.

171 *some of the astonishing metrics*: Reutter, *Sparrows Point*, 321.

172 "*he invited the rain of metal*": *The Baltimore Sun*, September 10, 1944.

173 *honorary citizen of the city: Baltimore*, May 1941.

174 *Detroit's demand for flat-rolled steel*: Reutter, *Sparrows Point*, 329.

175 *the General Motors plant . . . on Broening Highway*: Reutter, 160.

176 *Bethlehem Steel company heaped capital into the peninsula*: "Bethlehem Steel Plans $30,000,000 Expansion of Sparrows Point Plant," *The Baltimore Sun*, January 27, 1950.

177 *as far as Chile and Venezuela*: Carrol E. Williams, "Local Steel Plant to Import Vene zuelan Iron Ore in 1948," *The Baltimore Sun*, February 28, 1947.

178 *larger than that of . . . Germany*: Reutter, *Sparrows Point*, 382.

179 *When Arthur Vogel arrived*: "Life at the Point," *The Baltimore Sun Magazine*, September 5, 1982.

180 *boost in hourly wages*: Reutter, *Sparrows Point*, 329.

181 *first private-sector pension*: Reutter, 359.

182 *strike in 1959*: Strohmeyer, *Crisis in Bethlehem*, 64.

183 *something less tangible*: Reutter, *Sparrows Point*, 346.

184 "*the greatest show on earth*": Reutter, 397.

185 *uric whiff of its origins*: Reutter, *Sparrows Point*, 338.

186 *the Point's pistol range*: John Ahlers, "Plant Soot Called 'Gold Dust,' It Means People Are Working," *The Baltimore Evening Sun*, November 12, 1951.

187 *$2 million per year . . . in local taxes*: "Bethlehem Pays $2 Million in County Taxes," *The Baltimore Evening Sun*, January 31, 1956.

188 *high school commencements*: Rudacille, *Roots of Steel*, 102.

189 *The North Side had its own commercial cluster*: Diggs, *From the Meadows*, 228.

190 *shop on the south side*: Diggs, 214.

191 *the Black school on the Point*: Niederling, "Slow Death."

192 *Racist taunts sometimes arose*: Diggs, *From the Meadows*, 209.

193 *nostalgia for the togetherness*: Diggs, 211.

194 "*this ashen red pall*": Mark Bowden, "Inside Sparrows Point," *Baltimore News-*

139 *first kindergarten south of the Mason-Dixon Line*: Mary Sue Fielding, "Sparrows Point Was Once a Community of Handsome Farms," *The Union News*, September 10, 1937.

140 *the state's first home-ec courses: Real Stories from Baltimore County History* (Hatboro, PA: Tradition Press, 1967), 209–210.

141 *many saloons that sprang up*: Rudacille, *Roots of Steel*, 34.

142 *the extent of the peril*: Rudacille, 36–37.

143 *"accident expense account"*: Reutter, *Sparrows Point*, 53.

144 *It was called Dolores*: Reutter, 188.

145 *"only work in a union-free atmosphere"*: Reutter, 46–49.

146 *by supplying the war machine*: Reutter, 115–123.

147 *Sparrows Point expanded rapidly*: Reutter, 127–131.

148 *Bethlehem seized on new markets*: Reutter, 155–158.

149 *the so-called tin floppers*: Reutter, 360–378.

150 *the average worker was making $2,000 per year*: Reutter, *Sparrows Point*, 142.

151 "*our own labor unions*": Reutter, 149.

152 "*be a glutton for work":* Charles Schwab, *Succeeding with What You Have* (Mechanicsburg, PA: Executive Books, 2005) 16–17.

153 "*Always More Production*": Reutter, *Sparrows Point*, 146.

154 *Schwab earned $21 million*: Reutter, 135.

155 *This fortune made its way*: Robert Hessen*, Steel Titan: The Life of Charles M. Schwab* (Pittsburgh: University of Pittsburgh Press, 1990), 250.

156 *by the late 1920s, home to more than 4,000 people*: Michael Hill, "Sparrows Point Has Reunion Week," *The Baltimore Evening Sun*, May 24, 1973.

157 "*going over the creek*": Louis S. Diggs, *From the Meadows to the Point: The Histories of the African American Community in Sparrows Point* (self-published, 2003), 214.

158 *The crash devastated steelmaking*: Reutter, *Sparrows Point*, 209–214.

159 *it swung heavily Democratic*: Reutter, 222.

160 *Secretary of Labor Frances Perkins*: Reutter, 233–236.

161 *John L. Lewis . . . made it his mission*: Reutter, 247–250.

162 *signing a contract with U.S. Steel*: Reutter, 253–254.

163 *Beth Steel . . . would prove a tougher target*: Reutter, 257–265.

164 *They held secret meetings*: Rudacille, *Roots of Steel*, 74.

165 *the plant's Black workers*: Rudacille, 82–83; Reutter, *Sparrows Point*, 292–294.

166 *the coming war that did it*: Rudacille, *Roots of Steel*, 82–84; Reutter, *Sparrows Point*, 296–299.

117 *suspenders with toy soldiers*: Charles Fishman, "Apprentice to Power," *Florida Magazine*, August 5, 1990.

118 "*I reached back out to him*": Leary, "How Florida Lobbyist Brian Ballard."

119 "*If you're good at this*": Brent Kallestad, "Day in the Life of a Lobbyist," Associated Press, April 24, 2004.

120 "*an incredibly fine human being*": Leary, "How Florida Lobbyist Brian Ballard."

121 *the firm had pulled in more than $13 million in fees*: Theodoric Meyer, "The Most Powerful Lobbyist in Trump's Washington," *Politico*, April 2, 2018.

第四章　尊嚴：產業與職業的變革

122 *named for Thomas Sparrow*: Mark Reutter, *Sparrows Point: Making Steel: The Rise and Ruin of American Industrial Might* (New York: Summit Books, 1988), 30.

123 *scouting trip to Cuba in 1882*: Reutter, 24–27.

124 *30,000 bricks per day*: Reutter, 30–32.

125 *the works were ready for their grand opening*: Reutter, 17–20.

126 *bottleneck-free production line*: Deborah Rudacille, *Roots of Steel: Boom and Bust in an. American Mill Town* (New York: Pantheon Books, 2010), 33.

127 *300 tons of steel per day*: Reutter, *Sparrows Point*, 45.

128 *3,000 people were working*: C. B. Niederling, "Slow Death of a Company Town," *Baltimore*, August 1973.

129 *enough tonnage . . . to lay double tracks*: Reutter, *Sparrows Point*, 81.

130 *workers on a brutal schedule*: Reutter, 41–42.

131 *$1.10 per day in 1895*: Reutter, 45.

132 *only two holidays all year*: Reutter, 182.

133 *The settlement designed by Rufus Wood*: Rudacille, *Roots of Steel*, 25–29; Reutter, *Sparrows Point*, 59–63.

134 *His vast preference . . . was Black men*: Reutter, *Sparrows Point*, 63–64.

135 *They were too headstrong*: Rudacille, *Roots of Steel*, 45.

136 "*the race problem . . . has practically [been] solved*": Reutter, *Sparrows Point*, 71.

137 *the main goods store*: George L. Moore "The Old 'Company Store' at Sparrows Point," *The Baltimore Sun Magazine*, January 4, 1959.

138 *houseboats in the creek selling sweets*: Margaret Lunger, "Growing Up in the 'Little Kingdom' of Sparrows Point," *The Baltimore Sun*, December 1, 1968.

101 *they mumbled, "With the military"*: Priest and Arkin.

102 *high-net-worth households*: Annie Gowen, "Region's Rising Wealth Brings New Luxury Brands and Wealth Managers," *The Washington Post*, December 17, 2012.

103 *The Cuvee No. 25*: Alina Dizik, "High-End Dining for the High-Chair Set," *The Wall Street Journal*, April 3, 2018.

104 *mansion modeled on Versailles*: Justin Jouvenal, "Planned Palace Upset Some Neighbors in Tony D.C. Suburb," *The Washington Post*, April 23, 2012.

105 *subscription rates as high as $8,000*: John Heltman, "Confessions of a Paywall Journalist," *Washington Monthly*, November/December 2015.

106 "*comfortable around people in power*": Jeremy Peters, "Tests for a New White House Spokesman," *The New York Times*, March 16, 2011.

107 *one website had tallied*: Philip Bump and Jaime Fuller, "The Greatest Hits of Jay Carney," *The Washington Post*, May 30, 2014.

108 *In 1970, only 3 percent of members of Congress became lobbyists*: Daniel Markovits, *The Meritocracy Trap* (New York: Penguin, 2019), 57.

109 *industry had leaned liberal*: Margaret O'Mara, "How Silicon Valley Went from Conservative, to Anti-Establishment, to Liberal," Big Think, August 14, 2019, https://bigthink.com/videos/how-silicon-valley-went-from-conservative-to-anti-establishment-to-liberal.

110 "*It was a blast*": Benjamin Wofford, "Inside Jeff Bezos's DC Life," *Washingtonian*, April 22, 2018.

111 *largest lobbying office of any tech firm*: Luke Mullins, "The Real Story of How Virginia Won Amazon's HQ2," *Washingtonian*, June 6, 2019.

112 *The company lobbied more federal agencies*: Charles Duhigg, "Is Amazon Unstoppable?," *The New Yorker*, October 10, 2019.

113 "*undertaking of pharaonic proportions*": Wofford, "Inside Jeff Bezos's DC Life."

114 "*It's a very big house*": Nick Wingfield and Nellie Bowles, "Jeff Bezos, Mr. Amazon, Steps Out," *The New York Times*, January 12, 2018.

115 "*I have a question, Tom*": Alex Leary, "How Florida Lobbyist Brian Ballard Is Turning Close Ties to Trump into Big Business," *Tampa Bay Times*, June 9, 2017.

116 *buy himself a silver BMW*: Paul Anderson and Mark Silva, "Aide, 26, Key to Fresh Start for Governor," *The Miami Herald*, January 10, 1988.

第三章 國安：被覬覦的國家首都財富

81 *healthy cut off the top*: Alec MacGillis, "Much of Stimulus Funding Going to Washington. Area Contractors," *The Washington Post*, December 3, 2009.

82 *seven of the ten richest counties*: Carol Morello and Ted Mellnik, "Seven of Nation's 10 Most Affluent Counties Are in Washington Region," *The Washington Post*, September 20, 2012.

83 *Gucci flip-flops and Air Jordans*: "Private School Confidential," *Washingtonian*, October 2018.

84 "*He wanted to be rich*": Robert G. Kaiser, *So Much Damn Money: The Triumph of Lobbying and the Corrosion of American Government* (New York: Vintage, 2010), 43.

85 *omitted the l-word*: Kaiser, 62.

86 *there was demand for lobbying*: Kaiser, 67.

87 *The pair's real breakthrough*: Kaiser, 71.

88 "*a new kind of business*": Kaiser, *So Much Damn Money*, 98.

89 "*The danger had suddenly escalated*": Jacob S. Hacker and Paul Pierson, *Winner-Take- All Politics: How Washington Made the Rich Richer—and Turned Its Back on the Middle Class* (New York: Simon & Schuster, 2011), 117.

90 *Big business heeded the call*: Hacker and Pierson, 116–119.

91 *quadrupled to $343 million*: Kaiser, *So Much Damn Money*, 115.

92 *each taking home about $500,000 annually*: Kaiser, 140.

93 "*he was very, very quiet*": Alec MacGillis, "The Billionaires' Loophole," *The New Yorker*, March 7, 2016.

94 "*didn't have charisma*": David Montgomery, "David Rubenstein, Co-Founder of Carlyle Group and Washington Philanthropist," The Washington Post, May 14, 2012.

95 "*I tried to help my country*": Montgomery.

96 "*I had a pretty good I.Q.* ": Michael Lewis, "The Access Capitalists," *The New Republic*, October 18, 1993.

97 "*His vision was to combine capital*": MacGillis, "The Billionaires' Loophole."

98 "*I just view myself as an American*": Olivia Oran, "'Obama Not Anti-Business': Carlyle's Rubenstein," Reuters, October 11, 2013.

99 *Thirty-three federal building complexes*: Dana Priest and William Arkin, "Top Secret. America," *The Washington Post*, July 19, 2010.

100 *the government's spending on contractors*: Priest and Arkin.

Gordon H. Hanson, "China Shock: Learning from Labor Market Adjustment to Large Changes in Trade," National Bureau of Economic Research Working Paper 21906, January 2016, https://nber.org/papers/w21906.pdf.

67 *would not deign to move to Dayton*: Dan Barry, "In a Company's Hometown, the Emptiness Echoes," *The New York Times*, January 24, 2010.

68 *Ohio's industrial electricity consumption would fall*: Steve Bennish, "Industrial Power. Use Plummets," *Dayton Daily News*, September 25, 2011.

69 *Montgomery County would suffer the steepest drop*: Steve Bennish, *Scrappers: Dayton, Ohio, and America Turn to Scrap* (self-published, 2015), 7.

70 *rate of adults . . . ever been married*: Janet Adamy and Paul Overberg, "Affluent Americans Still Say 'I Do.' More in the Middle Class Don't," *The Wall Street Journal*, March 8, 2020.

71 *bulwark of Republican sobriety*: Alec MacGillis, "The Great Republican Crack-Up," *ProPublica*, July 15, 2016.

72 "*intimate partner violence*": Leigh Goodmark, "Stop Treating Domestic Violence Differently from Other Crimes," *The New York Times*, July 23, 2019.

73 *Dayton was spiraling as never before*: Chris Stewart, "Coroner Investigates 145 Suspected. Overdose Deaths in Month," *Dayton Daily News*, January 31, 2017.

74 *double its next nine rivals*: Annie Gasparro and Laura Stevens, "Brands Invent New Lines for Only Amazon to Sell" (graph accompanying article), *The Wall Street Journal*, January 25, 2019; and Scott Galloway, *The Four: The Hidden DNA of Amazon, Apple, Facebook, and Google* (New York: Random House, 2017), 27.

75 *costing states hundreds of millions*: Ben Casselman, "As Amazon Steps Up Tax Collection, Some Cities Are Left Out," *The New York Times*, March 25, 2018.

76 *soon handing out $3 billion per year*: Louis Story, "As Companies Seek Tax Deals, Governments Pay High Price," *The New York Times*, December 1, 2012.

77 *without a single "no" vote*: Joe Vardon, "Tax-Credit Requests to State Panel on Long Winning Streak," *The Columbus Dispatch*, August 21, 2013.

78 *The agreement called for a . . . tax credit*: Kara Driscoll, "'Project Big Daddy': How Monroe Landed Amazon's Next Fulfillment Center," *Dayton Daily News*, October 5, 2017.

79 *40 billion square feet of material*: Jo Craven McGinty, "A Nation Awash in Cardboard, but for How Long?," *The Wall Street Journal*, August 8, 2019.

80 *A third of all U.S. jobs*: Heather Long, "This Doesn't Look Like the Best Economy Ever," *The Washington Post*, July 5, 2019.

52 *software developers moving to the city*: Gene Balk, "50 Software Developers a Week: Here's Who's Moving to Seattle," *The Seattle Times*, June 11, 2018.

53 *cranes rising across downtown*: Harrison Jacobs, "A Walk Through Seattle's 'Amazonia' Neighborhood," *Business Insider*, February 14, 2019.

54 *Gucci store selling slippers*: Tyrone Beason, "Will Seattle Figure Out How to Deal with Its. New Wealth?," *The Seattle Times*, July 6, 2017.

55 *rooftop bar with . . . a $200 martini*: Tan Vinh, "The $200 Martini: Seattle's Frolik Launches 'Millionaires Menu,'" *The Seattle Times*, April 11, 2018.

56 *"wizard pub" in the trendy Ballard neighborhood*: Meghan Walker, "Wizard Pub and Wand Shop Coming to Old Ballard," My Ballard, August 24, 2018, https://myballard.com/2018/08/24/wizard-pub-and-wand-shop-coming-to-old-ballard/.

57 *They earned $150,000 in average compensation*: Robert McCartney and Patricia Sullivan, "Amazon Says It Will Avoid a Housing Crunch with HQ2 by Planning Better Than It Did in Seattle," *The Washington Post*, May 3, 2019.

58 *The company accounted for 30 percent of all jobs added in Seattle*: Mike Rosenberg, "Will Amazon's HQ2 Sink Seattle's Housing Market?," *The Seattle Times*, November 12, 2018.

59 *a swath of land . . . called South Lake Union*: Noah Buhayar and Dina Bass, "How Big Tech Swallowed Seattle," *Bloomberg Businessweek*, August 30, 2018.

60 "*high-tech ghetto*": Keith Harris, "Making Room for the Extraeconomic," *City* 23, no. 6 (November 2019): 751–773.

61 "*Alexa . . . Open the Spheres*": Jena McGregor, "Why Amazon Built Its Workers a Mini Rain Forest Inside Three Domes in Downtown Seattle," *The Washington Post*, January 29, 2018.

第二章　紙板：美國中部社會、產業的向下流動

62 *Ritty came up with the mechanical cash register*: Mark Bernstein, *Grand Eccentrics: Turning the Century—Dayton and the Inventing of America* (Wilmington, OH: Orange Frazer, 1996), 23.

63 *Patterson took the innovation national*: Bernstein, 27.

64 *Above all there was . . . Kettering*: Bernstein, 8–9.

65 *did their business at bronze check desks*: Curt Dalton, *Dayton Through Time* (n.p.: Arcadia, 2015), 42.

66 "*Trade adjustment is a slow-moving process*": David H. Autor, David Dorn, and

31 *A letter protesting the proposed ordinance*: Taylor, 204.

32 *The ordinance was defeated*: Taylor, 205.

33 "*social climbers who were trying to get away*": Taylor, 206.

34 *no longer home to a majority*: Taylor, 209.

35 "*once they learned it, they were unbeatable*": Tyron Beason, "Total Experience Gospel Choir's Last Days," *The Seattle Times*, October 1, 2018.

36 "*If the music is too loud, that's too bad*": Peter Blecha, "Total Experience Gospel Choir (Seattle)," HistoryLink.org, June 4, 2013, https://historylink.org/file/10391.

37 "*Most successful entrepreneurs start a company*": Richard L. Brandt, *One Click: Jeff Bezos and the Rise of Amazon.com* (New York: Portfolio, 2012), 46.

38 *He came to Santa Cruz*: Brandt, 55.

39 *merchants needed to collect sales tax*: Brad Stone, *The Everything Store: Jeff Bezos and the Age of Amazon* (New York: Little, Brown, 2013), 28.

40 *He said half-jokingly years later*: Jim Brunner, "States Fight Back Against Amazon.com's Tax Deals," *The Seattle Times*, April 9, 2012.

41 *Hanauer . . . made a strong case for it*: Brandt, *One Click*, 57; and Stone, *The Everything Store*, 31.

42 "*bracing smell of possibility*": Raban, *Hunting Mister Heartbreak*, 254.

43 *It was "the recruiting pool"* : "Jeff Bezos at the Economic Club of Washington (9/13/18)," CNBC livestream, https://youtu.be/xv_vkA0jsyo.

44 "*Cities are effectively machines*": Geoffrey West, *Scale: The Universal Laws of Growth, Innovation, Sustainability, and the Pace of Life in Organisms, Cities, Economies, and Companies* (New York: Penguin, 2017), 323.

45 "*Economic value depends on talent*": Enrico Moretti, *The New Geography of Jobs* (New York: Mariner Books, 2013), 66.

46 *deliberately choosing one that had a garage*: Brandt, *One Click*, 60.

47 "*This is not only the largest river*": Stone, *The Everything Store*, 55.

48 "*For me the city is still inarticulate*": D'Ambrosio, "Seattle, 1974," 33.

49 *The average income for the top 20 percent*: Gene Balk, "Seattle Hits Record High for. Income Inequality, Now Rivals San Francisco," *The Seattle Times*, November 17, 2017.

50 *the median cost of buying a home*: Mike Rosenberg, "Seattle Home Prices Have Surpassed Los Angeles, New York and San Diego in the Last Four Years," *The Seattle Times*, August 29, 2018.

51 *the scarcity of children*: Mike Maciag, "The Most and Least Kid-Filled Cities," *Governing*, November 13, 2015.

13 *Moody's issued a warning*: E. J. Dionne, "The Hidden Costs of the GOP's Deficit. Two-Step," *The Washington Post*, October 21, 2018.

14 *upper-income households living in wealthy neighborhoods*: Carol Morello, "Study: Rich, Poor Americans Increasingly Likely to Live in Separate Neighborhoods," *The Washington Post*, August 1, 2012.

15 *three-quarters of all U.S. industries, by one estimate*: Gustavo Grullon, Yelena Larkin, and Roni Michaely, "Are US Industries Becoming More Concentrated?,"*Review of Finance* 23, no. 4 (July 2019): 697–743.

16 *Mergers in sectors like banking and insurance*: Brian S. Feldman, "The Real Reason Middle America Should Be Angry," *Washington Monthly*, March/April/May 2016.

第一章　社群：超級繁榮的少數城市

17 "*a raw settlement in a new territory*": Jonathan Raban, *Hunting Mister Heartbreak* (New York: Vintage, 1998), 254.

18 "*become a vast pawnshop*": "City of Despair," *The Economist*, May 22, 1971.

19 "*The Seattle of that time*": Charles D'Ambrosio, "Seattle, 1974," in *Loitering: New and Collected Essays* (Tin House Books, 2013), 31.

20 "*The small numbers of blacks in the city*": Quintard Taylor, *The Forging of a Black Community: Seattle's Central District from 1870 Through the Civil Rights Era* (Seattle: University of Washington Press, 1994), 14.

21 *gravitated to two places*: Taylor, 35.

22 *just four census tracts*: Taylor, 194.

23 *jazz clubs had sprouted*: Quin'Nita Cobbins, Paul de Barros, et al., *Seattle on the Spot: The Photographs of Al Smith* (Seattle: Museum of History and Industry, 2017).

24 *ticketed twice by the same airplane:* Paul Allen, *Idea Man: A Memoir by the Cofounder of Microsoft* (New York: Penguin, 2011), 117; and James Wallace and Jim Erickson, *Hard Drive: Bill Gates and the Making of the Microsoft Empire* (New York: Harper Business, 1993), 138.

25 "*The rainy days were a plus*": Allen, 116.

26 *Gates was less committed to Seattle*: Wallace and Erickson, *Hard Drive*, 133.

27 *The company's phone number ended in 8080*: Wallace and Erickson, 136.

28 *Seattle proved an easier sell*: Allen, *Idea Man*, 146–147.

29 "*chest slides on the balustrade*": Allen, 147.

30 "*the court rules for the right*": Taylor, *The Forging* 203.

資料出處

序幕：地下室

1 *Its general manager, Clint Autry*: Joe Rubino, "Amazon's Gamble on Finding 1,500 Workers for Robotic Warehouse in Thornton May Not Have Been a Gamble After All," *The Denver Post*, March 20, 2019.

2 *he Bronx . . . twice as likely to be fatal*: Ese Olumhense and Ann Choi, "Bronx Residents Twice as Likely to Die from COVID-19 in NYC," *The City* April 3, 2020.

3 *money for his mother's cremation* Joshua Chaffin, "Elmhurst: Neighborhood at Center of New York's COVID-19: Crisis," *Financial Times*, April 10, 2020.

4 *in the small city of Albany, Georgia*: Ellen Barry, "Days After Funeral in a Georgia Town, Coronavirus 'Hit Like a Bomb,'" *The New York Times*, March 30, 2020.

5 *starting in 1980, this convergence reversed*: Robert Manduca, "Antitrust Enforcem ent as Federal Policy to Reduce Regional Economic Disparities," *The Annals of the American Academy of Political and Social Science* 685, no. 1 (September 2019): 156–171.

6 *they were now off the charts*: Robert Manduca, "The Contribution of National Income Inequality to Regional Economic Divergence," *Social Forces* 98, no. 2 (December 2019): 622–648.

7 *Job growth was almost twice as fast*: *Eduardo Porter*, "Why Big Cities Thrive, and Smaller Ones Are Being Left Behind," *The New York Times* October, 10, 2017.

8 *twenty-five cities with the highest median income*: Phillip Longman, "Bloom and Bust," *Washington Monthly* November/December 2015.

9 *Wages in the very largest cities in the country*: Greg Ip, "Bloomberg Puts Geographic Inequality on the 2020 Agenda," *The Wall Street Journal*, January 8, 2020.

10 v*enture capital was flowing to just three states*: Justin Fox, "Venture Capital Keeps Flowing to the Same Places," *Bloomberg Opinion*, January 8, 2019.

11 "*A handful of metro areas have seen*": Manduca, "Antitrust Enforcement," 156.

12 *one-bedroom apartments renting for $3,600*: "Democrats Clamor Again for Rent Control," *The Economist*, September 9, 2019.

一鍵購買

私營經濟體亞馬遜如何在雲端重塑美國

Fulfillment: Winning and Losing in One-Click America

作　　者：艾立克．麥吉里斯（Alec MacGillis）
譯　　者：張家綺
社　　長：陳蕙慧
責任編輯：翁淑靜
特約編輯：陳錦輝
封面設計：江宜蔚
內頁排版：洪素貞
行銷企劃：陳雅雯、尹子麟、余一霞

讀書共和國集團社長：郭重興
發行人兼出版總監：曾大福
出　　版：木馬文化事業股份有限公司
發　　行：遠足文化事業股份有限公司
地　　址：231新北市新店區民權路108-4號8樓
電　　話：(02) 2218-1417
傳　　真：（02）86671065
電子信箱： service@bookrep.com.tw
郵撥帳號：19588272木馬文化事業股份有限公司
客服專線：0800221029
法律顧問：華洋國際專利商標事務所　蘇文生律師
印　　刷：呈靖彩藝有限公司
初　　版：2022年2月
定　　價：580元
I S B N：紙本書 978-626-314-110-0
電子書 PDF 978-626-314-108-7
電子書 EPUB 978-626-314-109-4

國家圖書館出版品預行編目

一鍵購買：私營經濟體亞馬遜如何在雲端重塑美國 / 艾立克．麥吉里斯 (Alec MacGillis) 著；張家綺譯．-- 初版．-- 新北市：木馬文化事業股份有限公司出版：遠足文化事業股份有限公司發行，2022.02
面；　公分
譯自：Fulfillment : winning and losing in one-click America.
ISBN 978-626-314-110-0(平裝)

1. 亞馬遜網路書店 (Amazon.com) 2. 電子商務 3. 企業經營 4. 報導文學

490.29　　110021677